生命的主宰

THE CONTROL OF LIFE

——DNA神奇不神秘

尹承恕　编著

中国农业出版社

图书在版编目（CIP）数据

生命的主宰：DNA 神奇不神秘 / 尹承恕编著 . —北京：中国农业出版社，2014.5
ISBN 978-7-109-18962-1

Ⅰ.①生…　Ⅱ.①尹…　Ⅲ.①脱氧核糖核酸-基本知识　Ⅳ.①Q523

中国版本图书馆 CIP 数据核字（2014）第 045028 号

中国农业出版社出版
（北京市朝阳区农展馆北路 2 号）
（邮政编码 100125）
责任编辑　李文宾　吕　睿

北京中科印刷有限公司印刷　　新华书店北京发行所发行
2014 年 10 月第 1 版　　2014 年 10 月北京第 1 次印刷

开本：700mm×1000mm　1/16　　印张：18.25
字数：300 千字
定价：38.00 元

编者的话

BIANZHE DE HUA

这是一本生命科学的科普书，是分子生物学的入门书，同时也是一本普及自然辩证法和历史唯物主义思想的书。这本书回答了生命是怎样产生的，是谁主宰了奥妙无穷的大千世界。

本书面对的读者是中学以上文化程度的公众，介绍生命密码DNA即脱氧核糖核酸的知识，包括什么是DNA？它有什么性质和结构？DNA在哪里？它神奇的遗传奥秘是什么？DNA发现的历史和基因组学的发展，基于基因组科学的生物技术，在农业、工业、医疗、军事、环保及社会各方面有什么用途？生物世纪的发展前景如何？本书通过遗传学史的回顾、由远及今、由表及里、层层剥笋式的解析，深入浅出地介绍生物大分子DNA的一些基础知识，并进一步介绍了生物技术在经济、社会发展中应用的现状和发展趋势、重大影响。

其实，这本书只是作者日常学习一些生命科学知识的积累和系统化，也是10多年来向公众所作科普讲座的一个集合。而这个集合是对一门学科进行较为系统逻辑思考和整理。

这本书主要内容虽然是介绍DNA的物理、化学性质，分子结构和承载遗传物质的功能原理，以及人类基因组图谱的破译在经济科技发展中的应用，写生命科学对社会方方面面的影响等，形式上数量上，基本是遗传学、分子生物学及其应用，属自然科学、生命科学范畴，但作者一以贯之的脉络，却是一种哲学思想。其蕴藉即书的主旨是：生命不是上天制造，命运不是神仙赐予，生老病死不是阎罗鬼怪决定，生命的基础是物质，生命世界有规律、生物演进不是杂乱无章，而是内有主宰、外有条件、有序进化，大自然的进化基本规律是优胜劣汰、适者生存、生生不息、与环境共兴衰。生命的主宰是由

DNA和所处的生态环境变化所决定。人的命运是先天条件和后天实践的结果，也从生命科学的角度证明辩证唯物主义、历史唯物主义的科学性。

同时，本书还尽力让读者了解，支撑人类社会的资源即将由“化石”时代转入依靠“生物质”的时代 。21世纪被称为生物世纪不是一种主观臆测，而是有着充分的科学依据，许多传统的科学、技术产业正在迎接这一新兴技术的到来。

今天的生命科学研究尤其是生物技术飞速发展、日新月异。尽管作者想将最新的、前沿性的成果介绍给读者，但由于生命科学和生物技术的发展速度让人目不暇接，在致病基因、新的生物技术的开发、优良性状的作物、禽畜基因发现、新的学派出现，等等，如雨后春笋般不断出现，应用实例更是层出不穷。所以书中的一些素材就显得“陈旧”了，其实有许多“陈旧”技术还只在科学家的实验室里，只是从科学发现的角度说不是最新的，要想成为常规技术进行推广应用、达到产业化的程度，还有一段很长的路要走。写出的文章总是落后于科学实践，这也是科学界普遍存在的现象，虽令人遗憾，但在所难免。

毕竟不是专门做科学研究的人所写的科普书，有错讹的地方诚请方家指正。

目　录

MULU

第二篇　基因组学，生命天书DNA

第三篇　生物技术，经济社会作用大

第四篇 有待探索，生命未解之谜多

第一篇 DIYIPIAN

千姿百态，地球生命谁主宰

QIANZI BAITAI, DIQIU SHENGMING SHUI ZHUZAI

一、形形色色众生相

1. 生命之舟唯地球

生命是地球上的一个奇妙存在。从人们目前所能达到的视域内，茫茫宇宙，星系无数，灿灿河汉，数不胜数，仅我们的太阳系就有八大行星。但是在这无数星球中，都暂时没有发现第二个有生命存在的星球。就算是在离地球最近、与我们关系密切的月亮上，虽找到了水存在的证据，看起来光明灿烂，且有仙女嫦娥、威烈吴刚、参天桂树、迷人玉兔的美妙传说，却仍是一个死寂的世界。木卫二和火星上虽探知有水迹，但却不能证实是否有微生物存在。

为了寻找宇宙中其他星球上的生命，1977 年美国“旅行者”号（Voyager）星际探测器发射升空，目前已经飞离太阳系。“旅行者”号带有各种地球人的形象和用多种语言问候外星人的语音，目的是为了可能存在的外星智慧生物了解人类生存的地球。至今没有收到任何有关回应的信息。这

从太空看地球和月亮

死寂的月球表面

都说明生命的诞生和繁衍生息，要具备多么苛刻的条件：如在宇宙和星系中的位置，星球自身的结构、物质构成等。我们的地球是多么幸运，孕育了如此丰富多彩的生命，且至今认定，只此一家，别无分店。

知识拓展 “旅行者”号探测器，是美国研制并建造的外层星系空间探测器，共发射两颗。担任探测太阳系外围行星的任务，这两个姊妹探测器沿着两条不同的轨道飞行。飞行器带有宇宙射线传感器、等离子体传感器、磁强计、广角、窄角电视摄像仪、红外干涉仪等11种科学仪器，耗资3.5亿美元。1号发射前出现故障而延至1977年9月5日发射，2号按预定计划8月20日升空。探测器将从不同方向飞出太阳系。它们都携带有一张特殊的镀金唱片“地球之音”，上面录制了有关人类的各种音像信息：60种向“宇宙人”的问候语、35种自然界的声音、27首古典名曲、115幅照片，有地球上男人和女人的图像，以及地球、太阳系在银河系中的位置图。预计唱片可在宇宙间保存10亿年。“旅行者”号携带的钚电池将持续使用到2025年。当电池耗尽之后，将继续向着银河系的中心前进。2013年9月12日，美国航天航空局（NASA）确认，“旅行者1号”探测器已经离开太阳系，到达太阳系外空旷的恒星际空间，35年共飞行178亿千米。

对地外生命的寻找，近年也有一些新进展。NASA根据开普勒望远镜2013年1月的数据分析发现，银河系约有1 000亿颗恒星，几乎所有恒星都有围绕其轨道运行的行星；它们中17%都有着与地球近似的轨道，但有一定比例的气态星。最近，在银河系外又发现了许多类地行星，但很难说上面有生命存在。

据美国每日邮报2014年4月18日登载的消息，NASA日前宣布首次在太阳系外距地球500光年处，发现与地球差不多大的行星，被称为Kepler-186f，该星围绕着红矮星Kepler 186运转，其半径估计是地球半径的1.1倍，星球上拥有良好的大气环境，处在适合液态水存在的“宜居带”，那一区域对生命体来说不太热也不太冷，很接近地球的环境。这为生命体在太阳系外的存在提供了可能。但另有科学家认为，要证明其上有生命，还很困难。（中国日报4月19日报道）

霍金等科学家认为可能存在外星生命，但仍无任何证据。

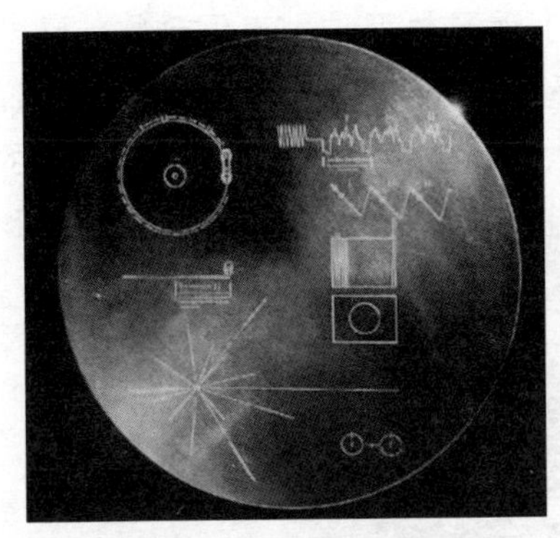

“旅行者”号所载的地球名片

与地球最像的行星

2．大千世界众生相

地球上的生命具有极强的生命力和适应力。30多亿年来，地球养育了无数生命，造就了极其丰富的多样性，其多姿多彩、形形色色、无奇不有、无所不在，相互依存、相互制约、错综复杂，令人叹为观止。

生物分植物、动物、微生物3个界（有的学者将其分为5个界）46个门，动物界有37个门，植物界有9个门，有的说植物界有4大门——藻菌植物门、苔藓植物门、蕨类植物门和种子植物门。下属逐级增多的纲、目、科、属、种。目前被人认识、命名的生物有180万种，每年又有2 000多个新物种被发现。科学家用不同方法推测，地球上的生物可能有360万到1亿种，这些估计的中间值是1 000万种。但这些物种中的绝大多数还未被分类，把它们逐一记录将需要1 000多年的时间。

2011年，英国科学家用一种迄今为止最准确的估算方法，这是基于对“生命系谱”上各种分支间关系的研究，通过上一级种群数量来推断出下一级物种数量，根据对全球物种的最新推断，自然界一共存在大约870万个物种，正负相差大约100万。这870万物种中的绝大多数属于动物，还有少量真菌、植物、原生动物（单细胞生物体），这一数字并不包括细菌和其他微生物的种类，其中绝大多数生活在陆地而不是海洋。

美国著名生物学家爱德华·威尔逊认为：“我们对地球、对生命的探索才刚刚开始”。人类对生命的无知尤其体现在对细菌原绿球藻的认知上。在1988年以前，这种细菌还没被发现，但它却是地球上最丰富的生物，海洋中有机物的生产部分是它的贡献，每毫升海水中平均含有其细胞7万～20万个。在印度尼西亚海域的一个珊瑚枝上，生活了数百种甲壳纲动物、环节动物和其他一些无脊椎动物，外加两种鱼。科学家还认为，鱼类可能是海洋生物中种类最少的“少数民族”。德国基尔大学莱布尼茨海洋科学研究所的赖纳·弗勒泽说，鱼类估计共有4万种，其中约3万种已被发现。目前，科学家每年发现大约200种至400种新鱼类，它们主要生活在深海和热带海域。

大颚鱼

与世隔绝岩洞透明盲金线鲃

历时10年的全球“海洋生物普查”项目于2010年10月4日在伦敦发布最终报告，这是科学家首次对海洋生物“查户口”。根据普查得出的统计数据，海洋生物物种总计约100万种，其中25万种是人类已知的海洋物种，其他75万种海洋物种人类知之甚少，这些人类不甚了解的物种大多生活在北冰洋、南极和东太平洋未被深入考察的海域。来自80多个国家和地区的2 700多名科学家在10年间共发现6 000多种新物种，其中以甲壳类动物和软体动物居多，有1 200种已认知或已命名，新发现待命名的物种约5 000种。普查项目科学指导委员会主席、澳大利亚海洋科学研究所所长伊恩·波勒说，这是历史上首次进行全球海洋生物普查。海洋浩瀚，这次普查只探索了其中的一部分，但普查留下的科学数据、科研方法和国际标准等，有助于今后继续进行大规模海洋研究。

生命的多样性，从形体的大小说，小到不能独立存在的病毒，再大一点的是单细胞的原核细菌，要用纳米作长度单位才能描述它的大小，用最现代化的电子显微镜才能看到它们的尊容；大到海里的鲸鱼和号称“世界爷”的树木红巨杉。

知识拓展

海上巨无霸——蓝鲸体长可达33米，体重190吨，相当于33头大象或300多头黄牛的体重，它的一个舌头就重4吨。蓝鲸力大至1 250千瓦，能拽行588千瓦的机动船。

蓝鲸是地球上有史以来出现过的最大动物

知识拓展 长在热带雨林的巨树“世界爷”——红巨杉，高达90多米，胸径10多米处，干围达30多米，重量约为2 800吨。体积达到1 489立方米，可活4 000余年，称得上是地球上现存最大的单一有机体；美国内华达山红杉国家公园中称为“谢尔曼将军”的巨杉高91.1米；“一木成林”的大榕树一株的冠盖可达1公顷面积。

“世界爷”红巨杉

冠盖1公顷的广东天堂鸟榕树

西双版纳的望天树

从地球上生物分布的范围看，“天高任鸟飞，海阔凭鱼跃”。无论是崇山峻岭，还是长川巨流，不管是热带荒漠，还是南北极地，哪怕是8 848米高的珠穆朗玛峰，抑或是深过10 911.4米的马里亚纳海沟中的查林杰海渊，到处都有生命的踪迹，都有适应那里环境的物种，或豺狼虎豹、花鸟虫豸，抑或是病毒微生物。从极端条件看，在林莽湿地，火山油井，盐碱酸腐，沙漠荒野，抑或终年无光的环境。科学家发现，在113℃的海底火山，热液喷口旁细菌能够正常繁殖；有的耐热菌在204.4℃仍可生存；在天空，有的微生物可穿过平流层在无氧天穹中生存；在比海平面压力大10 000倍的高压下也有生物生存；在南非金矿地下3 000米处生活着一种线虫，其能忍受无氧高温的环境；有的生物在酸碱度即pH大于11或小于4的范围生活。一个人在1 000拉德的辐射剂量下一两个星期内必然死去。而抗辐射菌可在100万倍辐射剂量下全部毫发无损；在300万倍辐射剂量下还有小部分存活。再如，有的生物寿命万年，有的只活数分钟。生物学家在格陵兰岛上发现了12万年高龄的活菌。从形态上说，有的动物面目狰狞，有的憨态可掬。更有些奇形怪状的生物，简直是匪夷所思，被称为科幻电影中的“外星生物”。即使令人谈虎色变的艾滋病病毒，也有着迷人的绚丽面孔。有的生物是人类的朋友，有的是凶残大敌，又有的是亦敌亦友。即使经过地震海啸、洪水天火、雷轰电击、陨石冲撞，任凭大风大浪，历经各种凶险，总是有生命在顽强地抗争、生存，造化了今天的生命奇迹。

未命名的鹦鹉

百转蜗牛

狮虎兽

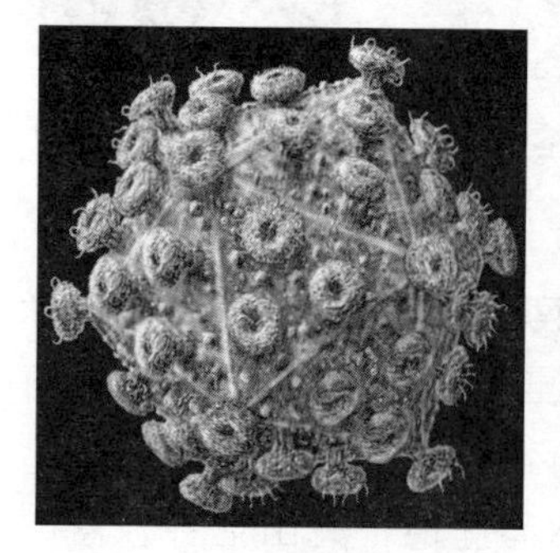
艾滋病病毒

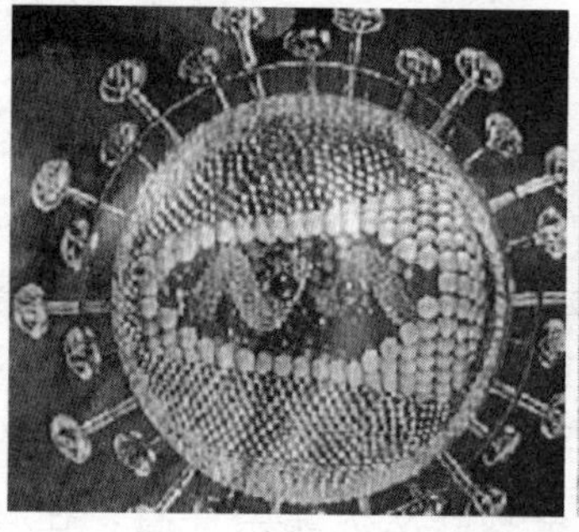
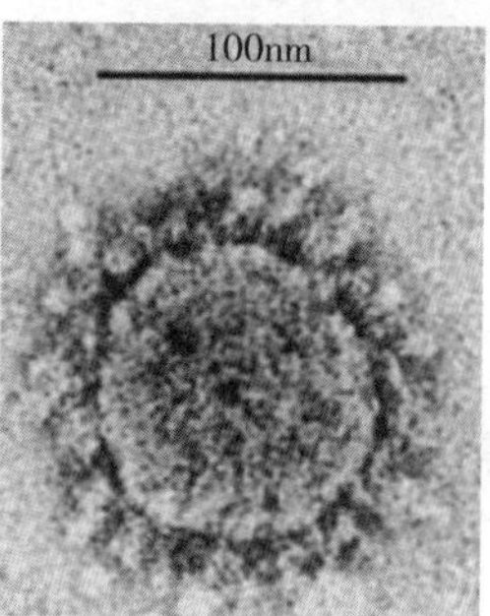

SARS（非典）病毒

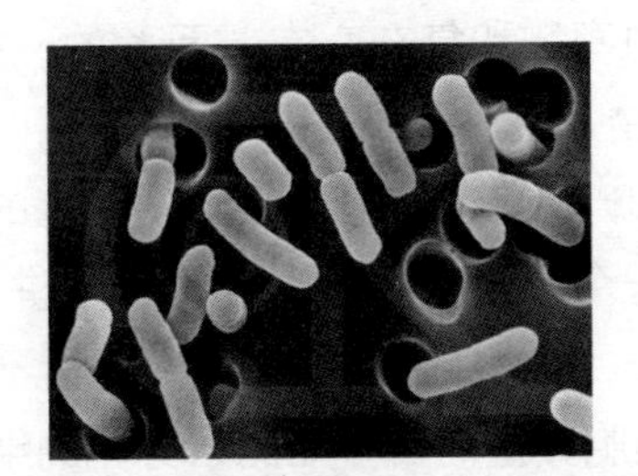

杆菌

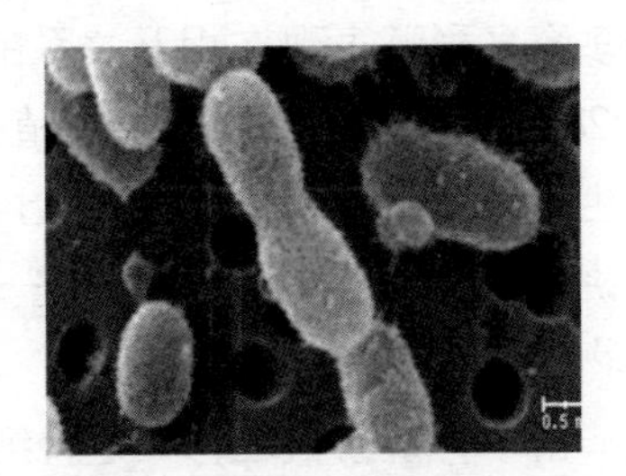

格陵兰的细菌已活了 12 万年

双头蜥蜴

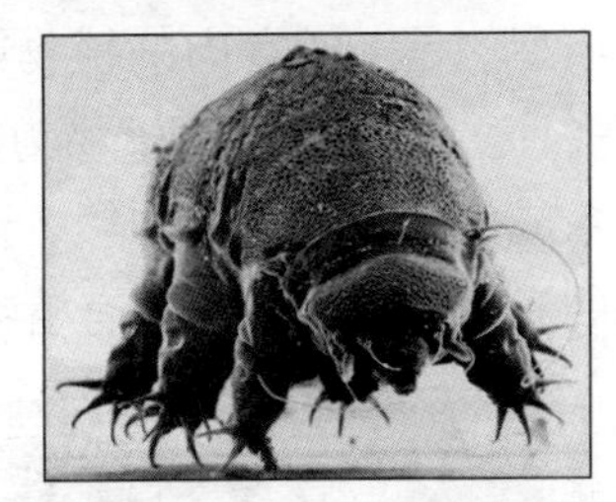

水熊，第一种幸存于太空的生物

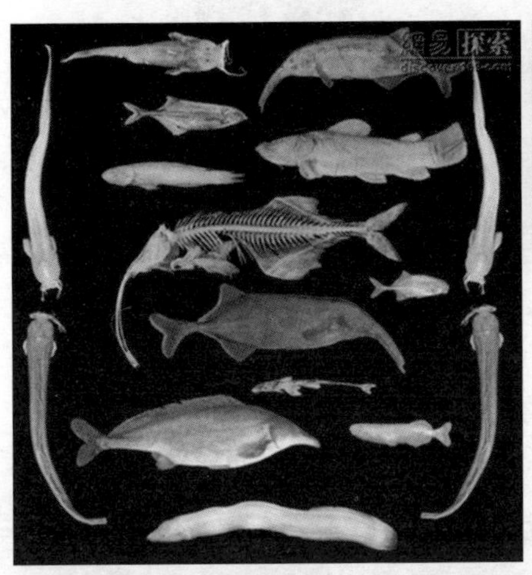

无眼虎鱼

迷幻躄鱼

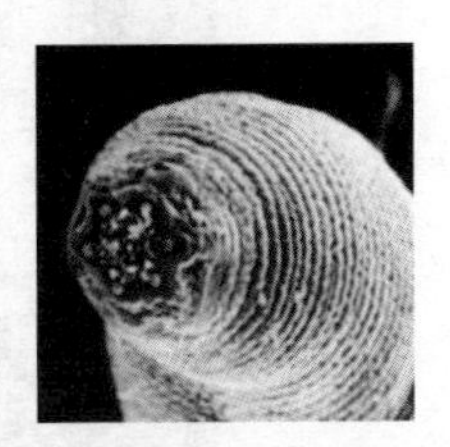

生活于地下 3 000 米的线虫

鸭嘴兽

吸血鬼鱼

白色蛞蝓，似外星生物

洪都拉斯蝙蝠

生物的多姿多彩还表现在相互关系的密切和复杂。在新西兰的一棵罗汉松上，发现有28种蔓生植物和附生草本植物。在北美的一些硬木林中，平均每平方米土地上生活着200多种螨虫，1克土壤中就有数千种细菌。在人的身体里，不管你多么讲卫生，你身上的细菌也是一个天文数字。从数量上来讲，仅人肠胃中的微生物数量就多达100万亿个，与人体细胞总数相当。但请不要紧张，微生物细胞非常小，重量很轻，只是就细胞数量而言可能比人身体的细胞量多。

自然界中非食肉动物的食物是植物，但热带雨林中有一些植物却是以动物为食物，典型的是一类食肉的植物或称食虫植物，如猪笼草、捕蝇草、钢唇草等达500多种。微生物以动植物为食物，所有有机体的分解基本依赖微生物。蚜虫具有合成类胡萝卜素的本领，这种色素能够吸收阳光的能量，表明这种动物有植物的光合作用能——只有植物才具有的生理功能。

猪笼草

能进行光合作用的蚜虫

2014年3月，科学家发现了更有趣的现象，自然界中有基因似人，却是亦植、亦动的“非驴非马非骡子”的动植物杂交种。这对转基因对立双方都是值得思考的物种。海葵是具有近似人类基因的动植物“杂交体”。2014年3月21日，我国各大媒体转载英国每日邮报消息，海葵看上去颇似独特的水下植物，长期以来却被分类学家归为掠食性动物。据《基因组研究》杂志报道，维也纳大学的发展生物学家认为，海葵基因的历史可追溯至苍蝇、海葵、人类的共同祖先物种。它们的基因组结构类似于人类基因，是一种半植物、半动物的生物。海葵体内的HYL－1基因，是植物生成微核糖核酸必不可少，此前在任何动物体内未曾发现过。这说明虽然海葵的基因组、基因指令和基因调控与脊椎动物惊人相似，但后转录基因调控类似于植物，其历史可追溯至动物和植物的共同祖先。

与人类基因相似的动植物杂交体海葵

生物界的生物链连绵不绝。生命世界相互之间的关系相互依存、相生相克，林林总总、错综复杂。正所谓，芸芸众生、多姿多彩构成了宇宙中充满生机、蔚为大观的地球生物圈。也正因此，生命深刻地影响着地球的大气圈、水圈，影响着非生命领域的方方面面，改变着地球的环境、生态和面貌。

3．发现千万新物种

2010 年，英国每日电讯报网站 4 月 19 日报道，在历时 10 年历史上最富挑战性的海底微生物大调查中，科学家发现上千万个前所未见的新物种。尽管这些微生物在照片中看上去很漂亮，但其中的许多种单凭人的肉眼是看不到的，绝大多数属于细菌。不过也有长度不到 1 毫米的海洋虫类，科学家利用了一些新技术才得以有上述发现。

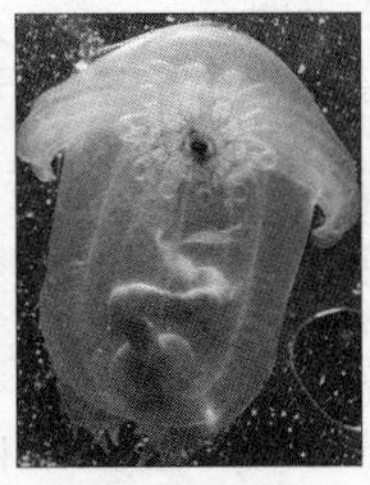
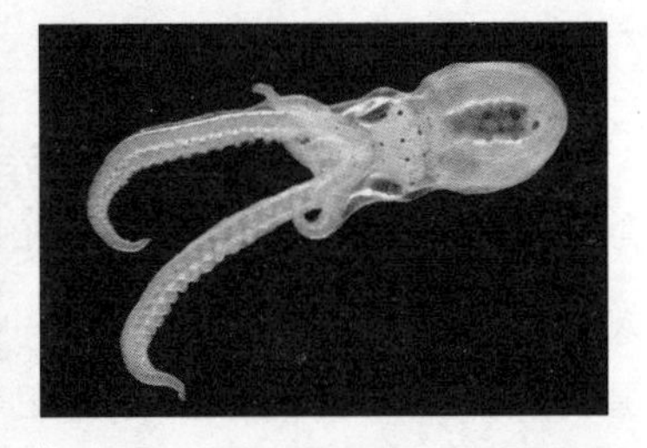

DNA 排序技术能够把不同物种区分开来，而远程遥控潜艇可以在数百乃至几千米深的海底工作。这项调查是由世界各地的科学家合作完成的。该调查是海洋生物普查项目的一部分。科学家从全球 1 200 处海域提取了样本。结果发现 1 800 万种有着不同 DNA 排序的微生物，这表明这些微生物可能属于上千万个不同物种。仅在英吉利海峡西部就发现了 7 000 种新细菌，在澳大利亚大堡礁的一簇海绵身上生存着近 3 000 种不同的细菌。

人们曾认为，每升海水中约有 10 万个微生物细胞，但科学家现在认为，这个数字可能为 10 亿。美国华盛顿大学的约翰·鲍罗什是普查参与者之一。他说，海洋中的微生物维系着地球上90%的生命。这些新发现在科学界开启了一个“广阔领域”，可能会有助于解释食物链、气候模式和碳循环变化的问题。

2013年初，科学家又宣布，首次于地球海洋地壳的深处，即在海底的黑色火成岩中发现了生活在那里的微生物。由于这些地壳有几千米厚，并且覆盖了约60%的地壳表面，因而它也就成为全球最大的生物栖息地。

科学家在海底以下的深处发现了活体微生物

4. 万物之灵人百态

再看看人类的情况。人只是动物界、哺乳纲、灵长目中的人科人属智人种（*Homo sapiens*）。全世界现有人口60多亿，如此众多的人口，却很难找到两个完全一样的人，即使是同卵双胞胎也有区别。从宏观上和外表看，人分为男女两性，有大人和小孩，人的皮肤呈有色和无色，共有黄、白、黑、棕4种。有的人身高达2.4米，被誉为巨人（民国初年上海曾有一个江西籍的“高人”，身高达3.19米），有的只有0.43米，人称袖珍女；有的体壮如牛，有的弱不禁风；有的胖可近1吨，有的侏儒体重仅5.5千克。美国华盛顿州班布雷奇岛的焦·米诺克，身高1.85米，体重为635千克；现住在墨西哥蒙特雷的乌里韦体重550千克，与5头小象的重量差不多。有的人生来四手四臂，有的先天缺胳膊少腿；有的是内脏反位，医称“镜面人”；有的是生来骨脆，医名“玻璃人”；有的天生丽质，有的面目如猿（反祖）；有的聪明称天才，有的从小智力不全；有的人长命百岁，有的人未老先衰；有的好勇斗狠，有的怕事温和……不一而足，这一切形成了人生百态，建构成了有思想有秩序的大千世界——人类社会。

棕种（印第安）人　白种（欧洲）人　黄种（蒙古）人　黑种（尼日利亚）人

非洲矮人族（中为 1.70 米的正常人）

鲍喜顺 2.36 米

3.19 米的高人

46 厘米的袖珍女

三代人都是选美冠军

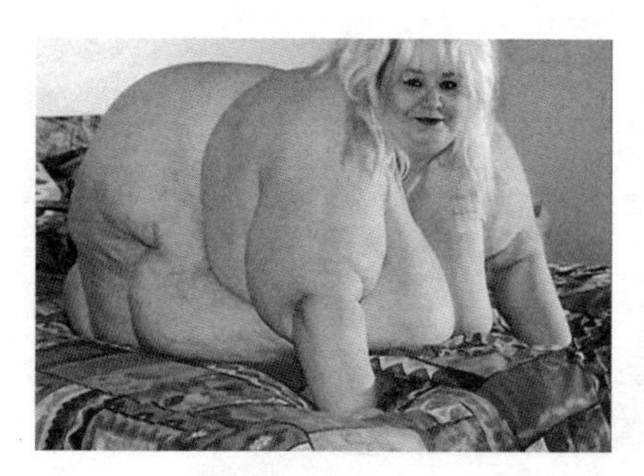

重约半吨的胖人

泰国女毛孩

130 岁的哈萨克人瑞

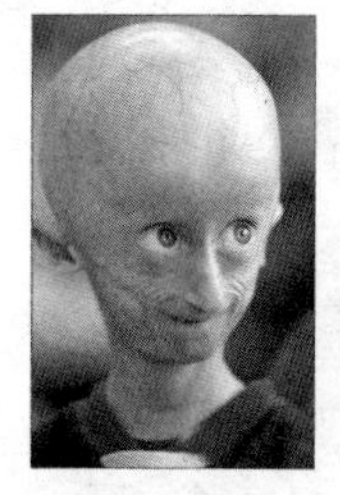

12 岁的小老头

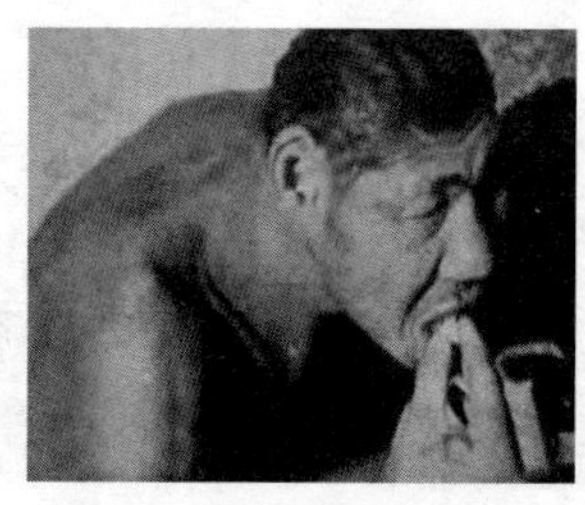

湖北猴人

姐妹共用部分器官

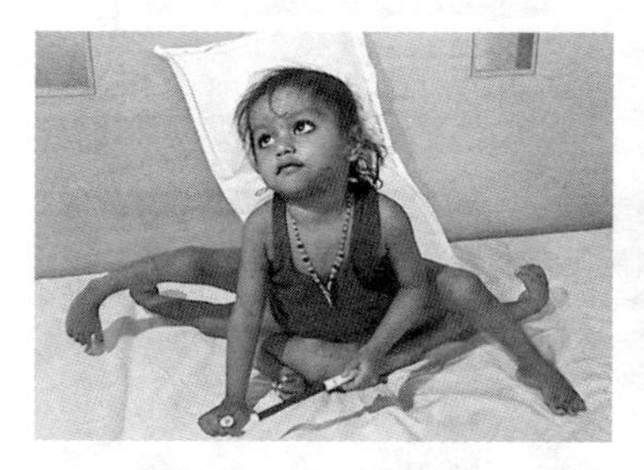

印度 4 手 4 脚婴儿

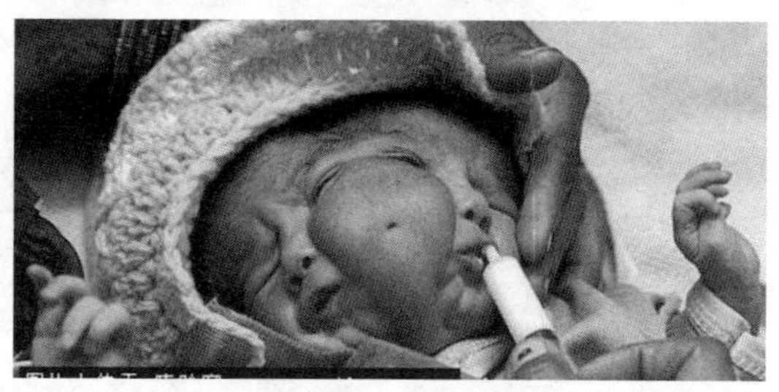

印度双面女婴

从猿到人

5. 遗传密码共一套

如此生机盎然、奥妙无穷的生命世界是怎样形成的，我们是哪里来的，谁是我们的主宰？自进入文明时代以来，人们就在苦苦探求这些问题。随着生产力进步，科学的发展，人类在生产、生活实践中，不同的人群、不同的信仰，产生了不同的生命起源猜想和认知。但到底是什么决定了物种的区别？最初的生命是哪里来的？生物究竟是以怎样的机制遗传着自己的物种特性？又是什么遗传信息导致了生物的进化？体现万物之灵的人类是如何有了思维和精神的世界？由于我们的祖先对一些自然事件无法解释，所以大都归结于神灵主宰世界，有了最早的图腾崇拜，继之形成各种宗教，将对神的敬仰作为自己的精神寄托。

本书试图从自然辩证法和生命科学的角度，从基因组学、遗传学研究的历史、现状、发展趋势及其相关科学上，从基因和分子水平上，深入浅出地来说明基因组对生命的重要作用。不论生命多么不同，从最简单的原核生物，到最复杂的人，都是起始于由有机物合成的核糖核酸（RNA）和脱氧核糖核酸（DNA），也就是基因组。如果把 DNA 看作是一部卷帙浩繁的天书，其用来记录的符号就是 A、T、C、G 这 4 种核苷酸而已。在 4 个密码中，AT 和 CG 组成两类碱基对，一定数量的碱基对形成基本的遗传单位——基因。不同生物间的区别只是碱基对数量和排列顺序的不同而已。朊病毒的 DNA 中只有 20 多个碱基对，酵母菌的已有 1 250 万个，而人的每个细胞中就有 30 亿个碱基对。

DNA 所承载生命的遗传信息，通过 RNA 转录，由蛋白质表达。DNA 不但决定着物种的形态，而且在相当程度上影响着生命体的成长、发育、状态和寿命。同时，DNA 的突变也会引起物种的变化，产生新的物种或变种，特别是最近对疯牛病朊病毒的研究，不仅发现了 RNAi（又称小 RNA）和蛋白质在遗传上的作用，还形成不少新理论，有的理论甚至挑战传统的遗传“中心法则”。

DNA 虽主宰着生命，使“龙生龙，凤生凤”，左右着生命的终生。但是细胞以及整个生命体的外部环境也并不是如有些人所认为的那样无关紧要，并非“DNA 决定一切”。内因是变化的根据，外因是变化的条件，外因通过内因起作用。有时候，外因不是消极地起被动作用，而是起关键性的主导作用。没有鸡蛋不能孵出小鸡，但有了鸡蛋，没有适当的温度和必要的时间等外因，照样孵不出小鸡。在这种情况下，外因就是决定因素。目前的现状是，生命科学的发展日新月异，像对盲肠出现了昨非今是的误解，过去一直认为盲肠没有用处，近年来却认识到其具有调节微生物的特殊功能；昨天还认为是“垃圾基因”，今天却发现这些基因有着特殊作用；今天定为致癌基因，明天可能发现它们是抗癌斗士等。但我们相信，随着基因组学、蛋白质组学及其他生命科学、生物技术和相关科技的深入研究，破译生命的“天书”，认识生命的主宰和本质，促进科学和社会的发展，使人们更好地顺应自然，与自然和谐相处。

二、遗传科学解奥秘

1. 追根溯源生命始自大爆炸

生命如何诞生？人类从何处来？目前的认识水平，大部分科学家认为生命是物质的表现形式，是有序的复杂化学反应。因之，生命终归是从宇宙大爆炸中来！随着宇宙起源学的发展，逐渐统一认识，生命也是源自大爆炸。

根据大爆炸学说，约 137 亿年前，宇宙从一个不可思议的超高能量的奇点爆炸，迅速暴胀。随着巨大的热能释放，伴生着能量向质量的转化，生成了最初的粒子，例如夸克；约至爆炸后百万分之一秒，宇宙充斥着电子、正电子、μ 介子、质子、中子、中微子等，构成极其炽热高压的“宇宙汤”；爆炸后最初 3 分钟，中子和质子结合成氘核和氦核，形成宇宙间最早的原子核；38 万年后，原子形成，宇宙放晴；大爆炸后 4 亿～5 亿年，宇宙物质在万有引力作用下逐渐演化为星系。在大爆炸早期，每种粒子都有自己的反粒子，质量相同而电荷

宇宙大爆炸示意图

相反，正反物质相遇就会湮灭。但是，由于“弱相互作用下宇称不守恒”，正物质比反物质多出百亿分之一这么点儿“自发对称破缺”，才有了今天的宇宙天地和此后的芸芸众生（近期研究对这些说法有所修正。宇宙不是正物质多于反物质，而是正物质只占了宇宙的4%，反物质又称暗物质和暗能量占了宇宙的96%。不过这种观点科学界还未统一认识，有一派学者认为宇宙中根本就没有暗物质和暗能量）。

地球是宇宙大爆炸后产生的一团炽热熔融物。46亿年前逐渐冷却后，原始大气中的水蒸气凝固为液态水，并在地表积聚成海洋，原始陆地开始形成。早期地球大气的主要组成是二氧化碳、氮气与大量水蒸气，以及硫化氢、氨气与甲烷，构成了最初生命进化的原材料。它们自发形成了大量碳氢化合物，并被雨水带入海洋，经阳光、宇宙线、闪电的驱动，首先合成氨基酸、脂肪酸等小分子有机化合物，进一步结合成蛋白质、核酸等大分子有机物质。约在35亿年前，产生了能够不断进行自我更新的多分子体系（几种简单的类似细菌的细胞），由此产生了原始生命。约30亿年前，能够进行光合作用的放氧生物——蓝藻出现了，使地球形成了含氧大气层。在高空出现的臭氧层，吸收了太阳的紫外辐射，改变了整个生态环境，为喜氧生物提供了生活环境。约20亿年前，出现了最早的真核生物——绿藻。随着真核生物的出现，动植物开始分化和发展，形成了绿色植物——食物的生产者，细菌和真菌——自然界的分解者，动物——自然界的消费者，三级生态系统。

生命是自然界的产物。生命的组成单位是细胞，细胞核里有DNA承载生命信息，DNA及所产生的蛋白质是由碳、氢、氧、氮、磷、硫等元素构成。生命的物质基础就是原子构成的分子、细胞。宗教更是有了人类之后，又产生了社会文明之后的事情。

2．科学发现生命主宰基因组

经过近代生物学家的不懈努力，今天在生命的起源、主宰生命的物质这一点上，多数生物学家取得了大方向比较一致的观点。生命现象最本质的特征就是自我复制和自组织。生命构成是肌体、能量、信息的复合体。生命有复制、遗传和进化的特征，生物有形态发育的自主性和自发性，遗传不变性。所以，发育、遗传和进化是生命的特性。生命的主宰不是神仙皇帝，而是不断遗传而又不断变异、进化的基因及其集合——基因组。基因组在蛋白质参与下决定生命的信息，如繁殖、性状、新陈代谢等。本书就从这个观点展开，介绍一些相关知识。

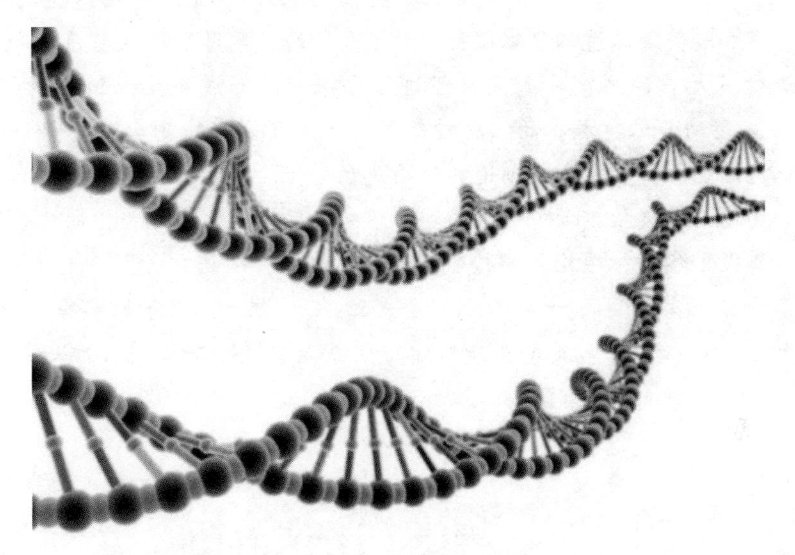

DNA 双螺旋

3. 物种起源达尔文揭示进化论

幼年达尔文

51 岁发表物种起源时的达尔文

知识拓展 查尔斯·达尔文（C. R. Darwin，1809—1882）于1809年2月12日诞生在英国的一个小城镇。他以博物学家的身份参加过英国派遣的环球航行，做了5年的科学考察。在动植物和地质方面进行了大量的观察和采集，经过综合探讨，形成了生物进化的概念。1859年，震动全球学术界的《物种起源》出版了。书中用大量资料证明了形形色色的生物并不是上帝创造的，而是在遗传、变异、生存斗争和自然选择中，由简单到复杂，由低等到高等，不断发展变化的。他提出的生物进化论学说摧毁了各种神造论和物种不变论。恩格斯将"进化论"列为19世纪自然科学的三大发现之一（其他两个是细胞学说和能量守恒定律）。他所提出的自然选择，在目前的生命科学中仍然是重要的理论基础之一。除了生物学之外，他的理论对人类学、心理学以及哲学的影响也相当重要。

各种生物图像组成的达尔文像

物种进化的思想萌芽早在达尔文出生前就存在。达尔文的祖父伊拉斯谟斯（Erasmus）曾经做过此类猜测。法国伟大的自然学家拉马克（Lamarck）也在19世纪初就给出了不少例证。但许多生物学家既没有合理的解释其机制，也没有科学证据来说明进化到底是如何发生的，没有形成系统理论。达尔文提出了进化机制——自然选择，并用科学数据来解释物种进化机制。进化论科学的生成和发展是一个漫长的过程，它在与神学和其他图腾崇拜的冲突、争辩乃至斗争中逐步形成和完善。

所谓生物进化，是指在生物种群中代代相传的遗传特性的改变。这包括两个方面，一方面是生物基本特性在繁殖过程中会遗传给下一代；另一方面是当种群的生存条件发生变化，或迁徙到其他栖息地，或与其他物种杂交繁殖时，会有新的遗传特征表现出来。在这个过程中，适应生存环境的物种存活下来，而不适应的物种则遭到淘汰和灭绝。这个理论解释了地球上生物物种的多样性。

达尔文能够提出关于物种起源的进化论，除了他的钻研精神和知识积累外，就是因为他丰富的旅行见闻和考察。达尔文曾参加环球航行 5 年，并对所见所闻归纳分析，从中找出来规律性的东西。

他在距离秘鲁东太平洋海岸线 966 千米的加拉帕哥斯群岛上度过了 5 个星期。他发现，群岛与陆地的隔离，导致当地物种独一无二。加拉帕哥斯群岛上的雀类多达 13 种，而大陆上只有 1 种。离开大陆后，这些雀类遇到了不同的生存环境和食谱，所以它们必须学会适应。加拉帕哥斯群岛的雀群中，有些雀类喙的形状更适合啄食花蜜，而有些更适应取食干旱的植被。达尔文认为，同一种群的不同个体之间会存在细微差异，正是大自然让那些最适应的个体得以生息繁衍。它们将特征遗传给下一代，并最终使种群得到进化——这就是自然选择。

根据达尔文的理论，现代古生物学家研究后认为，猿与人类的分化始于 700 万年前。至于人类为什么开始两条腿走路，始终是一个令人百思不解的谜。一种可能的原因是，生存环境从森林变成了草原，迫使猿人必须站起来以获得更好的视野。多种类人猿同时存在的状况，就像一棵大树有许多树杈一样。只不过，其中一些类人猿神秘地灭绝了，而其他的存活了下来。例如，距今 180 万年前左右，在肯尼亚生活着 4 种不同的类人猿，其中一些冒险走出非洲，成为北京猿人和爪哇猿人。我们这些智人最近的亲属是生活在欧洲的尼安德特人。尽管尼安德特人有 95% 的基因与智人相同，但尼安德特人灭绝了，智人却空前地繁衍开来，成为地球的主宰。导致这个结果的原因可能是智人相对强大的文化、语言和交流能力，而尼安德特人没有适应地球的变化。

值得一提的是，与达尔文同时发现进化论的还有一位科学家——华莱士。华莱士曾把自己的独立发现写成文章寄给达尔文，达尔文发现这个人的观点与自己不谋而合。因为当时达尔文的文章已经发表，名声在外，所以很少有人知道华莱士的大名。其实，在生命科学史上应该明确地记下，发现进化论的是达尔文和华莱士两个人。他们在生命科学的天际，是同样闪烁的双子座明星，达尔文只是这个学说的代表。

4. 豌豆杂交孟德尔发现遗传律

多种多样的生物不是神仙制造的，是生物受环境影响变化而来的，达尔文的进化论说明了这个问题。但是，物种又祖祖辈辈保留着本家族、本物种的基本特征，正所谓“龙生龙，凤生凤，老鼠生来会打洞”。各物种与其他物种的区别是鲜明的，且都是连续的。是什么原因决定了其连续性？除了环境因素，还有哪些内在因素决定生物的变异性？达尔文的自然选择和进化学说，没有完全解决这类问题。这就得进一步研究和探讨遗传学。

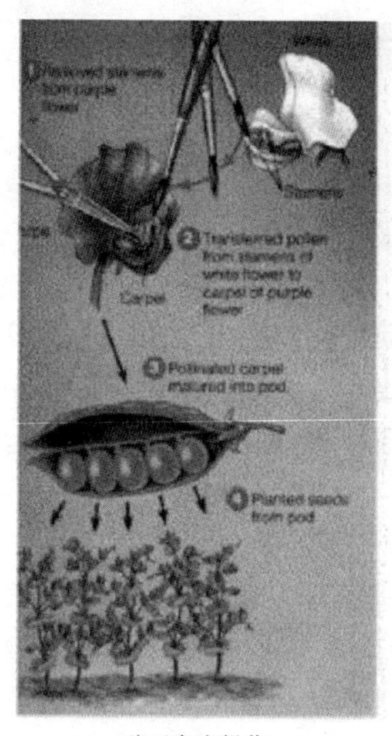

豌豆杂交操作

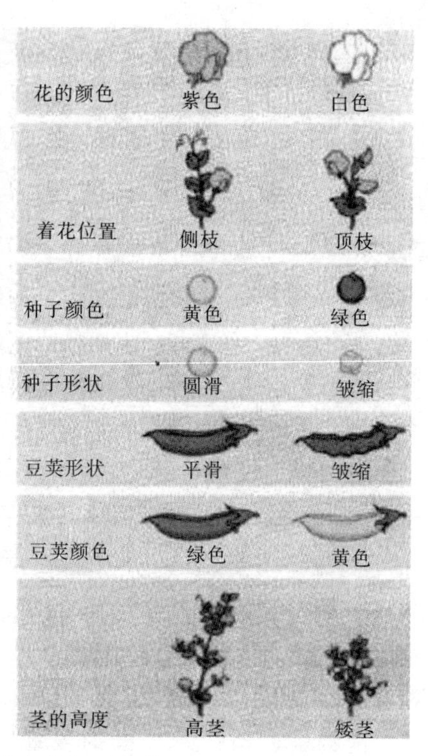

孟德尔研究的七对性状

遗传学是研究生物的遗传和变异，即研究亲子间的异同的生物学分支学科，学科名称是英国遗传学家贝特森在 1909 年首先提出的。但使其成为一门系统科学，具有严格的规律性，可用数学来表达的人则是奥地利学者孟德尔。孟德尔根据他的豌豆杂交实验结果，于 1865 年提出了遗传定律，发表了论文《植物杂交试验》，揭示了来自生物内部的遗传规律，奠定了遗传学的基础。孟德尔也被称为现代遗传学之父。

知识拓展 孟德尔（G. J. Mendel，1822—1884）出生于摩亚维亚的海因中多夫村，原属奥地利，是现在捷克境内的海因西斯村。孟德尔的父亲是个农民，酷爱养花。因此，孟德尔自幼养成了养花弄草的习惯。19 世纪初的欧洲，学校都是教会办的。学校需要教师，当地的教会看到孟德尔勤奋好学，就派他到首都维也纳大学去念书。大学毕业后，孟德尔就在当地教会办的一所中学教书，教的是自然科学。1843 年，21 岁的孟德尔进入奥古斯丁派的修道院当了一名修士，25 年后被选为该修道院院长。从维也纳大学毕业后不久，孟德尔就开始了长达 8 年的豌豆实验。起初，孟德尔并不是有意地为探索遗传规律而进行豌豆实验的。他的初衷是希望获得优良品种，只是在试验的过程中，逐步把重点转向了探索遗传规律。

G. J. 孟德尔

从生物的整体形态和行为中很难观察并发现遗传的规律性，而从个别性状中却相对容易观察到这些规律。孟德尔不仅考察生物的整体，更着眼于生物的个别性状，这是他与前辈生物学家的重要区别之一。孟德尔选择了豌豆作为实验对象，这是非常科学的。因为豌豆属于具有稳定品种的自花授粉植物，容易栽种，容易逐一分离计数，这对于发现它的遗传规律提供了有利条件。

孟德尔开始豌豆实验时，达尔文进化论刚刚问世。他仔细研读了达尔文的著作，从中吸收了丰富的知识。孟德尔首先从种子商那里弄来了 34 个品种的豌豆，从中挑选出外形圆润、有皱；颜色有黄、有绿的；植株有高与矮等不同性状特征的品种。根据这些特征，把豌豆分成了 7 对相对的性状组合，如高矮、黄绿、圆皱等。然后，按1对相对性状和两对相对性状，分别进行了杂交实验，经过统计和分析，得出了遗传的规律——分离定律和自由组合定律。

（1）分离定律　首先，孟德尔用1对相对性状的豌豆进行杂交实验。他使高茎豌豆与矮茎豌豆通过人工授粉互相杂交。第1代杂交种子1代全是高茎的。他又通过自花授粉*（自交）使子1代杂种产生后代，结果子2代的豌豆有3/4是高茎的，1/4是矮茎的，比例为3∶1。孟德尔对所选的其他6对相对性状的豌豆，也一一地进行了上述实验，结果子2代都得到了性状分离3∶1的比例。

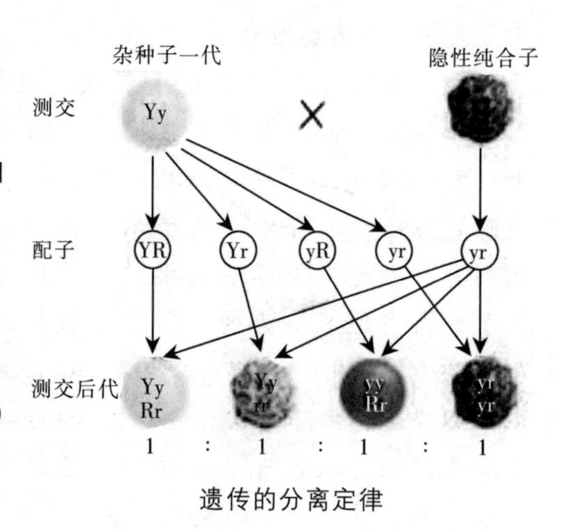

遗传的分离定律

孟德尔假定，植株豌豆的茎之所以是高的，是因为受一种高的遗传因子DD控制，高的性状是显性。矮豌豆受一种矮遗传因子dd来控制，是隐性性状。杂交后，子1代的因子是Dd。因为D为显性因子，d为隐性因子，故子1代不论是DD还是Dd都表现为高株型。子1代自交后，雌雄配子的D和d是随机组合的，因此子1代在数学的排列组合上应有大体相同数量比，基本是4种结合类型：DD、Dd、dD、dd。由于前3种含D，即有3/4的植株含D，呈显性；只有1/4植株含dd，呈隐性。于是形成了高、矮3∶1的比例。

孟德尔根据这些事实得出结论：决定生物遗传的因子在种子内部。不同遗传因子虽然在细胞里是互相结合的，但并不互相掺混，是各自独立、可以互相分离的遗传因子以显性和隐性的组成，按比例显示。后人把这一规律称为分离定律。

（2）自由组合定律　此后，孟德尔又用具有两对相对性状的种子做豌豆杂交实验，即把兼具黄、圆与绿、皱性状的两类豌豆种子作了杂交实验。

---

* 自花授粉：指一株植物的花粉，对同一个体的雌蕊进行授粉的现象。在两性花的植物中，又可分为同一花的雄蕊与雌蕊间进行授粉的同花授粉（菜豆属）和在一个花序（个体）中不同花间进行授粉的邻花授粉，以及同株不同花间进行授粉的同株异花授粉。被子植物大多为异花授粉，少数为自花授粉。高粱就是以自花授粉为主。

结果发现，黄圆种子的豌豆同绿皱种子的豌豆杂交后，子 1 代都是黄圆种子；子 1 代自花授粉所产生的子 2 代，出现 4 种类型的种子。在实验产生的 556 粒种子里，黄圆、绿圆、黄皱、绿皱种子之间的比例是 9∶3∶3∶1。

据此，孟德尔利用自己的数学知识，推导出植物在杂交中不同遗传因子的组合，遵从数学的“排列组合定律”。后人把这一规律称为生物遗传学的“自由组合定律”。为了证实这个推断，孟德尔用 22 个品种的豌豆分别继续做杂交实验。他以极大的耐心和严谨的态度，培植、杂交，对不同代的豌豆的性状和数目进行细致的观察、计数和分析。8 个寒暑的辛勤劳作，孟德尔总结并发现了一致的数学关系式。这 22 种各具区分于其他品种的稳定性状，都符合分离定律和自由组合定律。

除了豌豆以外，孟德尔还对玉米、紫罗兰和紫茉莉等其他植物也作了大量的类似研究。这些植物的杂交实验，也证明了豌豆实验中的遗传规律。以后，人们把揭示了生物遗传奥秘的分离定律和自由组合定律，分别称为“孟德尔第一定律”和“孟德尔第二定律”。

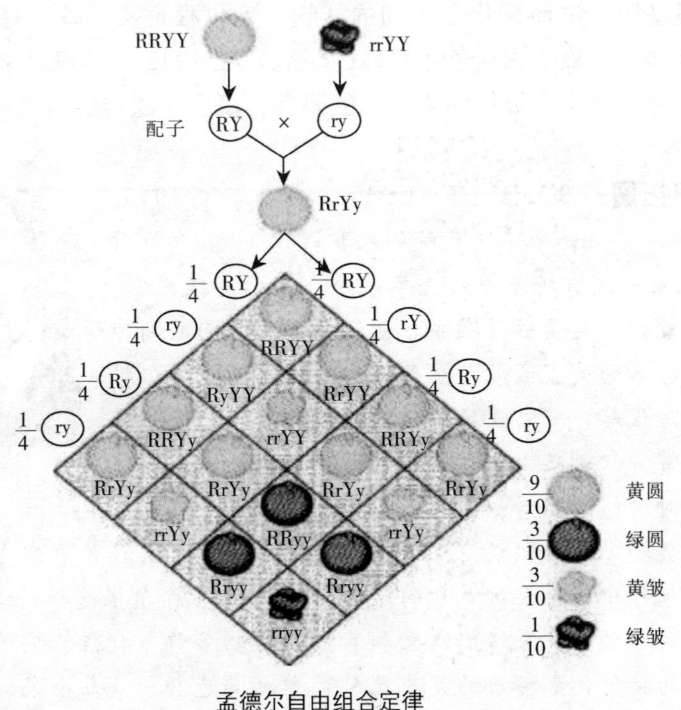

孟德尔自由组合定律

孟德尔的思维和实验太超前了，对他的这些实验和结论，时人并没有立即接受，不能与之共识。这个成果，一直被埋没了 35 年之久！孟德尔晚年曾经充满信心地对他的好友布鲁恩高等技术学院大地测量学教授尼耶塞尔说："看吧，我的时代来到了"。这句话成为伟大的预言。不过，直到孟德尔逝世 16 年后，豌豆实验论文才正式出版，预言才变成现实。

目前，许多农作物的杂交育种，比如水稻、高粱、玉米、大豆、各种蔬菜等的常规育种，所依据的原理，都还是孟德尔的遗传定律。

5．果蝇实验摩尔根建立基因论

孟德尔的遗传定律，确定了植物的遗传物质在种子内，性状的遗传有规律可循，并总结出两个定律。那么种子内的这种遗传物质是什么呢，它又是由什么组成的呢？孟德尔所说的遗传中的"独立因子"是什么呢？其组成有何特点，它具体存在于什么地方？动物是否也存在着这样的遗传定律？这些问题因摩尔根对果蝇遗传的实验研究，而有了新的进展，确定了遗传物质是基因，进而深化了人们的认识。摩尔根证实，基因存在于细胞核中的染色体上。摩尔根通过对果蝇的研究，在 1910 年发表了果蝇的连锁遗传问题，通过对遗传规律和染色体的研究，确立了遗传的染色体学说。

知识拓展 摩尔根（T. H. Morgan，1866—1945）是个不同凡响的人物，于 1866 年 9 月 25 日出生在美国肯塔基州列克辛顿一个名门望族之家。他的父亲曾担任美国驻外领事。他的外祖父弗朗西斯·斯科特是有名的美国国歌《星条旗》的词作者。摩尔根从青少年时代起，就表现了其卓尔不群的才华。他热爱大自然，常常拿着采虫网到处旅行，采集动植物，制成标本。他对动植物有着强烈的兴趣和无限的好奇心。正是这种兴趣和爱好，驱使他探索自然界的奥秘，并且使他在艰苦乏味的科学研究工作中获得无穷无尽的乐趣。1908 年，摩尔根选择果蝇做遗传学研究的实验动物。果蝇比豌豆和其他动植物多许多优点，它有几十个容易观察的特征，最突出的是有比较简单的染色体——每个果蝇细胞中只有 4 对染色体，而且果蝇繁殖能力强，容易饲养。

T. H. 摩尔根

摩尔根在哥伦比亚的实验室内繁殖果蝇，观察昆虫是否如豌豆一样，在遗传中会有明显的突变发生。1910 年 5 月，摩尔根对一群红眼睛的果蝇进行放射性射线照射，发现了子 2 代中产生了一只白眼睛的果蝇。虽然这是一种突然出现的新性状，但却没有形成为一个果蝇的新种。摩尔根把这种变化称为“突变”，并且让这个突变的新果蝇与正常的红眼雌果蝇交配，所得子代都是正常的，即均为红眼果蝇。当他把第 1 代的雌雄红眼果蝇相互交配后，所生的第 2 代既有红眼果蝇又有白眼果蝇，红眼与白眼之比为 3∶1。符合孟德尔的遗传第一定律。这个实验说明，红眼和白眼受一对等位基因支配，红眼为显性，因此证明了孟德尔第一定律在动物中也适用。

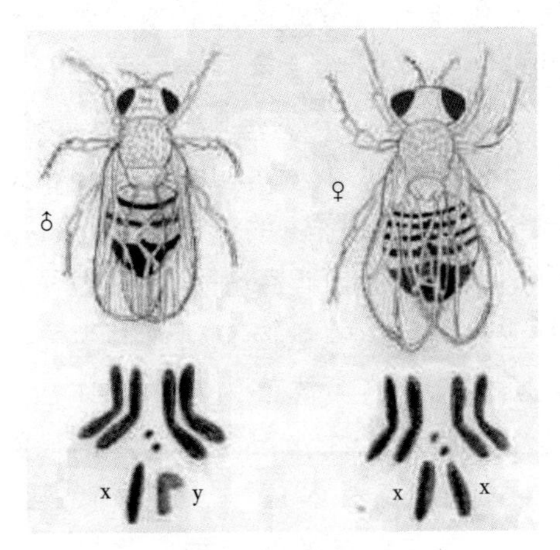

果蝇及染色体

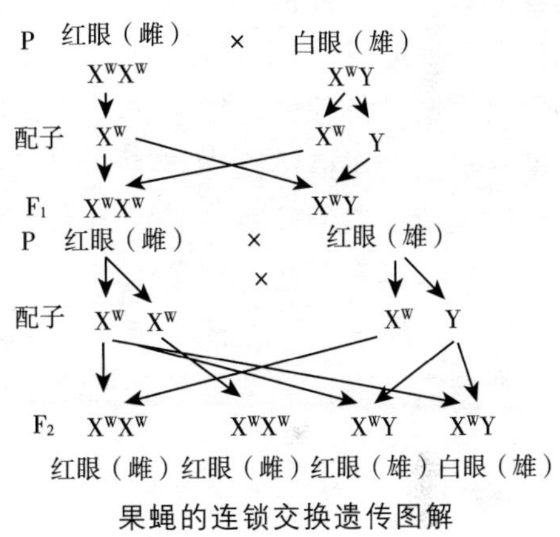

果蝇的连锁交换遗传图解

然而，在白眼果蝇的第 3 代中，雌蝇都是红眼，雄蝇中有一半是红眼，另一半是白眼。也就是说，白眼雄蝇只把它的眼睛特性传给“孙男”，而不传给“孙女”。由此，摩尔根认识到，决定白眼的遗传因子和决定性别的因素是相互联系遗传的。以前，在对染色体的研究中已经发现，决定性别的因素是雄性精子中的染色体。这样，就自然得出遗传因子是在染色体上的推论。

从此，遗传学中对遗传物质的定性描述逐渐进入到定量阶段。1916 年，摩尔根宣布：“我们现在知道父代所携带的遗传因子是怎样进到生殖细胞里面去的”。摩尔根证明这些遗传因子包含在一种叫做基因的东西里，而这些分别控制各种遗传特征的基因则在活细胞的染色体中。个体发育时，一定的基因在一定的条件下，控制着一定的代谢过程，从而体现在一定的遗传特征和特征的表现上。例如，基因中有一些专管树叶和花的形状，有一些专管头发和眼睛的颜色，有一些则专管翅膀的长短，等等。据此，摩尔根建立了染色体——基因理论。1928年，摩尔根在其名著《基因论》一书里坚持染色体是基因的载体，提出了基因是否属于有机分子一级的问题。

摩尔根不仅仅是继承了孟德尔学说，而且大力发展了孟德尔学说。他的进一步分析实验表明，染色体是基因的物质载体，基因是像串珠那样以严格的直线方式排列在染色体上的；而且位于同一条染色体上的某些基因彼此靠近，“连锁”在一起不易分开。摩尔根根据许多不同的突变果蝇的子代连锁基因的分离频率，做出了果蝇的4个染色体的连锁图，第一次把代表某一特定性状的特定基因与某一特定染色体上的特点位置联系起来，从此基因被看作是染色体上占有一定空间的、实体的遗传单位。所有这些发现，极大地震撼了国际学术界。许多学者不敢相信摩尔根的发现是真的，甚至包括像贝特森、瓦维洛夫师生这样坚信孟德尔学说的科学家，起初也对摩尔根的发现持怀疑态度。而《基因论》所集中陈述的新染色体——基因遗传理论就和牛顿所创立的万有引力定律及爱因斯坦所创立的相对论一样，被奉若圭臬。这一理论无可辩驳地证明：生物的遗传必须通过生物自身的遗传物质——基因而实现遗传；必须有遗传的实体作为它的载体，染色体则是遗传物质的载体；基因在遗传中起着决定性作用，它负责亲代到子代的性状传递；同时，基因还是个体发育的依据。

摩尔根染色体—基因理论的创立，标志着经典遗传学发展到了细胞遗传学阶段，并在这个基础上展现了现代生化遗传学和分子遗传学的前景，成为今天的遗传学从经典遗传学中继承下来的最重要的遗产。后世有人高度评价：“染色体学说是作为人类成就史上的一个伟大奇迹而登上舞台的。”摩尔根的新发现使他获得1933年的诺贝尔奖。

由孟德尔和魏斯曼开创的经典遗传学到摩尔根时代已完全形成，所以，这个学派又被称为“孟德尔—摩尔根学派”。

6. 生命实质薛定谔运用物理学

20世纪初，对于生命是什么的解释，没有统一的定义。当时，这些问题不但是生物学家在思考，而且也引起其他领域科学家的关注。20世纪是物理学发展到相对论和量子力学的时代。一些敏锐的物理学家也开始运用量子力学思考生命现象。在这方面做出积极贡献的是物理学家、量子理论的开拓者之一薛定谔。

知识拓展 埃尔温·薛定谔（Erwin Schrödinger，1887—1961），奥地利维也纳大学哲学博士，苏黎世大学、柏林大学和格拉茨大学教授。薛定锷是伟大的物理学家，量子力学奠基人之一，也是分子生物学的先驱。他最先打破学科界限，利用热力学、量子力学、化学理论解释生命现象的本质，引进了负熵、遗传密码、量子跃迁式突变等概念，用物理学原理解释生命现象，为蓬勃发展的分子生物学打开了一条新的道路，开拓了分子生物学领域。在都柏林高级研究所理论物理学研究组工作17年。因发展了原子理论，和狄拉克（Paul Dirac）共获1933年的诺贝尔物理学奖，又于1937年荣获马克斯·普朗克奖章。由他所建立的薛定谔方程是量子力学中描述微观粒子运动状态的基本定律。这个定律在量子力学中的地位相当于牛顿运动定律在经典力学中的地位。在哲学上，他确信主体与客体是不可分割的。他的主要著作有《波动力学四讲》、《统计热力学》、《生命是什么？——活细胞的物理面貌》等。

E. 薛定谔

埃尔温·薛定谔是奥地利理论物理学家，1933年和英国物理学家狄拉克共同获得了诺贝尔物理学奖。薛定谔认为，时下的专家从事研究的领域太狭窄，学科分化过于严重，每个专家都钻到越来越小的小圈子里，没有人能够把已有的知识综合起来，“只好由他这个敢于做蠢事”的人来做这件事。薛定谔认为，“一个活细胞的最重要部分——染色体纤维，可以颇为恰当地称为‘非周期性晶体’。迄今为止，在物理学中我们碰到的只是周期性晶体。对于一位并不高明的物理学家来说，周期性晶体已是十分有趣而复杂的东西了。它们构成了最有吸引力和最复杂的一种物质结构，由于这些结构，无生命的自然界已经使物理学家费尽心思了。可是，它们同非周期性晶体比，还是相当简单而平庸的。在一个生命有机体的范围内，一定时间中发生的事件，如何用物理学和化学来解释？”生命既然是分子、原子构成的，那生命就应该遵从量子学说的一些基本规律。当时薛定谔经过一定的研究和准备，在科学家的圈子里做了一次学术报告，题目就是《生命是什么》。1945 年他又把这个报告内容整理成一本 4 万字的专著。薛定谔最重要的观点就是，“遗传的机制是同量子论的基础密切相关的，确切地讲，是建立在量子论的基础之上的”，“量子论的最大启示是在‘自然界的圣典’里发现了不连续的特点。”“一个基因——也就是整个染色体纤丝——是一种非周期性的固体”，“就基因分子的图示来说微型密码是丝毫不错地对应于一个高度复杂的特定的发育计划，并且包含了使密码发生作用的手段。”薛定谔的这个报告，用当时水平的物理化学语言，构筑并做出了分子生物学的框架。一石激起千层浪，它扭转了 20 世纪生物学的前进方向。于是，物理学进入了生物学，生物学研究由此进入分子生物学时代。

这样的冲击波，不但因为薛定谔这样的物理学家用物理学研究生命现象，而且使一些物理学家转变研究方向，干脆转行，改而专门研究生物学。英国年轻的物理学家克里克听了薛定谔的报告，转向研究基因学。很多成名的物理学家、化学家、数学家、信息学家，包括技术专家，也进入生物学研究领域。其中一位物理学家就是杰出的丹麦物理学家波尔（Niels Bohr）的学生——德尔布吕克。1935 年，29 岁的德尔布吕克因为以生物学家的身份发表了一篇题为《论基因突变和基因结构的性质》的纯理论性文章而崭露头角。后来，德尔布吕克开始用实验方法研究基因问题。于是一些崭新的学科，比如生物信息学、生物物理学、生物化学、仿生学、生物技术工程、细胞工程、酶工程、发酵工程等就如雨后春笋般地发展起来。著名的天才费曼，物理学家盖莫夫也参加了 RNA 俱乐部，遗传密码的思想就是盖莫夫先提出来的。生命科学从此日新月异地发展，为日后 DNA 结构的发现，提供了新思路并做了人才准备，为遗传学研究的新突破奠定了基础。

7. 沃森携手克里克建构双螺旋

孟德尔豌豆杂交实验的结果使他们得出了有机体携带并将遗传因子传递给子代的著名结论。每一个遗传因子决定一个性状，因此有机体的全貌受其全部遗传因子的控制。摩尔根确定了遗传因子就是基因。基因在细胞核内的染色体上呈线状排列。染色体有丝分裂、一分为二，产生两个子细胞，而每个子细胞都获得同母细胞一样的染色体，这就是遗传。此外，他们还发现了基因能够突变。一个突变可以导致由基因所决定的特定遗传性状发生变化，这是生物界产生新物种的基本源泉。自然选择，其实就是选择那些携带着新基因或基因新组合的有机体，正是这些新基因或基因新组合为生物在生存竞争中提供了更大的适应性。20 世纪上半叶，遗传学虽然已经成为生物科学的“皇后”，但作为中心概念的基因，其载体 DNA 的结构、物理性质、化学性质和生物功能却仍然神秘莫测。用物理、化学知识，如量子论、信息论、系统论等研究生物学，使遗传和生物学的研究如虎添翼。

知识拓展 詹姆斯·沃森（James Dewey Watson）1928 年 4 月 6 日生于芝加哥。美国生物学家，美国科学院院士。是 DNA 双螺旋结构和遗传中心法则的发现者之一。1947 年沃森毕业于芝加哥大学，获学士学位，后进入印第安纳大学研究生院深造。1950 年获博士学位后去丹麦哥本哈根大学从事噬菌体的研究，1951—1953 年在英国剑桥大学卡文迪什实验室进修，1953 年回国后在加州理工大学工作，1955 年去哈佛大学执教，先后任助教和副教授，1961 年晋升为教授。在哈佛期间，主要从事蛋白质生物合成的研究。1968 年起任纽约长岛冷泉港实验室主任，主要从事肿瘤方面的研究。1951—1953 年在英国期间，他和英国生物学家 F. H. C. 克里克合作，提出了 DNA 的双螺旋结构学说。因此学说，沃森和克里克及 M. H. F. 威尔金斯一起获得了 1962 年的诺贝尔生理学或医学奖。

J. 沃森

DNA 即脱氧核糖核酸，是与孟德尔同时代的瑞士化学家米歇尔（Friedrich Miescher）于 19 世纪 60 年代发现的。他发现了细胞核含有一种含磷丰富的物质——核酸。到 20 世纪初，生物化学家证明了核酸在植物和动物细胞中普遍存在，并且证明了核酸含有 4 种不同的含氮碱基和戊糖以及磷酸。碱基由糖分子和磷酸分子互相联手，并通过糖和磷酸二酯键联结成核酸分子。这就证明核酸是一种多肽链。后来，化学家又证实核酸分两类。

一类为核糖核酸（RNA），另一类为脱氧核糖核酸（DNA），这两类核酸的化学组分大部分是相同的。但是，DNA的糖为脱氧核糖，它比RNA的核糖少一个羟基，使一种含氮碱基由胸腺嘧啶T* 变为尿嘧啶U**。

知识拓展 弗朗西斯·哈利·康普顿·克里克(Francis Harry Compton Crick，1916—2004)，生于英国北汉普顿，是分子生物学家、生物物理学家和神经系统科学家。最杰出的成就是与詹姆斯·沃森共同发现DNA的双螺旋分子结构。1951年，35岁的克里克与来自美国的沃森在卡文迪什实验室相识。沃森小时候是个神童，年仅23岁就已取得博士学位。两人个性都很强，在一起常常争论不休，却又彼此钦敬，引为知己。他们很快达成一致，认定解决DNA分子结构的问题是打开遗传之谜的关键。1957年，克里克进一步提出著名的“中心法则”，解决了DNA如何复制与传递遗传信息的难题。1966年，他转向其他感兴趣的领域，先是研究胚胎学，然后又对大脑、神经及意识进行研究。1977年离开剑桥，之后一直在美国圣迭戈的索尔克研究所工作。生活中的克里克没有大师的架子，为人谦和、幽默而且风度翩翩。

F. 克里克

克里克出版过一本名为《生命本身：起源和性质》的书，认为地球生命来自于一个更高级文明的太空船遗留下的微生物。2003年，克里克还在医学杂志《自然神经学》上发表论文，称他和研究小组通过大量实验已经发现了人类的“灵魂细胞”。他认为，人的灵魂或意识根本不是先天就有的，而是由人体大脑中的一小组神经元细胞产生和控制的。那时，克里克已经87岁高龄，却还有着敏锐清醒的头脑。也许，直到死前的最后一刻，那颗智慧的大脑还在高速地运转着。

---

* 胸腺嘧啶：DNA中的碱基之一，是嘧啶类碱基，可与腺嘌呤A形成两个氢键，组成DNA中的A-T碱基对。

** 尿嘧啶：RNA特有的碱基，相当于DNA中的胸腺嘧啶（T）。是组成RNA四种构成的碱基之一。在DNA的转录时取代DNA中的胸腺嘧啶，与腺嘌呤配对。将尿嘧啶甲基化即得胸腺嘧啶（T）。

1944 年，纽约洛克菲勒研究所的艾弗里及其同事们首先直接证明了 DNA 是遗传物质。赫尔希和蔡斯也用实验无可争辩地证明了 DNA 是遗传物质。从那时起，有关遗传机制问题的研究便全部集中于 DNA 上了。生物遗传的根本问题可以归纳为 DNA 分子的两种不同的功能。一是自我催化功能，即通过亲代 DNA 分子严格地按碱基顺序的复制，产生出遗传信息传给后代；二是异体催化功能，即 DNA 通过对于造成实际有机体的一系列生化反应的控制或主导，将其遗传信息表达出来。为了搞清楚 DNA 是如何完成这些功能的，就不仅需要了解 DNA 的化学组成，而且需要详细研究它的结构。

当时，主要有 3 个实验室在同时研究 DNA 分子模型。第一个实验室是伦敦国王学院的威尔金斯、弗兰克林实验室。他们用 X 射线衍射法研究 DNA 的晶体结构，根据得到的衍射图像，可以推测分子大致的结构和形状。第二个实验室是加州理工学院大化学家鲍林的实验室。第三个是沃森和克里克的研究小组。23 岁的遗传学家沃森与长他 12 岁的克里克一起研究 DNA 分子模型。他们从 1951 年 10 月开始拼凑模型，终于在 1953 年 3 月获得了正确的答案。1953 年 4 月 25 日，英国科学杂志《自然》发表了两位年轻科学家——沃森和克里克写的一篇短文。这篇文章宣布，发现了 DNA 双螺旋结构。DNA 双螺旋模型的发现，是 20 世纪最重大的科学发现之一，这也是许多人共同奋斗的结果，而克里克、威尔金斯和沃森是其中最杰出的代表。

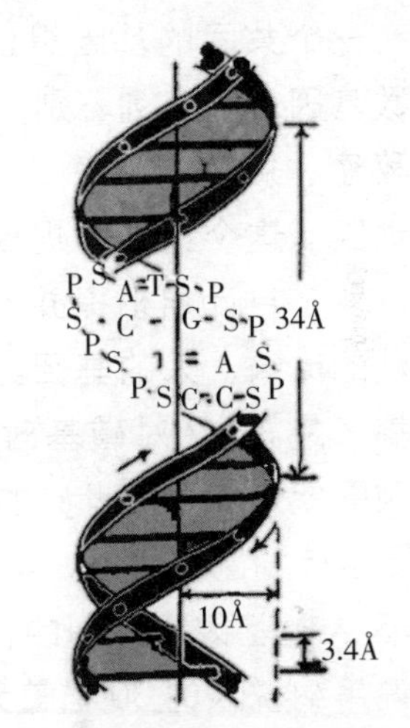

DNA 分子的双螺旋结构模式
A. 腺嘌呤　T. 胸腺嘧啶　G. 鸟嘌呤
C. 胞嘧啶　S. 脱氧核糖　P. 磷酸根
═、≡氢键

8. 六国合作大兵团绘制基因谱

几千年来，人们一直困惑于“种瓜得瓜，种豆得豆”这类现象的本质，即遗传的机制问题。虽然从达尔文到克里克、沃森的研究，让人们对生命的遗传问题在步步深入，对遗传的认识更接近其本质。虽然 DNA 只含有 4

种碱基（A、C、G、T 4 种核苷酸），但是，它们在不同生物中的数量和排列方式迥然不同，从而决定了自然界中生物的多样性。人的 DNA 由 30 亿个碱基与脱氧核糖、磷酸组成，DNA 的长链是一个双螺旋结构。但整个基因组 30 亿个碱基是怎样排列在这个双螺旋上的？这个结构是怎样折叠、浓缩成棒状染色体？它们是怎样在不同位置互相配合并发挥复杂的功能？测出基因组顺序，画出图谱这就是基因组计划要解决的问题。

基因组概念于 1920 年被提出。所谓基因组，就是生物体其所有基因的总和。人类基因组含有生、长、病、老、健康状况到死亡的全部遗传信息。人类只有一个共同的基因组，不同种族、不同个体间遗传上的差异主要在于极少数基因上的序列差别，不超过全部基因的 1%。测出基因组顺序，破译基因秘密，就使遗传学又上了一个大台阶。这就是“人类基因组计划”的主要动因。这个计划的规模是如此之大，人们认为可与曼哈顿原子弹计划和阿波罗登月计划相提并论。美国在宣传基因组计划的小册子里有这样一个生动的比喻，人的基因组像地球那么大，一个染色体就像一个国家那么大。搞清楚 30 亿对碱基对，就好像搞清楚 4 个姓氏的 30 亿人的分属，基因组制图就好像在全世界的高速公路上标路标。

基因组计划刚开始时，美国原想独自完成，预期耗资 30 亿美元，历时 15 年。因人类基因组计划的目标太高、规模太浩繁，拟花的钱太多，所以有些人说用纳税人的 30 亿美元搞庞大无比的基因组序列，是拿纳税人的钱开玩笑，而且到 2005 年完成这个计划是“吹牛”。1990 年美国刚开始人类基因组计划时，好多人联名写信反对。美国后来觉得人力、财力不足，有点力不从心，就发动世界上 6 个国家的科学家，分工协作，共同攻关。该计划从动议到实施经历了漫长岁月。

1990 年，人类基因组计划在美国正式启动；1991 年，美国建立第一批基因组研究中心；1993 年，桑格研究中心在英国剑桥成立；1997 年，法国国家基因组测序中心成立；1998 年，中国在北京和上海设立国家基因组中心北方组和南方组；1999 年，中国获准加入人类基因组计划，承担 1% 的 DNA 测序任务；2000 年 6 月 26 日，中、美、日、德、法、英 6 国科学家宣布首次绘成人类基因组工作框架图，又称草图。草图的画出，在全世界引起轰动。

2001 年 2 月 12 日，6 国科学家又联合进一步发表了人类基因组“工作框架图”及初步分析结果。2003 年 4 月 14 日，6 国科学家宣布人类基因组序列图绘制成功，人类基因组计划的所有目标全部实现。已完成的序列图覆盖人类基因组所含基因区域的99%，精确率达到99.99%，这一进度比原计划提前两年多，共耗资27亿美元，比原先的预计节约3亿美元。

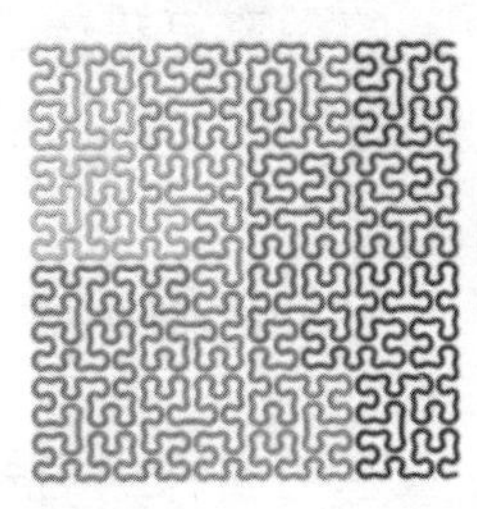
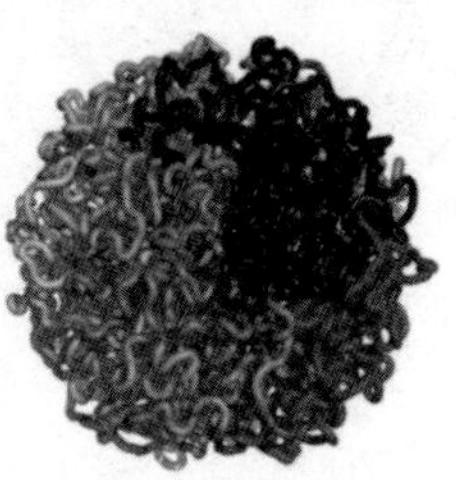

三维基因图

基因组作图有两大类：遗传连锁图谱和物理图谱。遗传连锁图谱主要通过家谱分析和测量不同性状一起遗传（即连锁）的频率而建立的。物理图谱是通过对构成人类基因组的脱氧核糖核酸分子的化学测度而绘制的，它包括限制酶切图谱、排序的脱氧核糖核酸克隆库以及对表达基因或无特征（功能不清）的脱氧核糖核酸片段的低分辨图谱。所有图谱的目标都是把有关基因的遗传信息，按其在每条染色体上相对位置线性地系统地排列出来。了解基因的位置及其相应的遗传性状，使我们能揭示人类基因组结构模式的功能意义，并将其与其他哺乳类动物加以比较，以了解生物是如何进化的。

基因组的核苷酸顺序是分辨率最高的物理图谱，它含有构成一个个体遗传装置的整套信息，意味着要排出30亿个核苷酸的顺序。同时，为了更好地利用人类基因组的顺序，还应对其他生物的基因组顺序进行测序，以便与人类基因组进行比较研究。

从发布的情况可知，人类基因数最多可能是39 114个，最少可能是26 383个。基因组计划，除了人类基因组的作图、测序之外，还包括对一批模式生物体的基因组研究。这些研究有助于在基因组水平上认识进化规律，以及利用模式生物的转基因和基因剔除术来研究基因的功能。

人类基因组计划的完成，并不等于我们对于人类基因组的认识已经到头。如前所述，测序草图的完成只是"读出"了人类基因组这部"天书"，这只是"万里长征的第一步"。而要"读懂"这部"天书"，则很可能需要比完成测序草图更长的时间。分析、了解这些碱基排列顺序后面的含义将比测定、确定它们更为艰难。后期启动的功能基因组计划将是回答这些基因功能的攻坚阶段，可能还需要人类数十年乃至上百年的努力。虽然如此，我们应该认识到，人类基因组计划的完成已使人类对自身的认识达到了前所未有的程度，标志着人类在了解自我生命现象本质的征程上实现了质的飞跃，是人类发展史上的重要里程碑，将给人类的生存与发展带来革命性的影响。

9. 更高精度“千人基因组计划”

2008 年 2 月，千人基因组计划启动。千人基因组计划将分析 2 500 个人（来自非洲、亚洲、欧洲和美洲的 14 个民族）的基因组，包括每个人的全基因组测序、外显子*目标序列捕获和单核苷酸多态性分型，而人类基因组计划只测定了 5 位健康志愿者（包括 3 位女性和 2 位男性，分别为非裔美国人、西班牙裔墨西哥人、中国人和高加索人）的基因组混合序列。人类基因组计划注重人类基因组的共性，而千人基因组计划则强调个体基因组的个性，但最终成果都是绘制人类基因组图谱。

人类基因组计划的完成是出版了一部生命的“天书”，而千人基因组计划的完成就是把这部“天书”做重大修订、补充和再版。

---

* 外显子：真核生物基因的一部分，它在剪接后仍会被保存下来，并可在蛋白质生物合成过程中被表达为蛋白质。内含子则会在剪接过程中被除去。

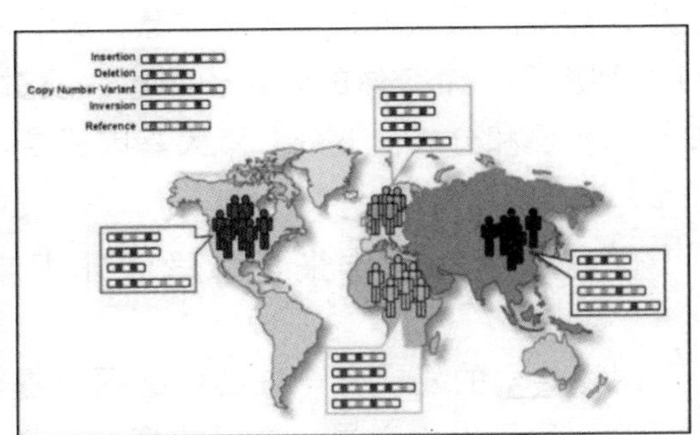

千人基因组计划

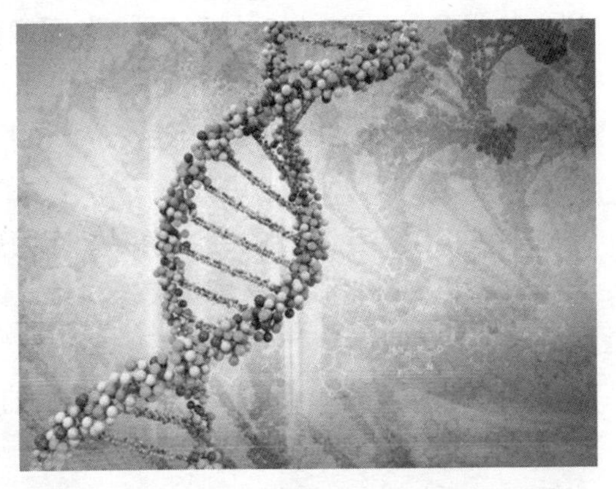

DNA

国际千人基因组计划已于2010年完成了其第一阶段的任务，对于人群携带5%以上的基因变异，绘制出了覆盖度95%的基因多态性图谱。依据这项成果，科学家们能够分析这些突变在不同人群中可能产生的危害。

千人基因组计划的第二阶段则是集中于对更大规模的人群中低频突变的研究，尤其是低频点突变和结构变异，以便鉴定出更多的功能变异标志。这项工程的一个主要目标是鉴别不同人种间的罕见突变。研究人员对以下人群进行了全基因组测序：尼日利亚约鲁巴人、中国北京汉人、日本东京人、源于西欧或北欧的美国犹他州居民、肯尼亚 Luhya 人、来自非洲的美国西南部人、意大利 Toscani 人、来自墨西哥的洛杉矶人、中国南方汉人、西班牙利比里亚人、英格兰和苏格兰的英国人、芬兰人、哥伦比亚人和波多黎各人。

此次最新的研究报告中，协作组结合全基因组测序、外显子目标序列捕获和 SNP 分型等技术构建了变异图谱。通过开发新的方法对多种不同算法和不同来源的数据进行整合，最终协作组成功地绘制出了高分辨率和高精度的单体型图谱，其中包括 3 800 万个单核苷酸变异位点，140 万个插入/缺失位点以及超过 1.4 万个大片段缺失。这些数据资源涵盖了不同种族人群基因组中携带 1%以上的突变，其中覆盖度达 98%以上。

中国华大基因在本次研究成果中，主要承担了全部中国人（包括北京汉族人和南方汉族人）的样本收集、8个种族272个个体的全基因组测序、11个种族375个个体的外显子测序以及数据分析中关于插入/缺失和结构变异的检测和分析。此外，华大基因还参与了数据质控和协调等工作。

10．诱导遗传米丘林学派非虚妄

对遗传学的发展有一桩公案必须一提，这有利于全面认识遗传学发展的历程。我国生物学界，在对待摩尔根学派和米丘林学派的态度上，走过两个极端。20世纪50年代，我国政治经济政策上对苏联的一边倒，也影响到生物学领域，使米丘林学派成为国家遗传学的主流学派。摩尔根学派除在复旦大学等极个别的大学或学术组织中保留少数研究者和研究机构以外，大都被取消。20世纪60年代初，摩尔根学派才得到同等地位，在中学课本中两种学派的观点都被讲授。一个有趣的现象是，20世纪最后30年，米丘林学派又被中国乃至世界的生物学界宣布为错误学说，被彻底否定，甚至宣称为“伪科学”，大肆挞伐。这显然又走向对米丘林学派否定一切的另一个极端。

米丘林学说绝不是当下有些人认为的“完全错误的理论”和“伪科学”，而其中有的论点和实验都是正确的。抛开当年李森科等人及苏联当时的领导认识，不要把学术问题政治化、扭曲化，客观地来分析这两种理论，米丘林学派并非一无是处，其有些观点和实验，从基因学的角度看还是正确的。作为一位伟大的园艺家，米丘林做过许多精彩实验，培养和驯化过大量的果树品种，为遗传学发展做出了较大的贡献，这是不应该完全被否定的。

知识拓展 伊万·弗拉基米洛维奇·米丘林（Ivan Vladimirovich Michurin）是苏联卓越的园艺学家、植物育种学家，是米丘林学说的创始人。米丘林自20岁起从事植物育种工作达60年之久。提出关于动摇遗传性、定向培育、远缘杂交、无性杂交和驯化等改变植物遗传性的原则和方法，培育出350多种果树新品种。曾为苏联科学院名誉院士和苏联农业科学院院士，著有《工作原理和方法》等。

米丘林

米丘林学说认为：生物体的遗传性，是其祖先适应和所同化的全部生活条件的总和。当生活条件能满足其遗传性的要求时，遗传性保持不变；当生活条件改变时，会导致遗传性发生变异。由此获得的性状与其生活条件相适应，并在相应的生活条件中遗传下去。这个学说中有关于无性杂交、辅导法和媒介法、杂交亲本组的选择、春化法、气候驯化法、阶段发育等理论，对提高农业生产和获得植物新品种具有实际意义。远缘杂交方法创造性地改变了植物的品种。20 世纪上半叶的果树栽培技术就是沿着米丘林的这个方向发展起来的。米丘林是利用来自西伯利亚、加拿大、中国和远东地区的野生、耐寒、抗病的果树品种来改良当地品种，创造性地广泛引进野生和栽培作物品种。他还创办了培养米丘林式果树园艺专门人才的高等学校。米丘林的专长始终只限于果树园艺领域，他只是个实干家、技术专家。在社会政治方面，在人文思想方面，米丘林不是内行，并未成为一个真正的思想家、理论家。前苏联当局把他拔高为挑战"资产阶级伪科学"的斗士、"自然科学马克思主义化"的旗手，这种评价就不实事求是。米丘林学说实际上是丰富经验的总结，属于现今的生物技术层面，可操作性强、有实用价值，但理论性特别是对遗传内因的认识比较欠缺。

客观地分析米丘林的有些观点和实践，而且从现今基因学的角度看，两者并非水火不容。与摩尔根学派在对基因的相互作用、基因与环境相互影响的观点相较，会发现有不少共同点。例如，摩尔根学派关于环境因素对基因和生命发育的影响，重视程度，与米丘林学派相当。细读沃森关于 DNA 的著作和我国摩尔根学派的大家刘祖洞先生的《遗传学》，可以清楚地看到这一点。这说明，凡是科学的东西总是具有共性。所谓尖锐对立，有时确实是人为的政治偏见所致。

米丘林学说夸大了外界条件的作用而忽视（或缩小）了生物性状内因的决定性作用。他强调指出：杂种的组织，依靠两亲本不过 1/10，依靠环境者却占 9/10。这种忽视生物本身遗传物质的作用的理论，过分地、不适当地强调外因作用的观点，也是与他政治上受局限、学术上视野窄、没跟上遗传学进入到细胞遗传学和分子遗传学阶段的步伐分不开。

这一历史悲喜剧说明，学术上坚持百花齐放、百家争鸣是必要的。用政治观点干涉学术问题容易导致不良后果，无论是执政者还是治学者都应引以为戒。

11. 物竞天择图生存外因不可缺

生物都是生活在一定的环境中，生物与环境的统一，这也是生物科学中公认的基本准则。任何生物都不能脱离环境，而且必须适应环境，从环境中汲取营养，通过新陈代谢进行生长发育和繁殖，随着环境的变化而变化，才能表现出性状的遗传和变异。所以，生物任何性状的表现，都是遗传与环境相互作用的结果。但生物与环境的这种统一性是有主次的。要孵小鸡，必须有鸡蛋，其他东西出不了小鸡。但有了鸡蛋如果没有合适的温度和必要的时间，也不会孵出小鸡来。生物的外界环境条件与生物自身的遗传根据相辅相成，缺一不可。在生物的遗传和变异过程中，生物与环境的作用不是同等的，更不能得出生物的外界环境条件是生物遗传和变异的首要因素。基因说的最终确立，染色体的发现，尤其是脱氧核糖核酸的发现，基因组测序的完成，无可辩驳地证实在生物的遗传和变异过程中，生物自身的遗传基础是决定性的因素；与外界环境条件相比较，生物自身的遗传基础是第一位的。

但是，我们如果再往前追问一步，生物的DNA是从哪里来的？是生物所固有的吗？地球从最简单的蛋白质开始孕育最初的单细胞生物，生物的遗传物质最初并不是DNA。生物从低级到高级是内部发育的要求，当然也是为了适应环境，首先求生存，然后才是发展。归根结底，环境变化对生物遗传的作用巨大，不可否认。

据2010年美国《科学》杂志载文，美德科学家研究证实，饮食差异可导致鲸类动物的生物多样性。

最近研究表明，从180吨的蓝鲸到55千克的加湾鼠海豚，鲸类动物具有所有哺乳动物中最大的体形差异。这种差异到底是如何进化的呢？多年来，科学家对从行为差异到海平面变化的每一种因素都进行了研究。然而一项新的研究给出了一个更加简单的结论：鲸鱼、海豚和鼠海豚在大小与形状上的差异都源自其远古时期的饮食喜好。依据分子研究和化石记录，研究人员建立了一个鲸类动物的演变树状图，希望借此搞清鲸类动物之间的体形差异是否由它们的饮食导致。结果表明，最先进化的鲸类普遍地坚持着它们喜爱的饮食，很显然，它们成功地将其他鲸类种群隔绝在外。

最近科学家还发现了一个生动的例子：据香港《大公报》2010 年 4 月 22 日报道，意大利托斯卡纳一个养鸡场被狐狸袭击，所有的母鸡都被吃光，小公鸡詹尼失去了整个“后宫”，突然自动“变性”。几天后，它不但每天生鸡蛋，还会孵鸡蛋。詹尼的外貌还是鸡冠高耸的公鸡样，但是它却会生蛋和孵蛋。联合国粮农组织的专家感到不解。专家初步判定，这是“生存基因”在作祟。由于当所有的母鸡消失了，詹尼为了“救亡图存”保后代，只好自兼“皇上”和“后宫佳丽”了。专家将会把詹尼带到联合国的实验室作详细分析及研究。当然这是一个个案，有其特殊性，但普遍性正是寓于特殊性中的，因此，这件事又含有哲学的普适性。生物学家正在研究，如果有结果，还有利于破解“先有蛋还是先有鸡”的生物难题。但这也很有力地证明了一点，就是不要把环境变化对遗传的影响看得过于无足轻重。

所以，米丘林的学说不是完全错误，也不是单纯的政治，更不是纯粹的虚妄。正确对待有利于生物学的健康发展。从各种资料判断，有的人完全否定米丘林，恰恰是犯了苏联当年反摩尔根学派的错误做法，把米丘林学派看作是反对达尔文、否定进化论、否定唯物辩证法。这种否定一切的做法是一种荒谬的形而上学，应当纠正。

最新干细胞移植中出现的现象也表明，移植环境不同，有的干细胞就会分化成不同的器官。日本九州大学的科学家发现，移植后的神经干细胞能否顺利分化，与移植部位的具体环境有关，有时环境不利甚至会导致细胞分化完全被遏制。研究人员从小鼠的胎儿脑内取出神经干细胞，然后分别移植到正常的脊髓和受到损伤的脊髓，并在试管内进行培养。一周后回收了这些细胞。结果发现，这些细胞中负责分化的基因发挥作用的程度都不相同，特别是在受到损伤的脊髓中，基因的功能整体受到遏制，几乎没有分化为神经细胞。这表明，对细胞来说，如果被移植到过于严酷的环境中，细胞自身为了保护自己，分化就受到了遏制。这一研究结果将使人们更深入地了解干细胞移植，同时也能更深刻地认识基因并不能决定一切。

基因在一定条件下的可变性不是个别现象。这也从现代层面证明，基因组主宰生命现象是相对的，环境的影响对遗传及其他基因功能的影响不可忽视。

第二篇 DIERPIAN

基因组学，生命天书 DNA

JIYINZUXUE，SHENGMING TIANSHU DNA

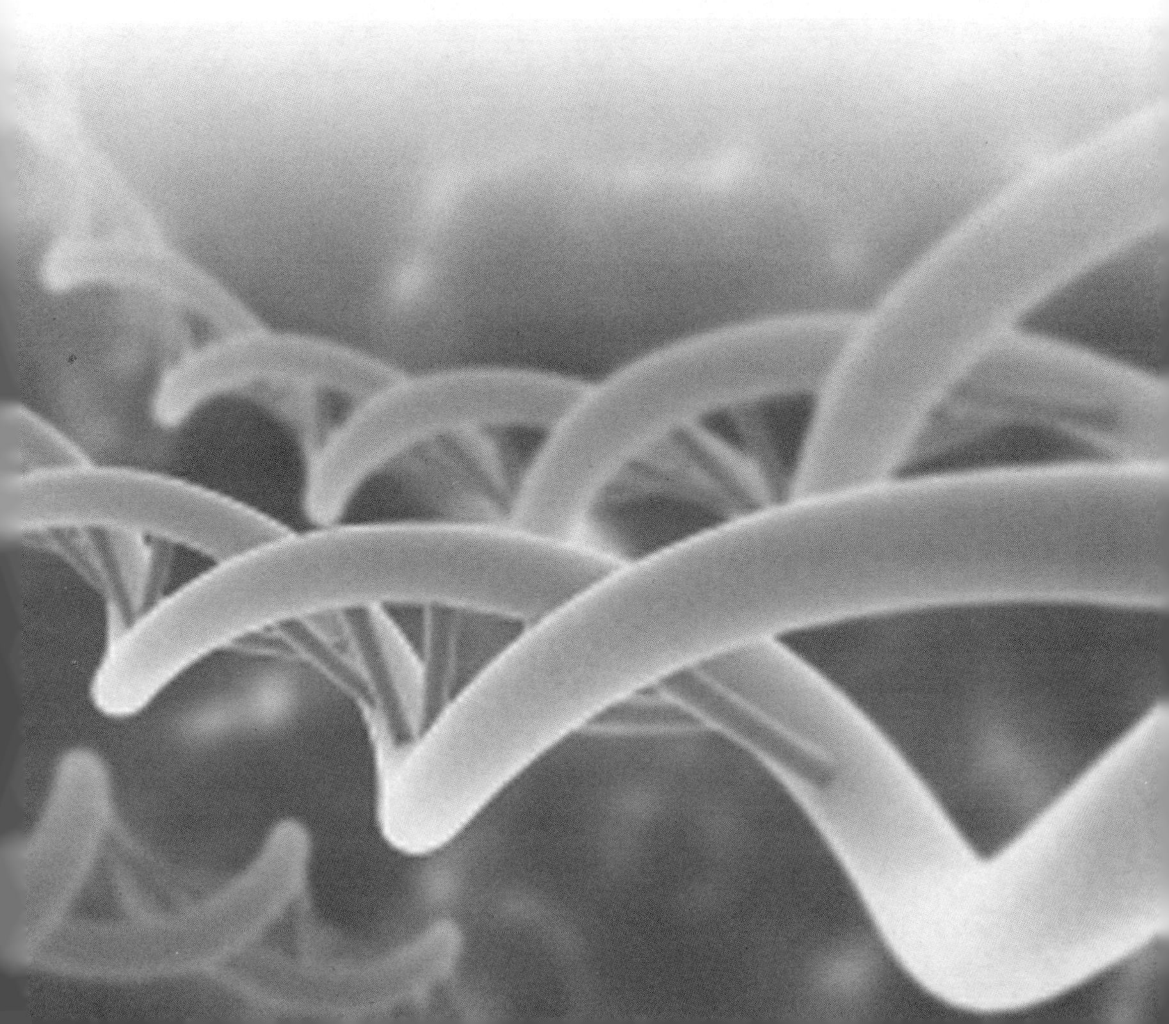

一、天书密码基因载

科学体系以概念为基础。现代分子生物学的基础就是基因。基因是打开生命的主宰——DNA 奥秘的钥匙。

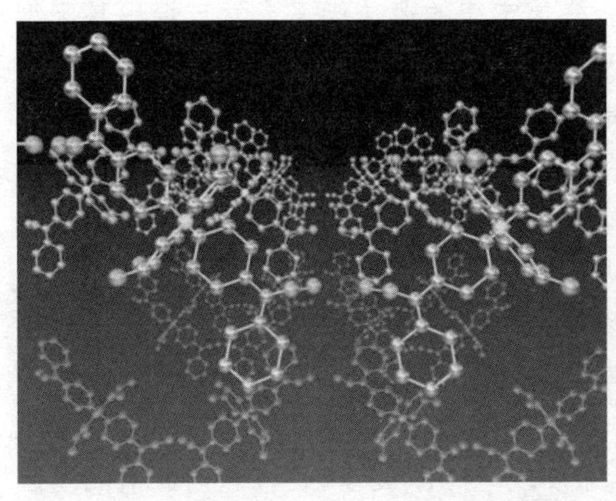
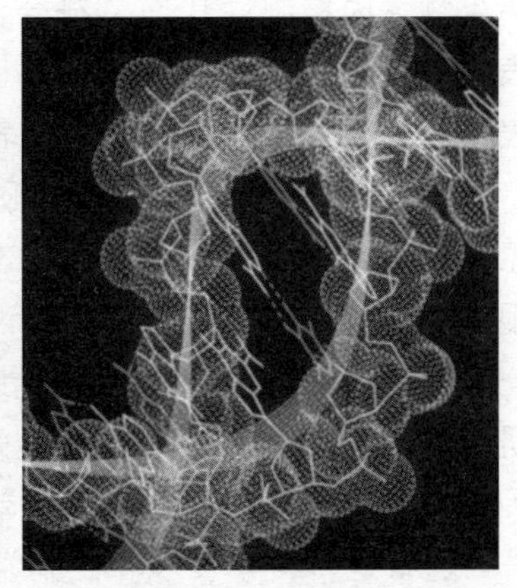

基　因

基因这个词大多数人已经耳熟能详，它可以定义为核酸中具有遗传效应的特定核苷酸序列，是控制生物性状、功能的基本遗传单位，抑或说基因是“转录单位”。但这样说并不一定为各遗传学派所接受。概念要表达得准确、全面，符合现代意义上的研究现状并非一件易事。从 19 世纪科学家对基因的猜想到今天能在电子显微镜下看到其尊容，这是一个逐步深化的复杂过程。中间经历过许多代人的努力，有过很多研究环节。到目前为止，因研究者的学术背景和所处时代不同，对基因认识的角度、侧重点、认识深度，尤其是功能，难取一致。所以目前没有一个统一的定义。

从更广义的领域看，基因组研究不仅仅是个自然科学问题，特别是人类基因组还涉及信息、统计、社会、伦理、历史、疫病、灾害等多个维度！可以说，这个世界上发生过的所有事件，人类基因组都与之有这样那样的关系。所以，人们对基因的认识也是一个渐进深化的过程。现在，我们从历史的过程和现在的认识水平以及发展前景来介绍一些基因知识。

1. 识基因，概念内涵仍演变

基因是遗传物质的基本单位，在生物学发展的不同阶段，曾有不同的表达，如斯宾塞的"生理单位"，达尔文的"微芽"，魏斯曼的"定子"等都是为了试图说明生物遗传因子的性状、机理或者功能。孟德尔则称其为"遗传因子"。

1909 年，丹麦学者威·约翰逊提出了基因（gene）这一概念，用它来指生物体内控制性状而又符合孟德尔定律的遗传因子，并且提出基因型和表现型这样两个概念。所谓基因型是表示一个生物的基因成分，表现型是表示基因所表达的性状。这个表述得到了大多数生物学家的基本认同。

20 世纪 50 年代初，摩尔根等人从细胞水平上发现了基因连锁和交换现象及其染色体机理，即基因的连锁交换定律，总结出《基因论》。不过摩尔根对基因的认识仍然是一种假设，没有完全搞清楚染色体与基因的关系。

美国教授伯恩兹更进了一步，在更小的空间和组织层次——分子水平上研究基因的功能与大小。他认为，基因是核酸大分子的一部分，经典的基因概念不能令人满意，对交换单位、突变单位、功能单位应分别给予定义。

随着遗传科学发展，生物学家发现了"断裂基因"，这对此前的基因概念是一个不变单元的定义提出挑战。为此，吉尔伯特又提出"基因还是一个转录单位"的论断，包括编码序列（外显子）、编码区前后，对于基因表达具有调控功能的序列和单个编码序列间的间隔序列（内含子）。他认为，"基因是一个以不同来源的外显子作为构件的嵌合体"。

1953 年，沃森和克里克从分子结构的角度，提出了 DNA 的双螺旋结构之后，经过许多科学家的实验研究，发现并阐明了 DNA 两股之间碱基互补配对原则。人们在以后的研究中，逐渐地认识了"基因"是染色体中高度盘曲着的 DNA 分子链片断。

在给基因下的定义中，中国工程院院士杨焕明说的最简明扼要：基因，就是决定一个生物物种的所有生命现象的最基本的因子。他认为英文 gene

即“基因”这个词，谈家桢先生翻译得非常好，是音译也是意译。据有的专家说，英译汉的译名中，只有“可口可乐”可以与之媲美。无论是从英语的含义还是从中文的形义、读音上去理解，基因都是一个很形象、很有内涵的词，无法用其他词来替代。

分子遗传学的长足发展，表观遗传学的出现，使对基因的认识有许多突破。如中国科技大学的李振纲教授在《分子遗传学》一书中介绍了几位科学家的观点，并对 DNA 中心说、对传统的基因定义，提出许多质疑和新的观点。他赞同 A. S. J. 克尼莱尔的观点，“基因甚至可能不是一个分子，而是一群非化学性结合的有机物质”，“基因是染色体的一个节段。把基因看成是 DNA 的专有功能组分，看来是片面的。它已经引起或正在引起基因概念的混乱（例如内含子的出现，C 值佯谬，N 值佯谬等）。在 21 世纪，随着分子生物学的发展，基因的概念必然会出现新的突破”。他们还认为，“基因组是动态的，新的功能单元在产生，旧的功能单元在消失。”

知识拓展 C 值佯谬，分子遗传学把部分高等生物的 DNA 等于或少于低等动物的 DNA 数量的现象称为 C 值佯谬。如包括人类在内的哺乳类动物的 DNA 的最高含量与有些爬行动物相同，而比有的两栖类动物、鱼类昆虫、开花植物等一些植物类群的最高含量低得多。这与 DNA 的量随生物进化而增加的一般趋势完全相反。科学家把这种反常现象称为 C 值佯谬。

还有一种奇怪的现象，有 100 万亿个细胞的人类基因组中有 3 万个左右的基因，只比一条仅含 1 000 多个细胞的线虫具备的 2 万个基因多 1/3。而更奇怪的是，比线虫高级得多的果蝇基因只有 14 000 个，只是线虫基因数的 70%。科学家把基因数与生物进化程度或生物复杂程度不对称的一些现象，即有些高级生物基因数不一定比某些低等生物基因数多的现象，称为 N 值佯谬。

综上所述，如何认定基因的大小和结构，如何认定基因的定义，现在还不是很确定。人们对基因认识到今天的程度，说到底也只不过是主观认识，合不合客观实际，还难以确定。基因在生物体内是活的存在，充满着生命力，随时随地都在变化，互相联系、互相制约，发生着复杂的功能。

而我们对基因的认识，是把遗传物质从活体里取出来，这就已经使基因改变了所处环境，抑或失去其在活体里的结构和许多性质。此外，人们为了能在显微镜下观察到基因，要在化学试剂的帮助下，分析其性状，还要经过药物的处理、清洗、染色、干燥和切片。基因不但没有活性了，基因的结构和功能也不是原来的样子了，与活体中的基因不可同日而语。这样研究出来的基因的特性高度“失真”。

再如，DNA经过转录和转译能合成一条完整的多肽链。可是，通过近来的研究，科学家认为这个结论并不全面，因为有的基因在转录出RNA后就不再翻译成蛋白质。另外，还有一类基因，如操纵基因，它们既没有转录作用，又没有翻译产物，仅仅起着控制基因活动的作用。特别是近年来，科学家发现DNA分子上有相当一部分片段，只是某些碱基的简单重复，有人说这是“垃圾基因”。这类碱基片段，在真核细胞生物中数量可以很大，甚至达到50%以上，在高等生物特别是人的DNA中，这类DNA竟占了96%以上。实际上关于DNA分子中这些重复碱基片段的作用，目前还不十分了解。此外，科学家又发现了断裂基因，即一个基因往往由几个互不相邻的段落组成，它们被长达数百乃至数千个碱基对的插入序列隔开，打破了“基因不可分”的概念。还有一种重叠基因，即两个或两个以上的基因共用一段DNA序列，或是一段DNA序列成为两个或两个以上基因的组成部分。重叠区内不仅有编码序列，还有调控序列。这种重叠不仅为了节约碱基数量，更重要的可能是共同参与对基因的调控。另有一些基因，在DNA序列中的位点可以转移，有的是插入序列，有的是含有多个功能的复合型转座子。这些基因有调节某些基因活动和稳定染色体结构的作用，其真正的功能尚待研究。把这些片断说成是遗传功能单位并不确切。所以说，对基因的认识与基因客体之间还有较大的距离，需要分子生物学的深入研究。

2. 基因组，生命信息总集成

单个基因在生物中不能行使遗传功能和制造蛋白质，更不能指导生物发育和新陈代谢，单独的基因也是不能存在的。真正左右生物遗传的是整个基因组，同时还要在RNA、酶、蛋白质、生物能和生物信息的共同参与下方能正常发挥作用。

所谓基因组，就是生物体内每个细胞中所有基因的总和。基因组既包括细胞核中的基因，也包括细胞器内的基因，例如，高等生物中线粒体的基因。

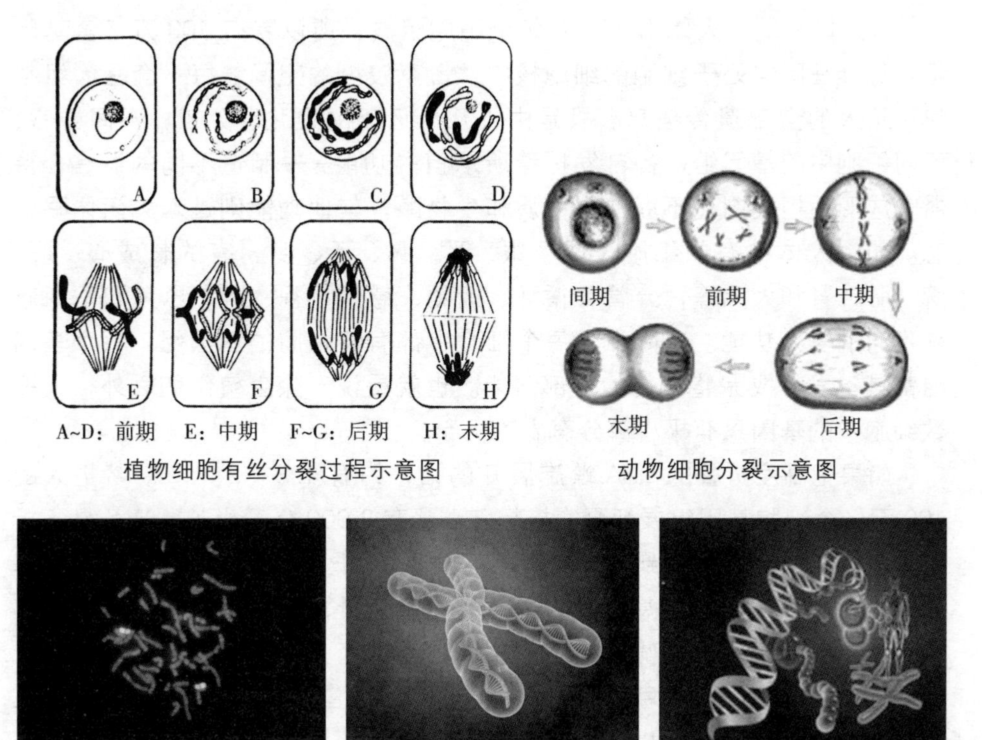

A~D：前期　E：中期　F~G：后期　H：末期

植物细胞有丝分裂过程示意图　　动物细胞分裂示意图

女性染色体　　单个染色体　　DNA 长链折叠展开示意图

任何一条染色体内部都只有一个连续的 DNA 双螺旋长链。除了性染色体 X 与 Y 之外，人类的染色体根据大小来编号，1 号染色体最大，21 号和 22 号染色体最小。在每个细胞的总 DNA 量中，有 8% 位于 1 号染色体内，大约有 2.5 亿对碱基；21 号和 22 号染色体则分别有 400 万和 450 万对碱基，即使最小的生物 DNA 分子，例如，微小病毒的 DNA，至少也含数千对碱基。

人的基因组极其复杂，它的载体 DNA 又被称为生物大分子，分别浓缩在细胞核的 23 对染色体中。在光学显微镜下可以看到染色体，但其展开的 DNA 纤维只能在高倍电子显微镜下才能看到它的大致面目。为什么如此小的东西，美国这样的超级大国，举全国之力都难以独立完成对它的测序呢？因为基因组所承载的内容是一个极度庞大的基因集合体，众多的基因是由海量的碱基对所组成，最多高达 40 亿个碱基对。不管生物体有多少个活细胞，每个细胞中都有一套相同的基因组，只有有性繁殖的生物，其生殖细胞中只含正常基因数量的一半。要完全弄明白基因组的结构和功能，在现今的仪器性能制约下，很难在短期内完成。

以人体为例。人体由 100 万亿个细胞组成，所以就有 100 万亿套基因组。每套基因组处于细胞的细胞核中，占有较小的空间。每一套基因组都包含了人的全部遗传信息。只是由于几十亿年的进化、分工，不同器官、不同细胞中的基因组，各自发挥着所承担的功能——制造不同的器官，待器官成形后担负制造不同的蛋白质和生物酶，其他功能则进入关闭休眠状态。如在人体中有的细胞长成了眼、耳、鼻、舌、身，有的长成心、肝、脾、肺、肾和大脑等，分管着循环、运动、感觉、视、听、思考和不同新陈代谢的复杂功能。实际上，每个细胞中都有着相同的基因组，每个基因组都具备发育成完整个体的全部潜能。也就是说，除生殖细胞之外，大多数细胞中的基因只有极小部分有表达机会。

如果把高度折叠的 DNA 螺旋展开的话，约有 1.8～2 米长。若把人的 100 万亿个细胞基因组展开再连接起来，就有 2 000 亿千米长。这可是不折不扣的天文数字，地球到月亮的距离不过 38 万千米。想想看，这么长的基因组，所承载的记忆信息会有多少！只能用海量、天书这类词来形容。有人用这样一种情形做比喻，描述人类基因组的庞大：如果把人类基因组所含数据都打印出来，信息密度是每平方厘米的纸包含 1 000 个碱基对，那么就需要 16 米宽、30 公里长的纸张！

“人类基因组计划”标书中写道：“人类的 DNA 序列是人类的真谛，这个世界上发生的一切事情，都与这一序列息息相关。”

人类基因组里有多少基因？在基因组计划刚开始时人们预测有 10 万个。但在 2000 年人类基因组测序草图完成后发现，基因的数量要比这个数目少得多。现在比较一致的看法是，基因大概有 3 万多个。主要原因是基因并非像开始认为的那样，一个基因并不是只能“复制”产生一种酶或一种蛋白质。功能基因也不是只有单一的职能，而是每一个基因都控制着几种功能；有的基因大多时候不起作用；有的基因在不同条件下甚至行使着相互矛盾的功能。根据 H-InvDB 数据库 2010 年的统计，人类基因组中已注释的共有 35 303 个人类蛋白编码基因，其中有文献支持功能研究的基因只有 13 314 个，占 37.71%。2008—2010 年两年间，只有 910 个新编码基因的功能研究发表论文，预期今后新基因功能研究的难度会越来越大，按现在的速度估计，数据库中剩余的 22 000 多个未知功能蛋白编码基因要全部分析完成，还需要 50 年的时间。

线粒体中的基因组不在细胞核里。这套基因组只能从母方遗传给女儿，有着独特的遗传信息。

就基因的总量而言，人类也就比杂草类的植物多一点点而已！跟线虫比，就更令人吃惊。线虫只有 959 个细胞，人类估计约有 100 万亿个细胞。线虫的细胞中有 302 个神经细胞，构成线虫极度简单的脑，与人类的 1000 亿个神经细胞不是一个数量级。人类和线虫结构的复杂程度有天壤之别，但人类的基因总数还不到线虫的两倍，不过基因的体积却大了 32 倍。人类有数量庞大的神经细胞组成的完善的神经中枢，能让我们以相对很少的基因执行无比复杂的机能。基因承担的功能多，重复序列多，体积就特别大。为了不至于让基因组占细胞核过多的空间，高等生物在自然选择过程中尽量使基因组体积高度折叠。

3．基因组，种类繁多功能全

基因有两个基本特点：一是能忠实地复制自己，以保持生物物种的基本特征；二是基因能够“突变”，突变绝大多数会导致疾病，另外的一小部分是非致病突变。非致病突变给自然选择带来了原始材料，使最适合自然的个体被选择出来，进化为新的个体，将基因遗传下去。现在，基因可以在人类的干预下按人的需要诱发变异，这属于基因治疗疾病、修复基因、制造器官等基因工程的范畴。

(1）基因的复制　基因非常稳定，因此大多数基因能够复制自己，使基因自身一直延续下来。在单细胞生物里，生命的繁殖表现为一分为二，细胞呈几何级数增加。在多细胞的高等生物里，单个细胞增殖和更新的表现形式也是细胞的分裂，即一分为二，不断复制自己。以上两种情况，都使基因稳定地生存下来。生物界就形成龙生龙、凤生凤，代代相袭的基本格局。许多生物活着就是为了繁殖，实际就是为了基因的延续。延续的时间长短不同，决定了不同生物的寿命也不尽相同。

在自然界中，不同的生物寿命相差很大。蜉蝣在一天内性成熟，繁殖后就死掉了，故有“朝生暮死”之说。因为在一天内它完成了延续后代的“任务”，所以其成虫寿命为一天（稚虫一般在水下生活数日或数月）。蝉的繁殖期也较短暂，虽然有的幼虫在地下生活的时间长达数年。夏季出土后，

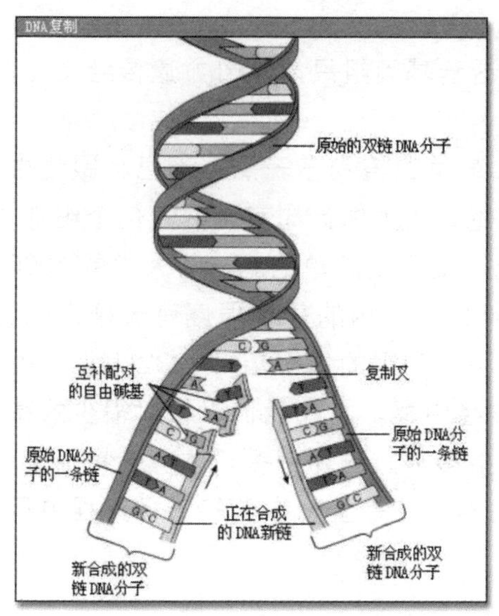

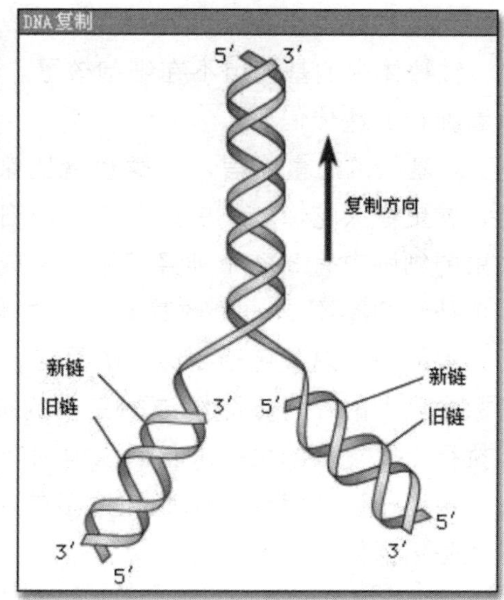

基因的复制

雄蝉爬到树上不懈地鸣叫，以吸引雌性来交配，到秋天完成产卵任务后生命就结束了。

在加拿大落基山脉的河流中，成群的鲑鱼逆流而上，穿越险滩去产卵，产卵后它们就死亡了，河中漂满了死去的雌鱼；当雄螳螂爬到雌螳螂背上开始交配时，雌螳螂便开始吃丈夫的头，交配完成了，雄螳螂就被全部吃掉。有一种“黑寡妇”蜘蛛也有这种现象。此外，还有一种黑色捕鱼蜘蛛也很具特色，雄性蜘蛛利用天线般的须肢将精子射入雌性蜘蛛身体后，就全身蔫软，腿蜷缩到身体下方，然后死去。

可以这样认为，生物的个体只不过是运载基因的一个“借用”工具。基因生存的目的，就是复制服务。从这里可以看出，基因是不朽的。而寄存基因的生命是随时可以抛弃的外壳。

螳螂交配吃夫现象图

雄性黑色捕鱼蜘蛛

知识拓展

科学家在西班牙福门特拉岛附近海域发现世上最长寿的生物。这是一种叫作波西多尼亚海草的无性繁殖个体，其寿命超过了10万年。这种植物其根茎属于木本，非常结实，能在数千年时间里保持与同一株海草个体的连接。这是个非常缓慢的过程。这种植物具有“非常高的表型可塑性”，也就是说，其基因能够适应当地的环境变化，并随之改变自己的生长方式。

波西多尼亚海草

(2) 基因的变异　基因在结构上发生碱基对组成或排列顺序的改变或断裂。如果基因只有复制自己的功能，那么，地球上就不会有如此纷繁、多姿多态的生物种类，物种就不会有生理结构、功能的变化。地球上的生命就不能由简单到复杂，由少量到多量，逐渐进化，由低级到高级。生物的多样性，是建立在基因变异的性质基础上的。人的众多疾病，除了外伤基本都可归结为基因病。

基因虽然十分稳定，能在细胞分裂时精确地复制自己，但这种稳定性是相对的。在一定的条件下，基因也可以从原来的存在形式突然改变成另一种新的存在形式，就是在一个位点上，突然出现了一个新基因，代替了原有基因，这个基因叫做变异基因。于是，在后代的表现中，也就突然地出现了祖先从未有的新性状，例如，维多利亚家族在英国女王以前没有发现过血友病，但是她的一个儿子患了血友病，成了她家族中第一个患血友病的成员。后来，又在她的外孙中出现了几个血友病病人。很显然，在她的父亲或母亲中产生了一个血友病基因的突变。这个突变基因传给了她，而她是杂合子*，所以表现型仍是正常的，但却通过她传给了她的儿子。

---

* 杂合子：由2个遗传型不同的配子结合形成的合子或由这种合子发育而成的个体。

基因变异的后果除如上所述形成致病基因引起遗传病外，还可造成死胎、自然流产和出生后夭折等，这类突变称为致死性突变。当然，突变也可能对人体并无影响，仅仅造成正常人体间的遗传学差异，甚至可能给个体的生存带来一定的好处。

双头婴儿

人类对农作物和家畜的育种，最初也是在不断的择优劣汰的过程中完成的，后来才发展到人工杂交和基因重组。这也是利用了植物基因的突变功能。

自然界中有许多千奇百怪的生物，大都异于自己的父辈或兄弟姊妹，也是基因变异的结果。进化是基因变异所致。

生物的疾病，也是由于基因的变异所引起。美国霍华德·休斯医学研究所（Howard Hughes Medical Institute）的肖恩·卡罗尔和他的同事证实了一个单独的酵母菌基因如何经过多代繁殖演变成两种特异性基因，并且刻画出了这两者如何分工，从而使酵母菌成为适应其生存环境的“居民”。这项工作十分重要，因为它从最根本的层面上阐明了进化的驱动力——生物如何变得更加适应环境。克劳尔表示，“这实际上就是一个新的功能如何出现、如何保留、如何进化的问题”。

癌症，也是基因变异。这个变异基因启动了无限复制机制。用药物、放射线杀死癌细胞只是治标，只有关闭复制基因的功能才能根治。但目前还没有找到关闭致癌基因的开关。

利用特殊的分子手段，研究人员重现了酵母菌体内一个与糖类利用相关的重要基因，在过去1亿年的时间里所发生的一系列遗传变化。基因复制时产生的变异是创新之源。同时，两个基因肯定比一个好，因为冗余可以促进分工，从而导致新的基因功能出现。比如，人眼的颜色识别需要能够区分红绿色彩的不同蛋白受体来完成，而这两种受体都源于相同的视觉基因。进化研究中最大的困难是自然的遗传变异发生的脚步太过缓慢，即使经过数千年甚至数百万年的积累，构成基因的碱基对也没有多少增量。也正因为如此，研究中选用了酵母菌这个繁殖周期短、能力强的理想模型。但人工加快这一进程，就是基因工程所要完成的任务。

（3）基因分类和作用　对于基因的分类，因所处历史时期不同，研究的深浅不一致，或所取的角度不同，也有不同的分法。下面简述较常用的分类情况：

①结构基因和调节基因。如果以是否参与编码蛋白质为标准，20 世纪 60 年代初，F. 雅各布和 J. 莫诺把基因区分为结构基因和调节基因：凡是编码蛋白质的基因都称为结构基因；凡是编码阻遏或激活结构的基因都称为调节基因。

第一种是编码蛋白质的基因，包括编码酶和结构蛋白的结构基因以及编码作用阻遏蛋白或激活蛋白的调节基因；第二种是没有编码产物的基因。转录成为 RNA 以后不再翻译成为蛋白质的基因；第三种是不转录的 DNA 区段，如启动子区、操纵基因，等等。前者是转录时 RNA 多聚酶开始和 DNA 结合的部位；后者是阻遏蛋白或激活蛋白和 DNA 结合的部位。

已经在果蝇中发现有影响其发育过程的各种时空关系的突变型，控制时空关系的基因有时序基因、格局基因、选择基因等。

一个生物体内的各个基因的作用时间常不相同，有一部分基因在复制前转录，称为早期基因；有一部分基因在复制后转录，称为晚期基因。一个基因发生突变而使几种看来没有关系的性状同时改变，这个基因就称为多效基因。

②等位基因。指在一对同源染色体上，占有相同座位的一对基因，它控制着一对相对性状。

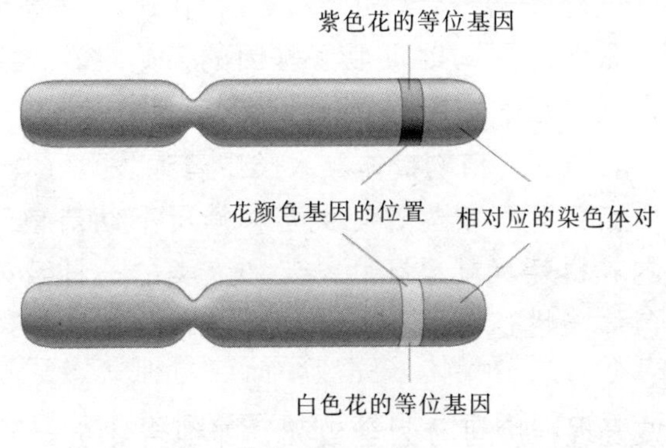

等位基因示意图

1932 年，H. J. 马勒依据突变型基因与野生型等位基因的关系将等位基因归纳为无效基因、亚效基因、超效基因、新效基因和反效基因等。

③致死基因。导致个体或细胞死亡的基因，分为显性致死基因和隐性致死基因。显性的致死突变型在杂合状态下即可致死，因此显性致死突变型

只有条件致死的，半致死的或弱致死的。例如，人类的Ⅱ型家族性高脂蛋白血症常染色体显性突变型，它的主要临床特征是高血脂和多发黄色瘤，部分患者常早年死于心肌梗塞。

例如，决定小鼠皮毛颜色的显性基因 A（黄色）和稳性基因 a（黑色）。黄色皮毛的小鼠是 Aa 型基因。在两只 Aa 型黄毛小鼠交配产生的子 1 代中，按孟德尔第一定律黄鼠与黑鼠的比例应为 3∶1，即 1AA（黄）、2Aa（黄）、1aa（黑）。但实验结果却出现 2∶1 的黄黑比例。

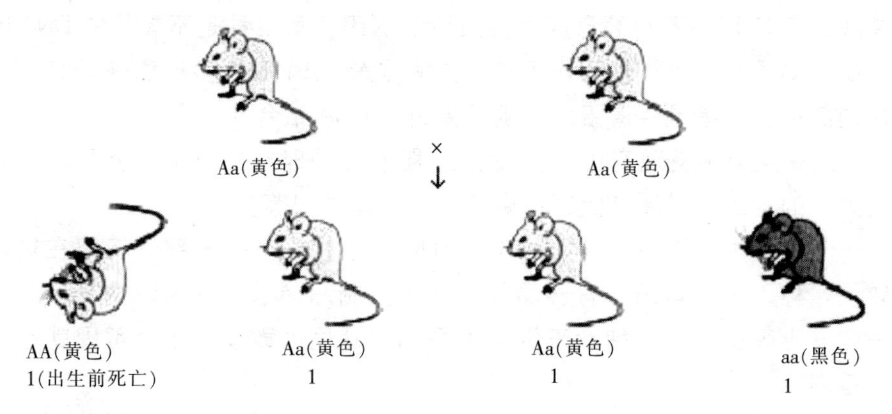

这个实验由法国学者 L. 居埃诺于 20 世纪初首先实验并报道。据统计，小鼠的黄色突变型从来没有育成过纯种。后来的研究证明了含两个 A 基因的纯合体黄色小鼠的胚胎曾在母体内出现过，但都在发育早期死亡，这是纯合子难以存活的根源。这同时证明了基因的多效性，一个基因既是影响毛色的显性基因，又是影响生存力的隐性致死基因。

此后在异体交配的动、植物群体及人类中普遍发现了隐性致死突变型。在植物中的隐性白苗致死突变型，在纯合体情况下幼苗缺乏合成叶绿素的能力，待子叶中的养料耗尽就会死亡。又如人类的一种致死性大疱性表皮松解症，是常染色体隐性遗传疾病，如果隐性致死基因呈纯合体状态则个体在胚胎期死亡。

致死突变型按表现程度可分为全致死，即纯合体全部死亡或至少 90% 死亡；亚致死，即纯合体死亡率达 50%～90%；半致死，即纯合体死亡率在 10%～50%；弱致死，即纯合体死亡率在 10% 以下。按环境条件可分为条件致死，例如，温度敏感突变型在较低温度下不出现致死效应，但在较高温度下出现致死效应；非条件致死，即任何条件下都有致死效应。按致死作用发生阶段，还可分为配子致死，如花粉死亡；合子致死，如受精后合子不能发育；胚胎致死，幼体致死。按个体发育中致死作用的时相还可以分为单相致死，即只在某一时期致死；多相致死，即致死时期有两个或两个以上；无相致死，即致死作用可以发生在任何一个时期。

致死突变型发生在常染色体上时，称为常染色体致死，发生在性染色体上时，称为伴性致死。在果蝇等性染色体属 XY 型的生物中，如果隐性致死突变发生在 X 染色体上，对雄性果蝇即可产生致死效应，但对雌性果蝇而言，只有两个隐性致死突变基因呈纯合体时才会造成死亡。也就是说，雌性果蝇的一个 X 染色体上带有致死基因 l，在另一个 X 染色体上带有它的等位显性基因 L，雌性果蝇就可以生存并产生后代。所以雌性果蝇可以是隐性致死基因的长期携带者。这种雌性杂合体 Ll，果蝇和正常的雄性果蝇交配所产生的子代雌雄比不是 1♀：1♂，而是 2♀：1♂。

致死突变型基因还可以应用于育种实践，1975 年 B. A. 斯特鲁尼科夫利用性连锁平衡致死原理育成了几乎只产雄蚕的家蚕品系。由于雄性的幼虫生长期短，消耗桑叶较少，出丝率较高，丝的质量较好，所以能达到增产的效果。

④复等位基因。指在同源染色体的某个相同位点上的等位基因超过两个以上，是决定同一性状的基因群，如决定花色或果蝇视力的基因。复等位基因是由基因突变形成的。一个基因可以向不同的方向突变，于是就形成了 1 个以上的等位基因。基因突变的可逆性是复等位基因存在的基础。任何一个二倍体个体只存在复等位基因中的两个不同的等位基因（见刘祖洞的《遗传学》）。

例如，人类 ABO 血型基因座位是在 9 号染色体长臂的末端，在这个座位上的等位基因至少有 6 个等位基因，一般表现为 4 种血型（现代科学的发展，人类血型已鉴别出 40 多种）。A、B、O 3 个基因因子表示为 I^A、I^B、i，即 3 个复等位基因决定每两个因子组成一种血型。一个人只有一对等位基因，AA（I^AI^A）、BB（I^BI^B）、OO（ii）、AO（I^Ai）、BO（I^Bi）、AB（I^AI^B）中的一种分别表示 A 型、B 型、O 型（含 OO、AO、BO 3 种情况，其显性都是 O）和 AB 型血液。

血型（表型）	基因型	抗原	抗体
A	I^AI^A，I^Ai	A	抗 B
B	I^BI^B，I^Bi	B	抗 A
AB	I^AI^B	A、B	无
O	ii	无（H）	抗 A、抗 B

人类有一种被称为“熊猫血”的 Rh 阴性血型。Rh 是与 ABO 血型不一样的独立血型。这种血型是由一对等位基因 R 和 r 决定的。RR 和 Rr 个体的红血球表面有一种特殊的黏多糖，叫做 Rh 抗原，为 Rh 阳性血；rr 没有这种黏多糖，称为 Rh 阴性血。现在科学研究表明，Rh 是由 8 个以上复等位基因决定的。

其实，现代检验医学已鉴别出许多种血型。

随着医学科学的发展，人们对于血型的认识也越来越深刻。由于血液的组成成分不同，各自具有的抗原性质也不一样，因此血型存在千差万别。例如，ABO 型红细胞已发现有 20 多种血型系统，不同的血型抗原就有 400 多种，像是 Rh 系列血型。白细胞上的抗原物质更为复杂，仅本身就有 8 个系统近 20 种血型抗原，此外还有红细胞血型抗原和与其他组织细胞共有的抗原，其中与其他组织细胞共有的抗原就已检出 148 个，这类抗原也称为人类白细胞抗原（简称 HLA 抗原）。血小板有 7 个特异性抗原系统，每个系统内又有 10 多种抗原。另外，还有 20 多种血清蛋白、血清酶以及 30 多种抗原种类，共计在 600 种以上。如按这个数字再进行排列组合，那么人类的血型就有数十亿种之多。

⑤非等位基因。指在基因组不同座位上的不同基因，依据非等位基因相互作用的性质可以将它们归纳为：

互补基因。若干非等位基因只有同时存在时才出现某一性状，其中任何一个发生突变时都会导致同一突变型性状，这些基因称为互补基因。

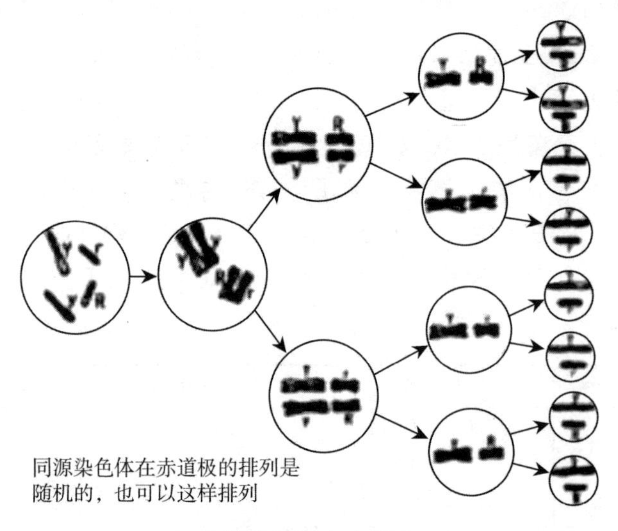

非等位基因自由组合

异位显性基因。影响同一性状的两个非等位基因在一起时，得以表现性状的基因称为异位显性基因或上位基因。

累加基因。对于同一性状的表型来讲，几个非等位基因中的每一个都只有部分影响，这样的几个基因称为累加基因或多基因。在累加基因中每一个基因只有较小的一部分表型效应，所以又称为微效基因。相对于微效基因来讲，由单个基因决定某一性状的基因称为主效基因。

修饰基因。本身具有或者没有任何表型效应，可是和另一突变基因同时存在便会影响另一基因的表现程度的基因。如果本身具有同一表型效应则和累加基因没有区别。

基因的表型差异既包括等位基因也包括非等位基因，而且也环境条件影响。环境条件是外因，而等位基因、非等位基因、复等位基因等是内因环境。例如，香豌豆中 D 是显性基因，dd 是隐性基因，虽是隐性却能影响花的颜色。花呈红色一般是 D 基因决定。如果混进 dd 基因，花色就比 DD 配子的花色淡，就会露出淡蓝色。这是因为 dd 基因比决定红色的 DD 基因或 Dd 基因的 pH 高 0. 6，趋碱性。在此，dd 基因就是修饰基因。

抑制基因。一个基因发生突变后使另一突变基因的表型效应消失而恢复野生型表型，称前一基因为后一基因的抑制基因。如果前一基因本身具有表型效应则抑制基因和异位显性基因没有区别。

调节基因。一个基因如果对另一个或几个基因具有阻遏作用或激活作用则称该基因为调节基因。调节基因通过对被调节的结构基因转录的控制而发挥作用。具有阻遏作用的调节基因不同于抑制基因，因为抑制基因作用于突变基因而且本身就是突变基因，调节基因则作用于野生型基因而且本身也是野生型基因。

微效多基因。影响同一性状的基因为数较多，以致无法在杂交子代中明显地区分它们的类型，这些基因统称为微效多基因或称多基因。

背景基因型。从理论上看，任何一个基因的作用都要受到同一细胞中其他基因的影响。除了人们正在研究的少数基因以外，其余的全部基因构成所谓的背景基因型或称残余基因型。

总结一下，非等位基因虽各自存在，却相互作用，共同完成一定的生理功能和表型。其相互作用大致分两类：一类是非等位基因间的互补积累效应；另一类是非等位基因间的相互抑制效应、修饰作用。应当说明的是，非等位基因的相互作用并不是只发生在两对基因之间，而是发生在多对非等位基因之间。

（4）时有新发现　随着分子生物学的发展和对一些生命现象的深入研究，以及新的生命理论的产生和研究方法的改进，新的基因被不断发现。

2007 年，虽然人类基因组的碱基测序完成，但只是大体确定了 30 亿个碱基的位置，并初步确定人类基因组大约有 35 000 个基因。人们还需要确定出所有编码蛋白质或履行调节功能等的 DNA 序列的确切位置。

基于“有机体进化时，对有机体有用的遗传密码部分以不同的方式发生变化”的理论，美国康奈尔大学的科学家通过利用超级计算机比较人类和其他哺乳动物基因组部分，发现并证实了以前的测量方法漏掉旨在特定器官表达或在胚胎发育早期表达的基因，并发现了 300 个之前没有确定出的人类基因，并且还发现了几百个已知基因的范围。21 世纪以来，千人基因组计划已经完成，人类对基因的认识，大踏步前进。但是比起待完成的探索内容，也只算是一个开端。

世界顶级科学杂志，美国的《科学》、英国的《自然》及《细胞》，中国的生命科学类杂志和中国科学报、科技日报等综合报章，几乎每期都有一些功能基因特别是致病基因发现的信息报道。这说明，基因科研领域研究的活跃和发展的迅速。同时，这也给基因定义的简单化一，带来了困难因素。

2013 年 12 月 19 日，新华社转载了英国《自然》杂志网络版上的一个消息。该消息称日、美、澳等 7 个国家的科学家组成的研究团队，新发现了 20 多种基因变异模式会致癌。细胞的正常基因突变并不立即癌变，而是在变异不断积累到一定量时才会导致癌症。在可诱变的 22 种致癌基因中，单独存在时不会致癌，而是在两种以上的致病基因叠加后才发生癌变。乳腺癌需两种致癌基因叠加，肝癌、胃癌、子宫癌等则需要 6 种以上的基因变异叠加才会发病。2013 年 12 月 7 日据英国广播公司网站披露，人类的 DNA 都有缺陷，平均有 400 个。但是一般都是隐性的，单独一个缺陷基因不会致病。只有在内外条件发生变化，有诱导因素存在时才会因缺陷基因的叠加而致病。

总的来说，基因的种类和作用极其复杂。上述一些基因的分类命名只是为了叙述方便，生命体中的真实情况大相径庭。基因与基因间、环境条件与内部基因间，有联系而又有区别。对一般生物来讲，任何外部条件都可以在一定范围内任意变动，但个体的基因型却在其亲代配子受精时就已决定。因此，基因型是发育的内因，而环境条件是发育的外因。表型是发育的结果，是基因型与环境相互作用的表现形式。这就澄清了一个概念，我们不能说哪些基因性状或变异是遗传的，哪些是不遗传的。只能说在某一特定条件下，个体间性状发育的差异主要是由基因型的差异所决定，不是主要由环境条件所决定。事实上，生物体没有一个性状是与遗传无关的，也没有一个性状的发育是与环境条件无关的。这也强化了本书的主题，归根结底基因组是生命诞生、发育的主宰因素。

4. 基因组，记载 35 亿年

人类基因组这部“天书”除了包括十分巨大的结构和功能基因及全部遗传信息外，它还记载了地球上生物 35 亿年的生命史。

(1) 基因记载进化史　基因的稳定性，使生物具有遗传性。所以 30 多亿年来，自然界的物种有几千万种，各个物种都保留着各自的生物特性。基因的突变，使生物具有多样性。因为基因的突变，导致了千万个生物的变异，就形成了新的物种，造成了生物的进化。这种进化就在原来生物的基因组内记录了这种新增加的基因。生物每进化一次，基因组的基因就要累加一些（有时会丢失一些）。30 多亿年来，进化的基因随着生物物种的复杂化，也就愈加复杂，基因组的构成也就随之复杂。最后形成了自然界中最复杂的人类基因组。

人是进化的产物。从最简单的单细胞生物到人，经历了 30 多亿年的漫长岁月，单细胞生物的基因在每进化一步、每经历一次基因突变，形成新的物种时，都会在基因组里留下痕迹。当人类诞生后，每次大的瘟疫或是大的自然灾害都会导致大量个体死亡，但是在存活下来的个体中，尤其是被疾病感染后痊愈的个体基因中就保留了记录，对感染的病菌形成抗体。这样一来，基因组就复杂了一步。所以人类基因组对生命的进化、对重大的、来自传染病或是其他灾难的发生，基因组中都会有“记载”。

人类基因组记录了生物进化史，从人的胚胎发育过程，也可看出这种基因叠加和进化的历程。对人的受精卵发育成胎儿的过程摄影，可以看到生物进化的轨迹。基因组详细地记录着生物由低级到高级发展的路径和过程。人类的起源和世代在世界各地的迁徙路径，也可以看出生物进化的各种坎坷劫难。英国科学记者、科普作家马特·里德利在《基因组：人种自传 23 章》一书中形象地描述了这个事实：人类基因组本身就是一种自传——用基因语言写成的一个记录，记录了从生命最初开始我们这个物种以及我们的祖先的偶然事件和发明。有一些基因从第一种单细胞生物居住在原始‘汤’里开始没有怎么变化过；有一些基因是当我们的祖先还是线虫的时候发展出来的；有一些基因肯定是当我们的祖先是鱼的时候出现的；有一些基因之所以以它目前的形式存在，是因为近期的一场流行病；还有一些基因可以被用来书写过去几千年人类迁移的历史。从 40 亿年以前到仅仅几百年以前，是我们这个物种的一部自传，当重要事件发生时基因都一一记录在案。

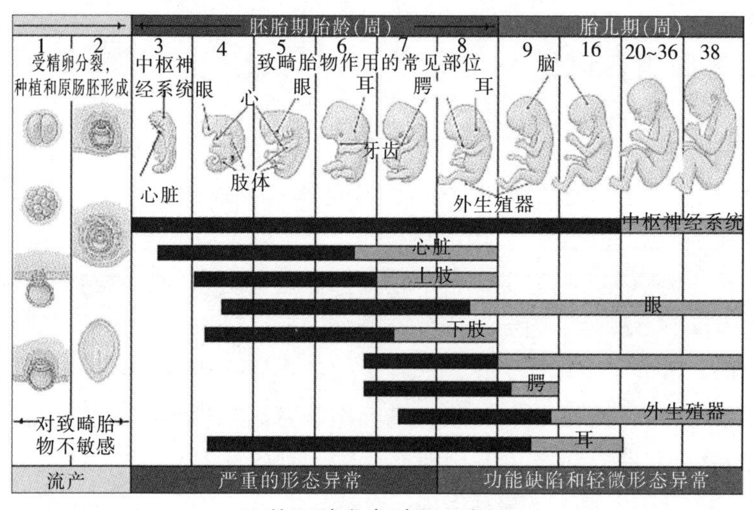

人的胚胎发育过程示意图

上图是人的受精卵通常从一分为二到发育成熟的过程示意图，从图中可看出人类自一个受精卵细胞分裂的过程很像是重复着从单细胞生物到人的整个发育过程。从最初的合子看，与单细胞生物没有两样。胚胎发育第 3 周长出心脏后像条虫子，第 4 周长出脑神经、眼睛后形成的人胚胎，恰似蝌蚪或幼鱼，再到第 5 周，像一只小老鼠，说明人类的胚胎发育重复了生物从海洋到陆地的过程。从哺乳动物的胚胎发育比较（右图）可以看出，

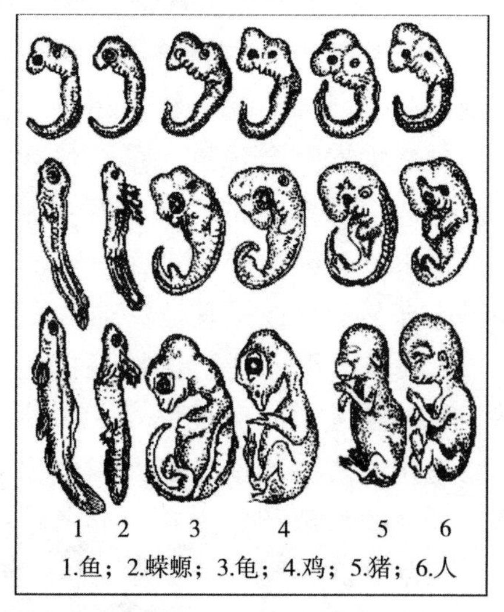

人与其他脊椎动物胚胎比较

人与其他脊椎动物胚胎的早期形象差不多。

在基因组的集合 DNA 上的基因数量、结构功能，直到其重复系列上，也记载了 35 亿年以来生命的进化轨迹。下面从几个侧面看基因记录的生物进化过程及人类发展到今天这样高度文明所经历的一些重大历史事件。

（2）全球人类源非洲　人的起源问题尽管有许多学派，有的主张人类在世界各地起源的多地起源说，比如认为人类起源不是出自一个地方，而是多个地方。我国有的学者就坚持这种观点，理由是我国的一些人类遗址有的比较早，虽然从化石上看，发展不太连贯，但从我们的民族感情上说，不愿意承认中华民族这个文明古国的祖先源自非洲（有一派遗传学家很坚定地认可多地起源说。最近，这方面的观点又取得一些考古证据）。但是从基因组的研究，特别是用线粒体基因组和 Y 染色体基因的研究，比较切实地证明我们人类祖先起源于非洲。之后，人类祖先离开非洲大陆向全球进行迁徙扩散，因各种原因代替了各地的原居民，形成了今天人类分布的格局。

（3）人类迁徙基因证　大众科学报报道，复旦大学遗传所对我国 1 万名男性的染色体进行检测，发现 M168G 位点是一个突变点，大约在 7.9 万年前产生于非洲，是非洲人特有的标记。

所有的非非洲的现代人类种群都是由最早的非洲人进化而来，他们先后迁徙到欧洲、亚洲和大洋洲，取代了当地已存在的直立人与远古人，并进化为现代人类。根据该理论，东亚人类种群主要是由单次迁移或扩散完成的，即所谓的“单扩散模型”，在这个模型中，澳大利亚人的祖先——澳大利亚土著人被推测是从亚洲人种群中分离出来的。

研究中使用的头发样本取自剑桥大学博物馆，收藏于 20 世纪初，是澳大利亚西部地区一个土著人捐赠的。基因组分析结果表明，澳大利亚土著人的祖先种群是在 7.5 万～6.2 万年前走出非洲迁徙到东亚地区，然后越过重重大洋到达澳大利亚大陆；而现代亚洲人的祖先则是在 3.8 万～2.5 万年前与欧洲人的祖先分离之后迁徙到亚洲的。由此，澳大利亚土著人祖先的东迁要明显早于古欧亚人的迁徙，其遗留种群与后来东迁亚洲人祖先群体发生过基因交流，证明了人类迁徙史上的多次扩散，即“多扩散模型”。

中国史书中的一次次大规模迁徙，同样在今人的 DNA 中找到了证据。长江以北的中国人和长江以南的中国人具有同样的父系基因来源，而母系基因则存在很大不同。基因测序结果表明，近 2 000 年来，北方人 3 次向南方迁徙，分别在晋、唐、宋时期。

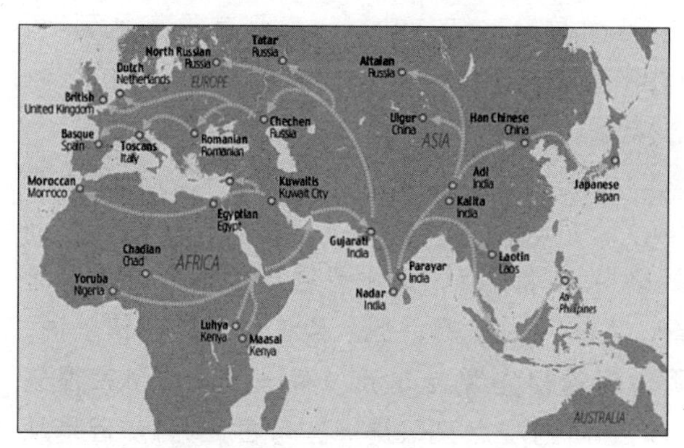

早期人类离开非洲大陆向全球各地的迁徙路径图

印度南部人口基因与非洲人口基因的相似度远高于欧洲与亚洲

考古的发现不断证明人类的起源可能不止一个地方。如最近在缅甸和中国南方的考古发现，人类可能最早源自亚洲。不过，人类多地起源说也从未沉寂。无论是理论的还是考古的，都有一些证据。并且，2012 年的英国桑格研究所的最新基因研究显示，5 万～4 万年前还有一次前所未有的大扩张。该机构研究人员对来自非洲、欧洲、亚洲和美洲各地的男性 Y 染色体进行了基因分析。由于 Y 染色体为男性独有，只通过父系单线遗传，其遗传和进化的历史也就相对容易分析。结果显示，在约 5 万～4 万年前，男性 Y 染色体上基因的多样性突然大幅增加，这说明当时出现了一次大规模的人口膨胀，因为只有人口增加了，基因才会更有多样性。此前考古证据曾显示，古人类在约 7 万到 6 万年前有一次“走出非洲”的大扩张，在地理上分散到世界各地，是人类历史上的重要事件。而本次研究显示，新发现的史前人类大扩张，规模要比“走出非洲”那次大得多。

英国科学家近日经过研究和调查发现，人的姓氏也具有遗传信息，这些遗传信息可确定谱系、共同的祖先和其他的遗传问题，也就是说，人的姓氏和遗传信息具有紧密的联系。

然而，具有像史密斯这样普通姓氏的男子似乎没有共同祖先。因为这样的姓氏起源于商业名称，被不相干的人多次采用，不常见的姓氏更具有地理特征，也许当时仅有一两个人采用，所以我们认为他们之间的关系更密切。

这一发现将有助于系谱专家构建家谱，尤其是在个人档案不完善的情况下，姓氏会更有用途。对具有共同姓氏的两个人进行基因测试，就可以看出他们是否拥有一个父系祖先。例如，Attenborough 是一个不常见的姓氏，随意调查中科学家发现，姓 Attenborough 的 10 个人中有 9 个具有相同的 Y 染色体。

2011 年，为了确定考古发现的一个古墓是否是曹操墓，复旦大学应用这一原理，在全国范围寻找曹姓后人的基因谱系，为考古鉴定做出贡献。

（4）记载农业源与流　回溯人类漫长的历史，究竟先有人群扩张产生需求刺激了农业的形成，还是农耕技术的发明、发展直接激发人口大幅增长。过去的研究大多从文字记载，也就是考古进行考证。考证人类使用工具，将动物、植物驯化成牲畜、作物的存在证据。现在可以从人类基因的研究，找到更有力的证据。

农业产生的动因何在，它与人口数量增加之间谁是因谁是果，仍有很大的争论。人体里所有细胞内都有线粒体存在，但只有女性的线粒体基因能随其卵子遗传给后代。线粒体内的基因相对稳定，造成它们发生变化的唯一因素是自发变异，这种变异以较为缓慢的速度进行并积累，记录着人类千万年以来的进化脉络。而当线粒体基因的变异在某一时间段内呈现出多支系的“星状”结构时，则代表当时的人口有大幅增加、人群出现扩张。

科学家对 367 个东亚人群基因样本进行分析后发现，所有的东亚人群中的主要支系的线粒体基因，均在距今 1.3 万年前出现了多支系的变异方向。最终多项数据表明，东亚人群从这一时段开始扩张，且这次扩张一直延续到距今 4 000 年前，在这 9 000 多年间，整个人群增长了约 30 倍。科学家认为，“人群开始扩张之前，也就是距今 1.5 万年左右，正值地球末次盛冰期结束。我们可以直接推论的就是，植被开始茂盛、动物数量增加，这些都为当时的人类提供了更丰富的食物和更适宜的生活环境。而人口增加也刺激对食物的需求，推动有计划、有规模的农业生产应运而生。此后，不断发展的农业文明反过来为人口进一步增长提供了支撑，两者逐渐形成了一种相辅相成的关系。”

（5）陨石灭龙生苹果　2011 年 8 月，科学家首次绘制出了苹果的基因组草图。研究表明，苹果的祖先原是灌木，大约 6 000 万年前，让恐龙灭绝的陨石灾难却成就了苹果树的诞生。

当年地球遭遇巨型陨石袭击时，大量灰尘被推入大气层中，遮蔽了阳光，降低了植物的光合作用，进而对全球各地的生态系统造成毁灭性的影响，令地球上的大部分生物包括恐龙灭绝，而苹果的祖先却死里逃生。苹果是蔷薇科植物，其基因组包含有17个染色体、含7亿多个碱基对。苹果和同是蔷薇科的梨子基因组非常相似，而与其他蔷薇科的“近亲”水果如桃子、覆盆子、草莓等的基因组差别较大，它们的染色体介于7～9个之间，桃子的基因组只有7个。对苹果的基因组分析，认为6 000万年前的陨石事件让苹果树的祖先发生了巨大的基因突变，它的某些染色体中的大部分基因不断自我复制扩张至其他染色体中，这些额外增多的基因，让它可以在更为严苛的环境下生长，并结出更大、更结实、更鲜美多汁的果实，同时也令它最终成长为一棵树，而非维持在灌木状态，从而促成了苹果树和苹果的出现。苹果发生变异的时期，白杨树等植物也出现了基因变异，这表明，一些重大的环境事件令一些物种包括苹果通过进化获得了新生。研究同时还发现，最古老的苹果品种“新疆野苹果”并非生长在“伊甸园”，而是生长在南哈萨克斯坦山脉。

（6）重大疫情有“记录” 此外，基因组还对人类经历的重大疫情有“记载”。比如最近的基因研究发现，有两种基因曾将人类推向灭绝边缘。

2012年6月上旬，科学家发现了曾使人类遭受重大打击的细菌疾病病因，即某种细菌改变了人体内的两种免疫系统基因。大约10万年前，人类曾处于灭绝的边缘。在非洲，人类数量开始低于1万。但是，在随后漫长的时间里，人类却在世界范围内不断繁衍。新的遗传证据显示，促使人类进入瓶颈期的是一种大规模流行病，这种病症由细菌引起。这种细菌会影响两种免疫系统基因，让它们转而与人体互斥。但是，战胜这种细菌的方法十分简单——除掉“背叛”人类的这些基因。

美国加利福尼亚大学圣地亚哥分校的艾吉特·威尔克（Ajit Varki）和同事找到了这两个易受上述细菌影响的基因，即Siglec-13和Siglec-17。这两个基因能够编码控制整个免疫系统的蛋白质，并帮助免疫细胞决定是否对外来物实施攻击。

威尔克发现，这两个基因在黑猩猩体内十分活跃，但在人类中却已经“沉寂”。实际上，Siglec-13已经完全从人类基因组中被删除，而Siglec-17也已丧失了功能。基因数据显示，44万～27万年前，这两个基因在部分人类中就已“关闭”。但是，这种现象遍及整个人类却花费了很长的时间，直到4.6万年前，还有一部分人的Siglec-13基因在发挥效用。正是在这个漫长的历史时期中，威尔克认为，人类的祖先几乎遭受到这种细菌疾病的毁灭性打击。“这些古人类 DNA 研究和人类基因组工程的进展，能帮助我们进一步了解人类和病原体的进化过程。”英国伦敦自然历史博物馆的艾斯贝雷·德·格拉特（Isabelle de Groote）指出。通过整合遗传学、考古学和其他学科的数据，研究人员能够描绘一幅更加详细的人类进化图景。

（7）“病毒行凶”轨迹寻　2003 年，我国曾面对非典病毒的可怕威胁，让世界惊恐。虽找出了危害的元凶——冠状病毒，并进行了有效的抗击治疗，最后得到抑制，但至今并未确定病毒的源头。

2012 年 9 月底，世界卫生组织收到一份报告，一名卡塔尔男子被证实感染一种新型冠状病毒，引起全世界的警惕，担心此病毒会大行肆虐。面对这突如其来的传染病，与 3 个月前从一名沙特死亡患者的肺部组织中检测到的病毒，基因排序相似度为 99.5%。经查实，事发前身体健康的卡塔尔男子，曾去沙特阿拉伯旅游。

肆意“行凶”且“变化多端”的传染病病毒，总让人猝不及防。

2009 年，我国青海爆发的一次肺鼠疫，导致当地一个小镇紧急封城。“经研究分析，科学家认为，这次暴发是由一只牧羊犬导致的。”科学证据显示，狗同样可以把肺鼠疫传播给人类，这一点让肺鼠疫的监测和防治有了更多依据。

现在的病原鉴定技术，不仅可以追溯正在发生的感染，还可以回溯历史上的感染。为了确定罗马帝国的灭亡到底是由鼠疫还是霍乱引起的，科学家把 600 多年前的人类尸体挖掘出来，对其牙髓里的鼠疫菌株进行全基因组测序。结果证明，那次浩劫是由鼠疫导致的。

（8）智慧起源细胞记　更早的生命智慧——记忆能力，一种微生物中就有记载。日本科学家的一项最新研究，首次在一种原生质黏菌（*Protoplasmic slime*，单细胞生物，但具有多个细胞核）中发现了记忆能力和神经活动性。该研究成果有望揭示智慧和智力的最初起源。

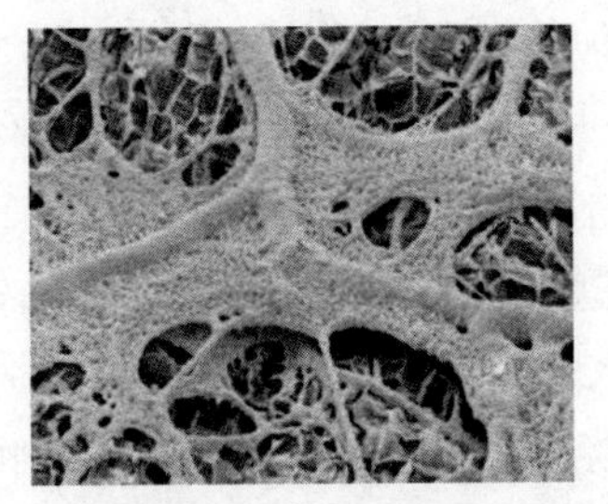

科学家在多头绒泡菌身上发现了原始的学习和记忆能力（EYE OF SCI ENCE/SPC）

阿米巴门菌能够穿过迷宫，解决很简单的谜题。而在最新的研究中发现，当对一种名为多头绒泡菌（*Physarum polycephalum*）的阿米巴门原生质黏菌施加一系列周期性刺激后，它能够学会其中的变化模式并能够按照预期，在下一次刺激到来之前改变自身的行为。更重要的是，研究人员发现即使当刺激停止，这一记忆仍会在多头绒泡菌体内维持数个小时。

多头绒泡菌在室温下有固定的移动速度。不过，当环境湿度降低时，它的移动速度就会变慢。研究人员正是利用这一特点，对多头绒泡菌的学习和记忆能力进行了研究。当多头绒泡菌在干燥空气中连续待了 3 个小时后，它会在接下来的第 4 个小时内减慢速度，无论这时的环境是否真的干燥。这种预期的行动减慢有时甚至能够持续 2～3 小时。研究人员发现，刺激周期时间从 1 小时变至 1.5 小时会得到相同的结果。

实际上，3 个小时后如果不再施加干燥刺激，多头绒泡菌的预判就会慢慢减退。不过，当研究人员在 6 小时后重新施加一个干燥“脉冲”时，多头绒泡菌会按照此前记忆中的节律来期待下一个慢速周期。

与其他生物一样，原生质黏菌也有内嵌的生物化学振荡机制，就好比人类的生物钟。这种振荡能在它们体内产生周期性的环境压力响应，从而有助于生物体调节自身运动。研究人员认为，多头绒泡菌的可变周期感知能力源于菌群中不同生物化学振荡器能够以连续的频率范围工作。新的研究结果有望揭示智力的最初起源，即能够意识到并学习任何外界节奏事件的机制。

(9) 复制人脑变聪明　从决定人类智力的基因中，发现了人类基因在复制过程中的进化。复制使人变聪明的历史记忆，也证明了人是如何区别于其他动物，成为万物之灵。

华盛顿大学的梅甘·丹尼斯在基因组中发现，在过去 300 万年里，人类染色体中一种名为 SRGAP2 的基因至少进行了两次复制。这种基因的额外副本也许是人类大脑皮层变厚的原因。大脑皮层是人类进行思维活动的灰质层。

科学家此前曾发现，SRGAP2 是只在人类体内而没有在其他灵长目动物体内复制过的 23 种基因之一。现在发现，这种基因位于人类 1 号染色体上，大约 340 万年前，SRGAP2 基因曾在同一个染色体上进行过不完全复制。再后来，也就是大约 240 万年前，人体内又复制出这个不完全副本的副本，添加在 1 号染色体短臂上。所有人体内都有这种“新版”的基因。科学家认为，与此前证明人类与灵长目动物的大脑功能差异与基因差异有关的研究相比，这项研究的成果要重要得多。

(10) 一见钟情由基因　两情相悦似乎是纯感情问题，但基因研究却提出另一种解释。

美国康奈尔大学研究人员用一组雌性果蝇分别与一组同种类雄性果蝇

和一组不同种类雄性果蝇交配。结果发现，当雌性果蝇与不同种类雄性果蝇交配时，它们似乎可以识别，后者与同类雄性果蝇相比，在基因上与它们更加契合。原因可能是雌性果蝇与不同种类雄性果蝇交配产生的后代更不易因近亲繁殖出现基因缺陷，产卵数量更多，成活率更高。

这项研究表明，雌性果蝇在一定程度上与雄性果蝇见第一面时，就能确定对方是否为“好伴侣”。如果答案为“是”，雌性果蝇随后会发生生理反应，以提高繁殖成功率。研究人之一安德鲁·克拉克说：“你可以称这种现象为‘一见钟情’，这样描述更准确，因为我们眼下尚不清楚是哪方面特征让雌性果蝇做出判断。”他解释说，这可能是视觉、嗅觉、听觉或其他感觉。

研究人员认为，研究结果可能同样适用于包括人类在内的哺乳动物。女性有可能分辨出哪些男性与她在基因上更适合，从而身体做出反应，提高繁殖成功率。但由于果蝇与人类繁殖方式差别较大，尚无法直接把实验结论应用于人类。

还有一些研究证明，有暴力倾向的人，似乎也有基因基础。

(11) 性格差异基因定　人的性格形成有基因因素，也有社会因素包括家庭因素。实践主义者把性格因素大部归结为后天。不过，基因研究认为基因基础仍是重要因素。如敢于冒险、好承担压力的勇士性格，就有基因基础。据近来研究“勇士基因”让人有勇有谋。

如在面对投资风险，什么样的人可以做出更好的决策？一项新研究显示，拥有“勇士基因”的人在投资游戏中往往表现得有勇有谋，他们得到的游戏分数常常好于其他人。

美国加州理工学院等机构的研究人员邀请了 83 名年轻男子参与投资游戏，并为每人分配了一笔“启动资金”。在游戏的第一部分，受试者可以选择既无收益也无损失的安全选项，也可以选择 50% 的几率赚钱或赔钱的风险选项。

此前的检测已经确认，上述部分受试者的单胺氧化酶 A 基因（MAOA）位点上有 L 型变种，另外一些受试者的该基因位点上有 H 型变种。游戏结果显示，与 MAOA 基因 H 型变种者相比，L 型变种的人更容易选择有风险的选项。这与以前的一些研究结果一致，由于拥有 MAOA 基因 L 型变种的人更愿意冒险，因此该基因被一些研究者称为“勇士基因”。

在游戏的第 2 部分，设计者进行了调整，列出了风险和获利程度都不同的多个选项，从而存在从游戏中获利的最优策略。结果发现，那些拥有“勇士基因”的人不仅愿意冒险，而且最终获得的“投资”结果也更好。

研究人员认为，有“勇士基因”的人更倾向冒险，对此过去常简单地解释为该基因使头脑容易冲动，但本次研究说明，有“勇士基因”的人在面临风险时往往能有勇有谋地做出更好的抉择。

2012年英国研究人员扫描了22名有严重品行问题的青春期女孩（指青少年长期反复严重违反与其年龄相对应的社会规范）的大脑，与其他女孩进行对比，结果显示这些“问题女孩”大脑中某些部位结构异常，比如杏仁核偏小。杏仁核的功能与恐惧和理解他人的恐惧情绪有关。此前，剑桥大学的研究者曾对一些有品行问题的男孩进行过大脑扫描，也发现类似的杏仁核偏小现象。此次研究还发现，“问题少女”大脑中脑岛部位的灰质偏少，该部位的功能与理解情绪有关。但先前对“问题男孩”的研究则显示，这些男孩脑岛部位的灰质偏多。

剑桥大学的研究者指出，这些青少年大脑结构异常的原因可能是天生的，也可能是成长过程中受某些事件影响而形成的。说明人的道德品质在基因上都有一些的记载或反映。

（12）生物节律有同点　大部分活生物都有一个将它们的代谢与24小时的昼夜循环联系起来的生物钟。“时钟基因”已在很多生物中得到研究，而且根据它们的种类，人们认为，每个生物钟都是独立演化的。但也有一个统一因素：研究人员已在人的红细胞和藻类中发现了一个非转录形式的节律振荡，即“过氧化物还原酶蛋白”的还原周期。这项研究表明，这些氧化还原周期在包括细菌、古生菌和真核生物在内的所有生命类别中都被保留了下来，因此存在这样一个可能性：这种类型的细胞计时方式数十亿年来在所有类型的生物中都是与氧化还原的活体体内平衡机制一起演化的。这种联系也许可追溯到25亿年前的“大氧化事件”，该事件在进化史上将厌氧代谢方式置于边缘地位。

（13）藻类基因动物存　高等动物体内，特别是人体内的基因组，主要来自上一辈的遗传，这部分来自前辈的基因称垂直基因。还有一小部分来自长期食用的动植物中的基因。这部分基因被称为水平移动基因。水平基因转移是相对于垂直基因传递，即亲代传递给子代的另一种遗传物质传递方式，也是物种进化和基因组革新的重要驱动力之一。水平基因转移现象在原核生物和单细胞真核生物中比较常见，然而，在多细胞的动物中几乎没有报道。

2012年中国科学院昆明动物所的科研人员通过对较低等动物玻璃海鞘

基因组的研究，首次发现不少动物基因组中普遍存在通过水平基因转移获得的外源基因。为了解水平基因转移机制对动物进化的影响，昆明动物所硕士研究生倪婷在该所研究员文建凡和美国东卡罗来纳大学副教授黄锦苓的带领下，通过全基因组筛选、系统发生分析和结构域分析等方法，首先在较为低等的动物玻璃海鞘基因组中鉴定出了隶属于 14 个基因家族的 92 个来自多种藻类的基因。

这些基因普遍存在于不同动物的基因组中，这表明它们最有可能是在动物的共同祖先阶段就已经获得。由于鉴定出的基因来源于多种不同的藻类，因此，不太可能是由特定藻类的内共生而转移来的，更可能是动物祖先以多种藻类为食所导致的。同时，通过对这些基因的功能分析结果表明，它们主要与分子转运、细胞调控及甲基化信号等功能密切相关，提示这些基因的获得可能有助于动物祖先中细胞间的交流，并影响动物多细胞化的重要进化进程。同时，该研究还为“无质体真核生物中的藻类基因并不都起源于原始质体”的论断提供了额外的证据。

（14）“绿色革命”万年前　20 世纪 60 年代是亚洲农业大发展的时期，起始于对一个单一基因突变的筛选，提高了整个大陆的稻谷产量，当时被誉为“绿色革命”。一项新的研究表明，古人也曾发动过这样一场革命——当他们在 1 万年前第 1 次驯化水稻时，显然也利用了同样的基因。

20 世纪 60 年代，专家筛选出了半矮 1（SD1）的基因变异，极大地增加了亚洲水稻的产量。SD1 能够使水稻秆矮、粒多、抗倒伏。原因是 SD1 制造的酶影响着水稻茎叶的生长。为了搞清出 SD1 在早期水稻的驯化中所扮演的角色，日本名古屋大学的植物遗传学家 Makoto Matsuoka 领导的研究小组研究了这种突变基因的进化史。他们鉴别出了一种与更矮的稻秆密切相关的古老突变 SD1 - EQ。这种突变在粳稻中较为常见，在籼稻中则分布较少，而在野生稻中则没有被发现。这意味着 SD1 - EQ 可能是在水稻驯化的过程中被选择出来的，起初只存在于粳稻中，后来通过杂交进入了籼稻。

英国伦敦大学学院的植物考古学家道·弗莱尔认为，这一发现与中国华北等地的早期稻作考古记录相符。他指出，野生水稻生长在深水中，稻秆较高是有利的，而古代人类在浅水中种植水稻，可能无意中选择了稻秆更矮的品种。美国康奈尔大学的植物遗传学家 Susan McCouch 指出，由于矮秆品种产量更高、抗倒伏性能更好，古人可能有意选择矮秆特性，从而选择出了 SD1 的这个突变。

二、基因位置在何处

前文重点是从时间的先后顺序介绍历史上科学家对基因认识的不断深入。在这一章中，我们将从空间上，从环境到个体、由外而内层层剥笋式地介绍承载生命密码的基因所在的具体位置及相关知识。

要弄清楚这个问题，首先要从生物界自古及今，从宏观到微观，从生命进化的路线图，从整体到个体，从一个具体生命的构造，由表及里地看一看，更清晰地了解生物在自然界的位置，了解组成生物个体的基本单元和基因在生物体内的所在，进一步理解为什么生命都有共同的元素组成、为什么高等生命的基本单位都是细胞、为什么DNA的密码都一样？借以理解DNA的位置和结构。

1. 生命谱系像大树

先简要回顾一下生命的起源、进化、路径和现状，以便我们更好地理解生命的共同性、连续性。

关于生命起源的问题有众多学派学说，在后面的专题中会详细介绍，这里暂且从多数科学家目前较认同的观点来介绍。

地球史告诉我们，从宇宙大爆炸到太阳系形成，地球慢慢冷却出气体、液体和固体，物质从单原子到多原子，从简单的元素单质逐渐生成化合物，再到含碳的有机物，有机物由简单到复杂，再慢慢产生碳水化合物和蛋白质。据推测，地球上最早出现的有机物是甲烷，因为甲烷是最简单的含碳有机物。甲烷与当时大量存在的氢、氨和水蒸气，在雷电、紫外线和火山爆发等因素的作用下，形成更多的有机小分子，如氨基酸、核苷酸、糖类脂肪酸。这些有机小分子，分别通过肽链和磷酸二酯键连接，多肽和线性多核苷酸 RNA 连接，构成更加复杂的蛋白质。下面用图集表示：

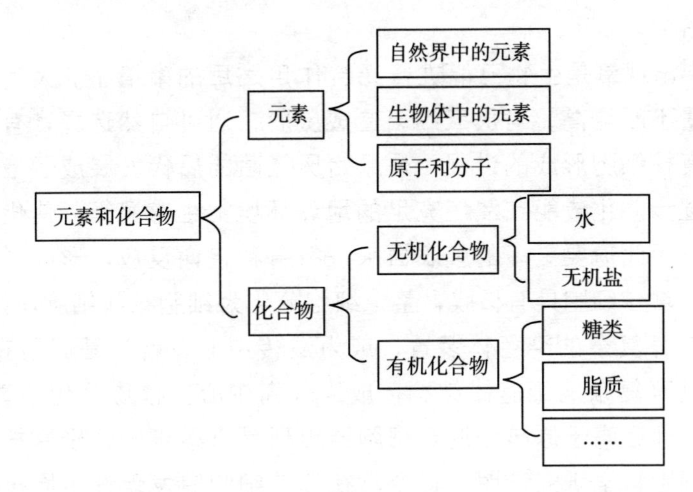

蛋白质在最初的生命细胞出现之前，有个“非细胞”或“前细胞”的阶段。病毒就是一类非细胞生物，只是关于它们的来历，是原始类型，还是次生类型，仍未定论。但这应算是生命经过的最初阶段。

从非细胞到细胞阶段。大约 30 亿年前，地球上的有机分子自发地聚集起来，首先形成能自我复制的 RNA 多聚体，然后在 RNA 指导下合成蛋白质，最后出现了将 RNA 和蛋白质包围起来的膜，并逐步演化成原始细胞。早期的细胞是原核细胞，原核细胞构造简单，体积较小，直径约为 1 到数个微米。细胞仅有细胞膜包绕，细胞膜外有一个坚韧的细胞壁。在细胞质内含有 DNA 区域，此区域没有被膜包围形成核，一般称为拟核。拟核内仅有一条不与蛋白质结合的 DNA 链。原始细胞形成以后，依靠其增殖能力在进化过程中逐步获得优势，最终覆盖了地球表面。这类细胞组成的生物称为原核生物，主要是支原体、细菌、放线菌和蓝藻。原核细胞没有核膜，没有复杂的细胞器，只含有核糖体。这是生命的第 2 个阶段。

从原核到真核是生物发展的第 3 个重要阶段。大约 15 亿年前，原核细胞演化成结构复杂的真核细胞，就是产生了细胞核。其中，代谢反应在细胞进化上起到了重要作用。氧与代谢的关系在细胞进化中也至关重要。原始大气中不存在氧，原核细胞的代谢是在无氧条件下进行的。现在的绝大多数微生物，依然保留着进化过程中形成的这种对糖的无氧分解（酵解）代谢功能。在生命现象出现之前，合成的有机物被耗尽时，那些能够利用大气中的二氧化碳和氮来合成有机物的细胞，便在自然选择中存活下来。这样的细胞在合成有机物时，如进行光合作用时，同时把氧作为代谢产物释放到大气中。

大气中出现氧是生物已能进行光合作用之后的事情了。大气中有了氧气，含氧量不断增高，对厌氧细菌造成威胁，通过自然选择，有些厌氧菌被淘汰。真核细胞形成的过程，是原始厌氧菌的后代发展成了最早的真核细胞，并逐步演化成能在氧气充足的地球环境上生存繁衍，使代谢反应趋于复杂化，因此需要更多的膜表面来进行各种代谢反应，形成了各种各样的细胞器。真核细胞具有核膜，整个细胞分化为细胞核和细胞质两个部分：细胞核内具有复杂的染色体装置，成为遗传中心，就是基因所在的位置；细胞质内具有复杂的细胞器结构，成为代谢中心。核质分化的真核细胞，其机体水平远远高于原核细胞。细胞器出现是真核细胞区别原核细胞的主要特征。细胞科学研究证明，迄今已在真核细胞中发现许多原核细胞的蛋白同源体，证明了上述描述的过程。

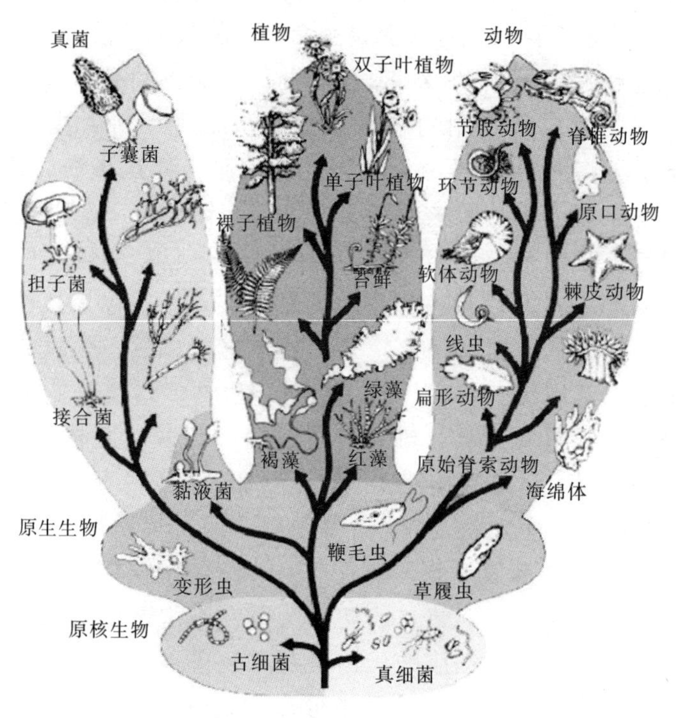

生物进化树图示（三方向进化）

从单细胞真核生物到多细胞生物是生命史上的第 4 个重要阶段。单细胞生物成功地适应各种不同生活环境，但它们只能从少数简单的营养物质合成供自身生长和繁殖的物质。而多细胞生物则具备单细胞生物所不能利用的自然资源环境。多细胞生物有两个基本特点：一是细胞产生了特化分工；二是特化细胞之间相互协作，构成了一个统一整体。特化细胞组成了不同的生理系统，形成了复杂的组织结构和器官系统，最后产生了高级的被子植物和哺乳动物。高等动物中特化的细胞达 200 多种。

植物、菌类和动物组成了生态系统中的 3 个环节。绿色植物是自养生物，是自然界的生产者。它们通过叶绿素进行光合作用，把无机物质在光能作用下，合成有机养料，供应自己，又供应异养生物。

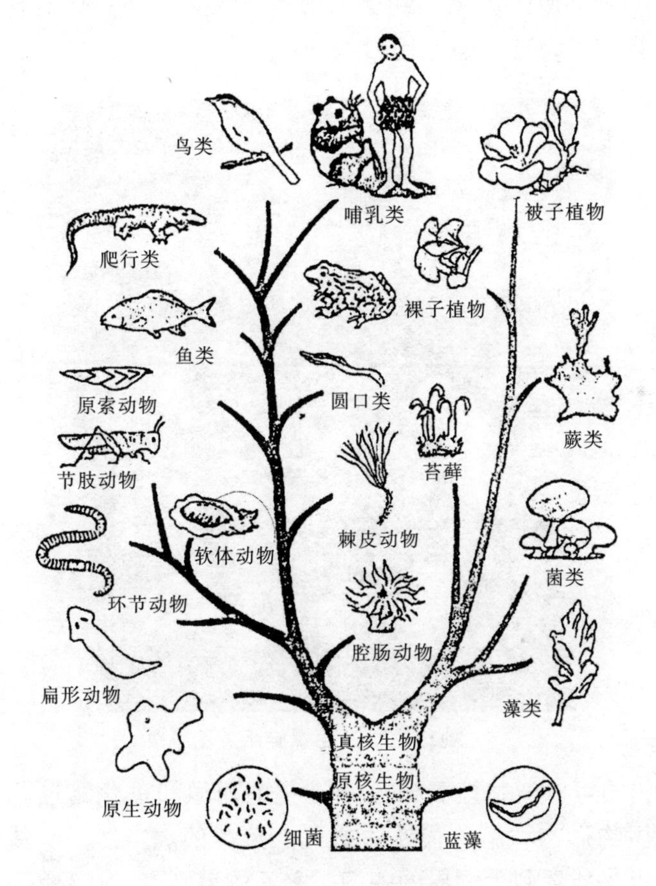

生物进化谱系（二方向进化）

菌类是异养生物，是自然界的分解者。它们从植物中得到食料，又把有机食料分解为无机物质，反过来为植物供应生产原料。动物亦是异养生物，它们是消费者，是地球上最后出现的一类生物。

即使没有动物，植物和菌类仍可以存在，因为它们已经具备了自然界物质循环的两个基本环节，能够完成循环过程中合成与分解的统一。但是，如果没有动物，生物界不可能这样丰富多彩，更不可能产生人类。植物、菌类和动物代表生物进化的3条路线或3大方向。

当前最流行的分类还有一种5界系统。5界系统反映了生物进化的3个阶段和多细胞阶段的3个分支，是有纵有横的分类，但没有包括非细胞形态的病毒在内，也许是因为病毒系统地位不明之故。生物的原生生物界内容庞杂，包括全部原生动物，红藻、褐藻、绿藻以外的其他真核藻类，以及不同的动物和植物。

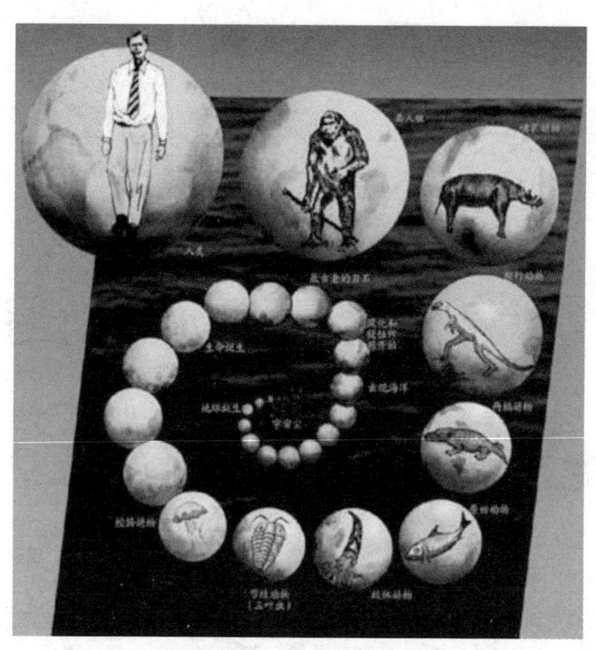

地球生物进化螺旋示意图

从进化树图可以清楚地看出生物进化的渊源和进化路径。不过这个路径主要是从生物形态和新陈代谢的方式上分类的。当然，有其科学性。另外，从图示上又能看到生物界的各门类之间的差别。

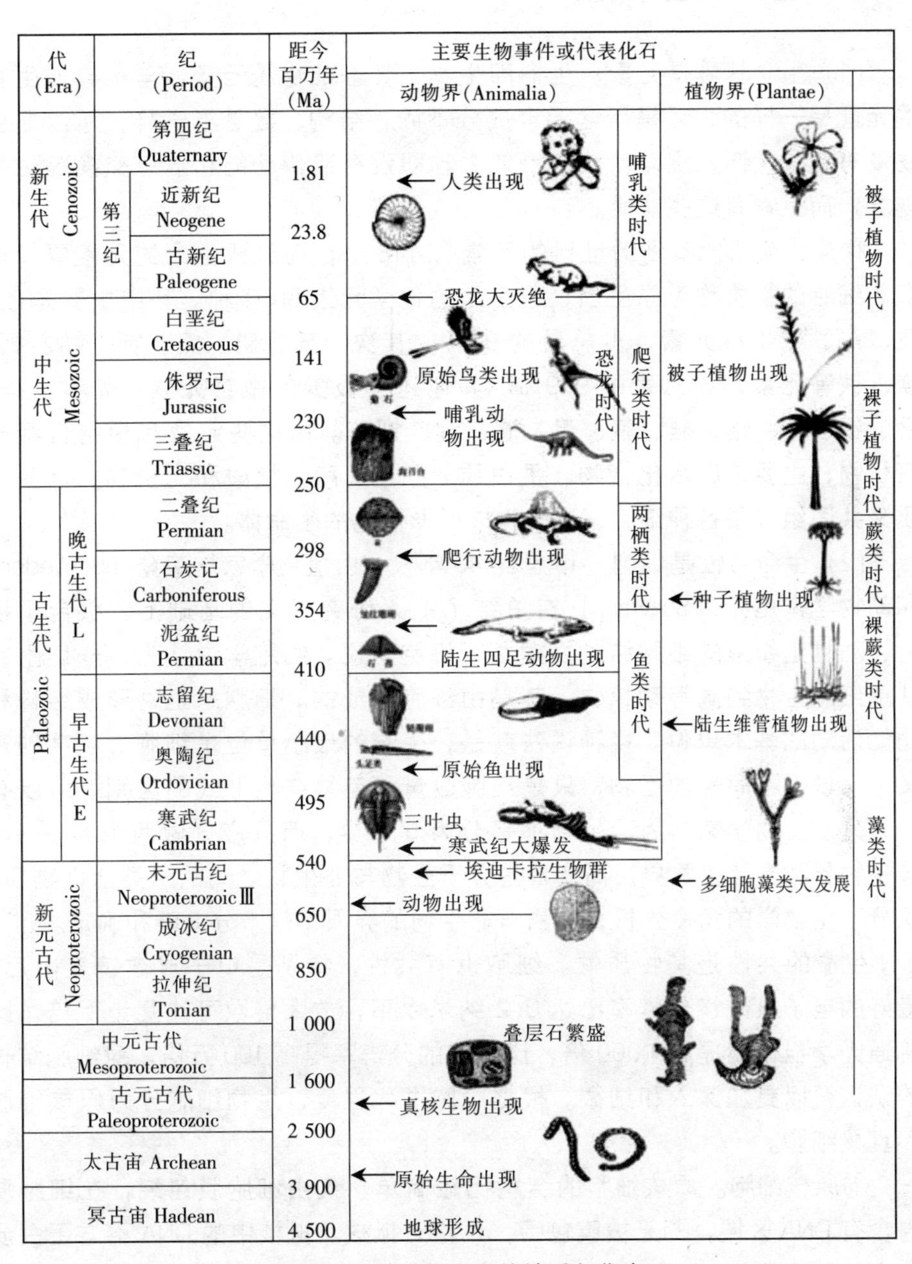

地球上各种生物出现的地质年代表

2．生物单元是细胞

（1）生命基质是元素　生命即生物，其基础物质元素，与构成非生物的元素是一样的，只是所含元素成分不同，结构、数量不一样，所以非生物没有新陈代谢，没有自我复制能力，即没有遗传功能和信息交换等生命现象，而生物有这些功能。

构成目前所能看到的世界的元素有118个，而构成生命的元素要少许多。细胞的物质称为原生质，原生质的化学元素50多种。其中主要是碳、氢、氧、氮4种元素，占总量的90%。其次为硫、磷、氯、钾、钠、钙、镁、铁等元素，占总量的9.9%。其他还有极少的微量元素，如铜、锌、锰、钼、钴、铬、硅、氟、溴、碘、锂、钡等。由这些元素互相结合组成有机物，主要是碳水化合物、蛋白质、脂肪、酶、核酸和无机物。这些物质又共同组成了各种细胞，进而构成形形色色的生命体。

（2）生命共性是细胞　19世纪40年代，由植物学家施莱登（Schlieden）和动物学家施万（Schwann）在总结了前人研究成果的基础上，综合了植物、动物组织中的细胞结构后建立了细胞学说。细胞学说认为，一切生物从单细胞生物到高等动植物，都是由细胞组成的。细胞是生物形成结构和功能活动的基本单位。换种说法就是，生物的最小单位是细胞。从某种意义上来说，不同种的生物，只是细胞数量和简繁结构形式的区别。所以有一派分子生物学家认为，生物不是分为5个界，而只应分做两个界——原核生物界和真核生物界。而病毒是介于生物与非生物之间的一类活性物质。从分子生物学的角度分析，生物与非生物的界限不是十分清晰和确定。

生命的共性是其物质性。细胞也有共性，特别是电子显微镜发明后，最好的电子显微镜分辨率已达0.2纳米以下，放大倍数可达几十万倍，比普通光学显微镜提高1000倍，比人眼的分辨率提高100万倍，对细胞结构的认识得以更加深入和细微。根据细胞进化程度，生物细胞分为原核细胞和真核细胞。

①原核细胞。原核细胞的结构比较简单，仅由细胞膜包绕，在细胞质内含有DNA区域，却无被膜包围，只称为拟核。拟核中的DNA不与蛋白质结合，呈裸露状，直径为1到几个微米。如支原体、细菌、蓝藻等。

②真核细胞。真核细胞相对原核细胞进化程度高、结构复杂。真核生

物包括单细胞生物、真菌（酵母等）、原生生物、动植物与人等。真核细胞区别于原核细胞的最主要特征是出现有核膜包围的细胞核。在光学显微镜下，能看到细胞膜、细胞质和细胞核 3 部分，在细胞核中可看到核仁结构。在电子显微镜下，可以在细胞质中看到由单位膜组成的膜性细胞器，如内质网、高尔基复合体、线粒体、溶酶体、过氧化物酶体，以及微丝微管、中等纤维等骨架系统；在细胞核中，可看到染色质（成熟期为染色体）、核骨架等亚纤维结构。

细胞质基质，即胞质溶胶，主要成分是蛋白质、多糖、脂蛋白和 RNA。除这些大分子以外，还含有小分子水和无机离子钾、钠、钙、镁和氯离子。这些物质的体积占细胞质的一半。细胞的外围组织是细胞壁、细胞膜，负责内外的隔离和联系，决定内外物质、信息的交流，进行最基本的新陈代谢。细胞质是制造和储存水分、营养物、能量的所在，占了细胞的大部分空间。细胞核里主要储存着遗传物质。

原核细胞与真核细胞的区别不只是在结构上，尤其是在 DNA 的数量和存在形式上，差异更显著。首先是量，真核细胞含有更多的 DNA，即使最简单的酵母菌（真核细胞）其 DNA 也比大肠杆菌（原核细胞）多 4 倍。所以真核细胞比原核细胞载有更多的遗传信息。其次，真核细胞的核中 DNA 不是环状的，而是被包装成高度凝结的染色质，在细胞发育的后期呈棒状。真核细胞的细胞器中也有少量的 DNA。从合成蛋白质的过程看，真核细胞更快捷、更有效率。

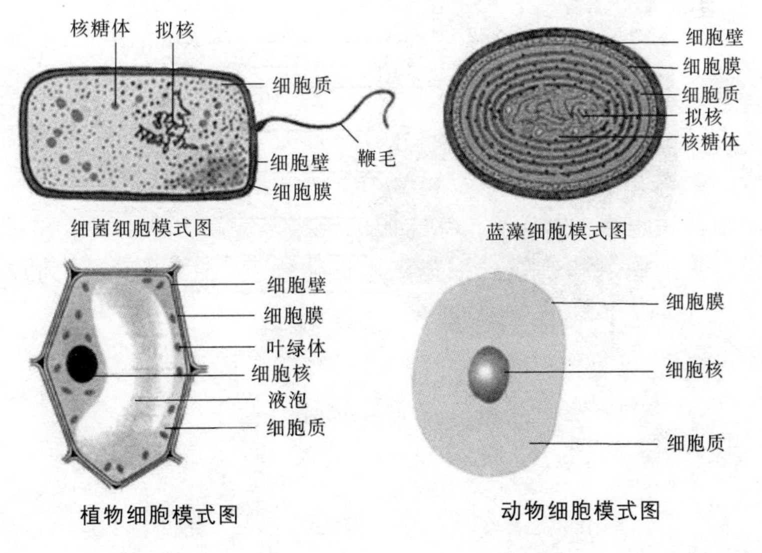

细菌细胞模式图　　蓝藻细胞模式图

植物细胞模式图　　动物细胞模式图

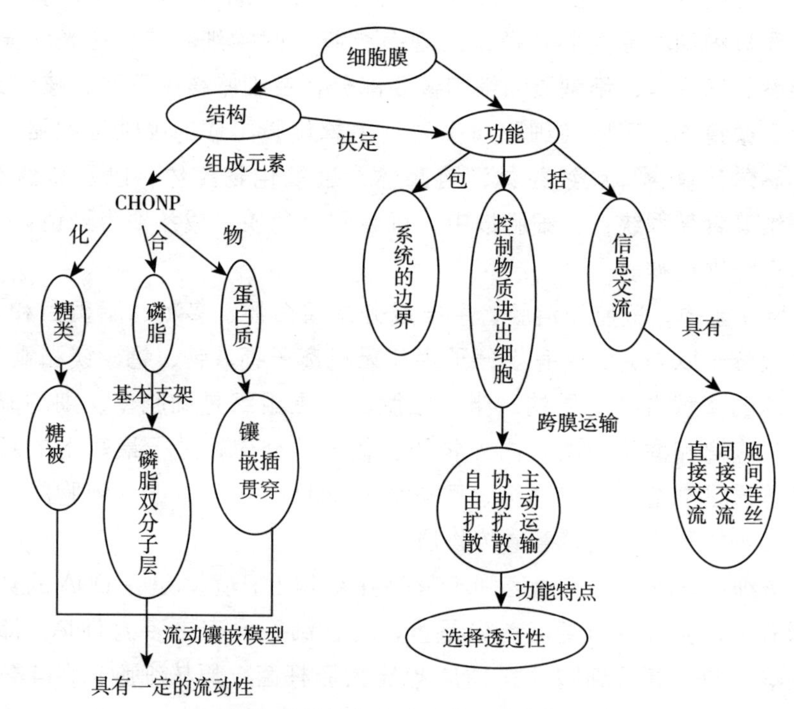

细胞的结构与各部分的功能简图

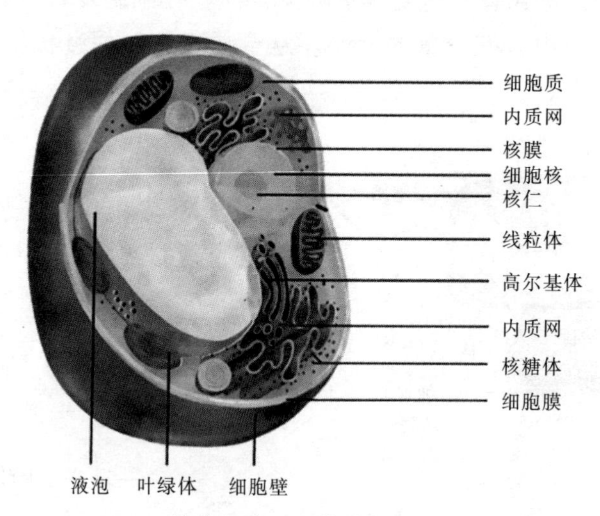

植物细胞亚显微结构模式图

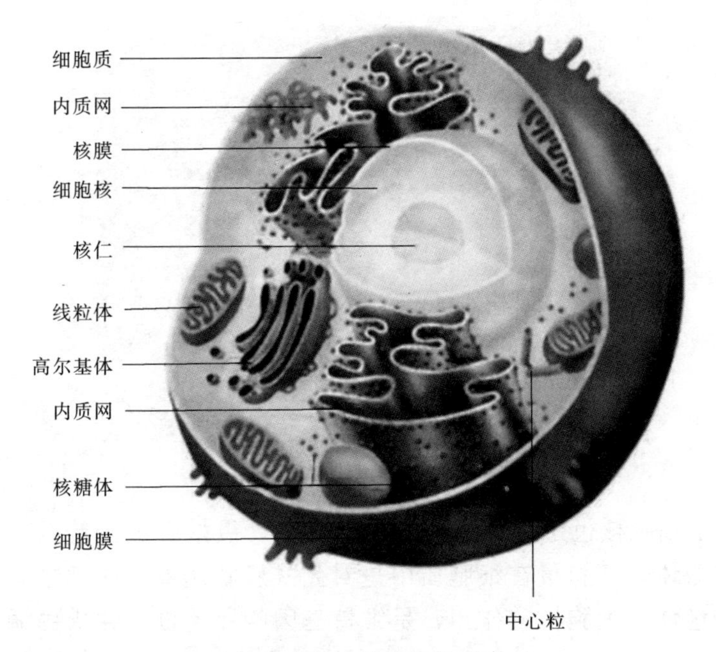

动物细胞亚显微结构模式图

3. 细胞核里乾坤大

①细胞核。细胞核在真核细胞的细胞质中。细胞核是细胞的控制中心，在细胞的代谢、生长、分化中起着重要作用，是遗传物质的主要存在部位。尽管细胞核的形状多种多样，但是它的基本结构却大致相同，即主要结构是由核膜、染色质、核仁和核基质构成。

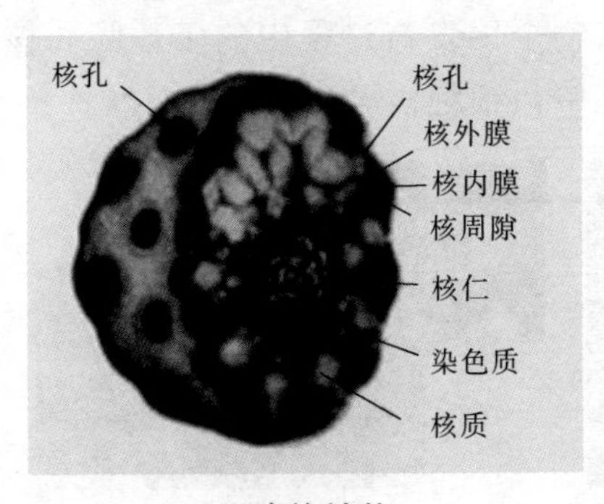

细胞核结构

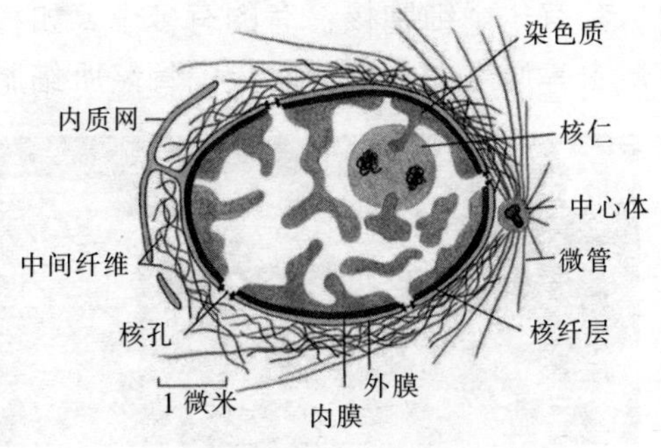

细胞核的显微结构模式

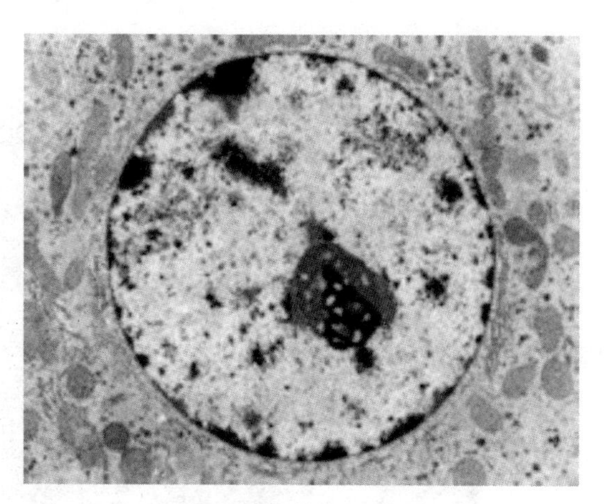

细胞核与其他细胞器

实际上细胞核也是细胞中最大、最复杂、最核心的细胞器，是遗传信息的主要载体。细胞核在细胞质中是封闭式膜状胞器，内部含有承载遗传物质的染色体。细胞核的作用，是维持基因的完整性，并借由调节基因表现来影响细胞活动。

细胞核构造比较复杂。最外层是核膜，核膜是将细胞核完全包覆的双层膜，分内膜和外膜，可使膜内物质与细胞质以及具有细胞骨架功能的网状结构核纤层分隔开来。核膜上的核孔是内外物质输送交换的通道。

细胞核内有许多由特殊蛋白质、RNA 以及 DNA 所复合而成的次核体。而最核心的结构是核仁，核仁主要参与核糖体的组成。原核细胞中没有真正的细胞核，其 DNA 分布的区域称为拟核。需要说明的是有的真核细胞中也没有细胞核，如哺乳动物的成熟红细胞。

细胞核有球形、卵形或圆形，大小约为 7 微米。在大多数生物体细胞中，都有一个细胞核；有的有多个，如植物个体发育过程中的多数胚乳核，草履虫等原生动物；而在人的骨骼肌细胞中，细胞核可达数百个。

细胞核

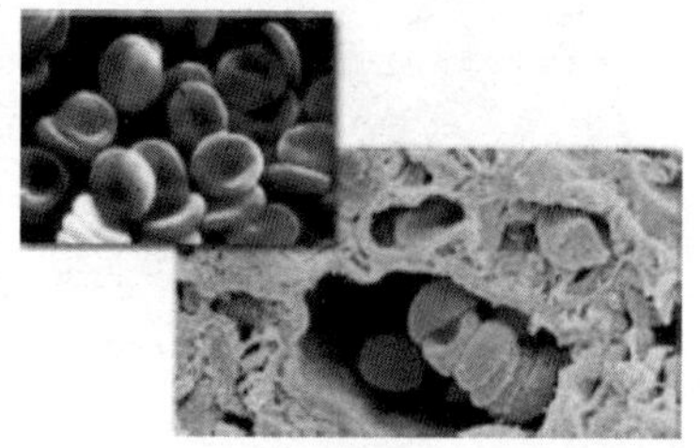

红细胞

细胞核是细胞增殖、分化、代谢等活动中的关键环节之一。人体绝大多数种类的细胞具有单个细胞核，少数无核、双核或多核。核的形态在细胞周期各阶段不同，细胞间期时，核的形态在不同细胞亦相差甚远，但其结构都包括核膜、染色质、核仁与核基质 4 部分。

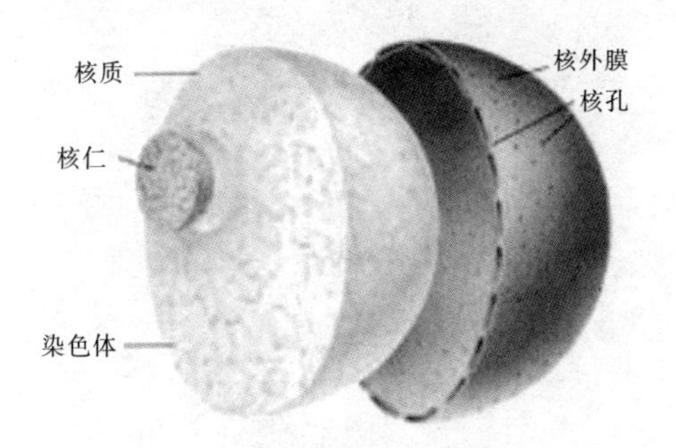

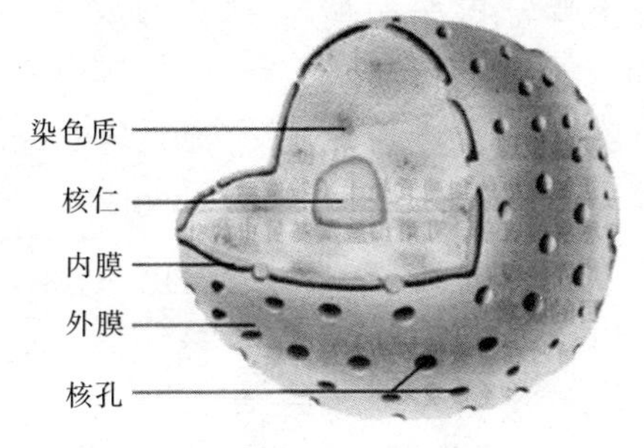

细胞核立体分层图

②染色质。染色质是遗传物质 DNA 和组蛋白在细胞分裂间期的形态表现。染色质的基本结构为串珠状的染色质丝。染色质的结构单体为核小体，核小体之间由 DNA 连接，连接区的 DNA 上有组蛋白 H1。一个核小体上共有 200 个碱基对，构成染色质丝的一个单位，直径约 10 纳米。染色质丝在其进行 RNA 转录的部位是舒展状态，即表现为常染色质*；而未执行功能的部位则螺旋化，形成直径约 30 纳米的染色质纤维，即异染色质**。

常染色质呈细丝状，是 DNA 长链分子展开的部分，非常纤细，染色较淡；异染色质呈较大的深染团块，常附在核膜内面。

染色体是细胞在有丝分裂或减数分裂过程中，由染色质缩聚而成的棒状结构。二者只是 DNA 在不同功能阶段的不同构型。

③核仁。核仁是形成核糖体前身的部位。大多数细胞可具有 1～4 个核仁。人的第 13、14、15、21 和 22 对染色体的一端有圆形的随体（satellite），通过随体柄与染色体其他部分相连。随体柄即为合成 rRNA 的基因位点，当其解螺旋进入功能状态时即成为核仁相随染色质，并进一步发展为

---

* 常染色质：在细胞分裂间期，染色质纤维折叠压缩程度低，处于伸展状态，因处于丝状用碱性染料染色时着色较浅。

** 异染色质：在细胞分裂完成周期中，某些染色体的某些部分固缩较其他的染色质早些或晚些，因折叠的程度大小呈棒或丝的不同状态，其颜色较深或较浅，具有这些固缩特性的染色体为异染色质。

核仁。核仁经常出现在间期细胞核中，它是匀质的球体，其形状、大小、数目依生物种类，细胞形成和生理状态而异。核仁的主要功能是进行核糖体RNA的合成。

④核基质。核基质是细胞核中除染色质与核仁以外的成分，包括核液与核骨架两部分。核液含水、离子、酶类等成分；核骨架（nuclear skeleton）是由多种蛋白质形成的三维纤维网架，并与核膜核纤层相连，对核的结构具有支持作用。它的生化构成与其他可能的作用仍在研究中。

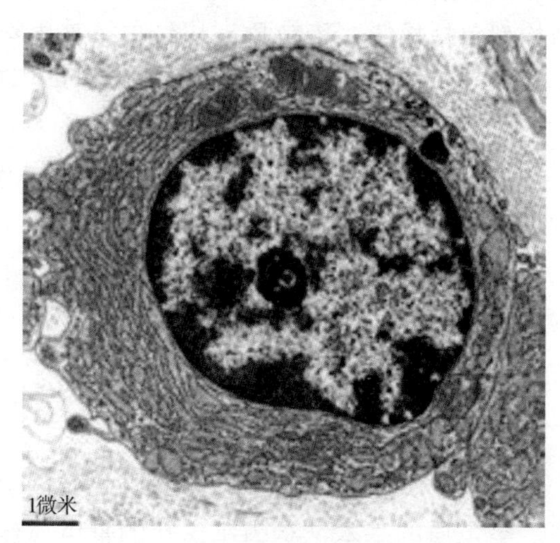

细胞核

⑤细胞核骨架。核骨架是由纤维蛋白构成的网架结构，其蛋白成分按道理说细胞质骨架有的，核骨架也应该有。但在核骨架中只发现有角蛋白和肌蛋白质成分，在某些原生动物核骨架中还发现含有微管。同时在核骨架中还有少量RNA，它对于维持核骨架三维网络结构的完整性是必需的。从进化趋势看，核骨架组分是由多样化走向单一和特化。

4. 染色体载全基因

染色体的主要物质是DNA，是附加部分蛋白质的综合与混合体。它是DNA由细胞分裂间期的染色质折叠而成，呈棒状结构存在的。

（1）DNA折叠组成染色体　染色体并不是DNA的真实面目，只是其高度折叠后与其他物质共同组成的棒状体形。1953年发现DNA双螺旋结构后，人们才知道染色体是线性物质的变体。因光学设备的放大倍数不够，科学家只能在显微镜下看到一类小细棒形状的物体。这种着色的小棒体，是科学家为了便于观察在制作

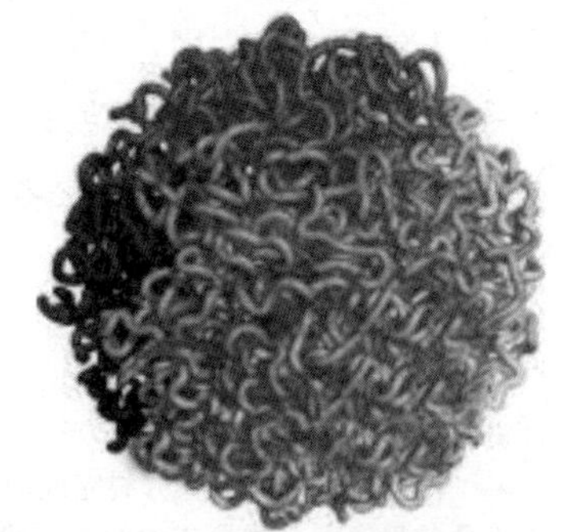
细胞核中的DNA折叠

切片时染上的颜色。

人体基因组中展开达1米多的DNA被巧妙地装入直径1微米的细胞核中而没有无序纠结，这是令人望尘莫及的“天工”。科学家最近发现这种折叠排列顺序基本上是不规则的。

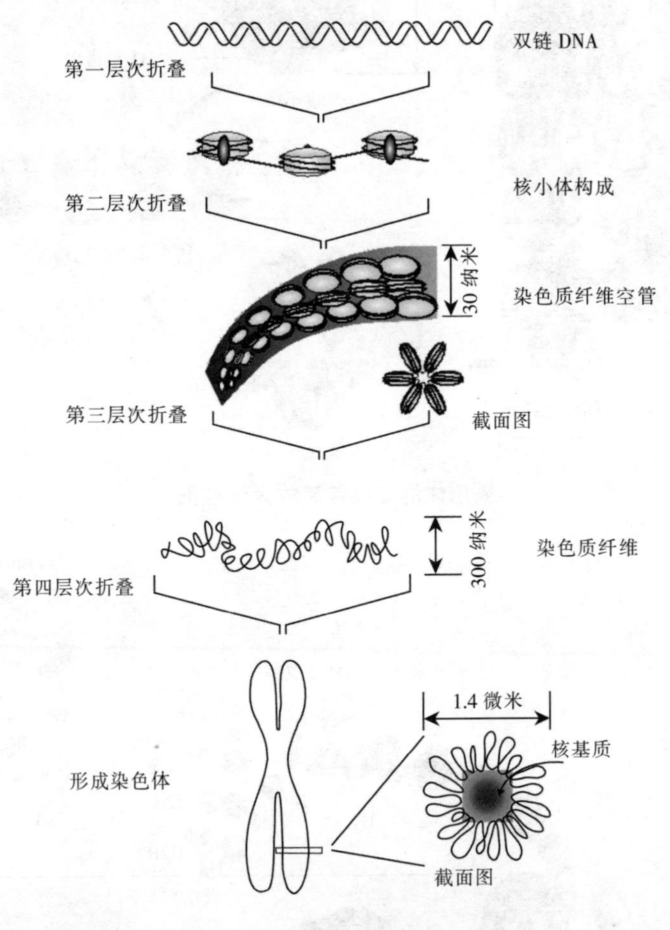

DNA纤维不同折叠层次的尺度

（2）四级压缩结构夺天工　DNA双螺旋纤维的直径是2纳米，经一级压缩后，5厘米长的纤维缩短10倍，加粗到直径为11纳米；形成二级结构后，由6个核小体组成螺旋管（弹簧筒螺旋状），DNA直径达到30纳米，长度缩短到1/6；从螺旋管再压缩成超螺旋，DNA纤维丝再度压缩40倍；最后形成的染色单体宽度在2～10微米。至此，DNA纤维压缩了8 000～10 000倍，形成了染色单体。

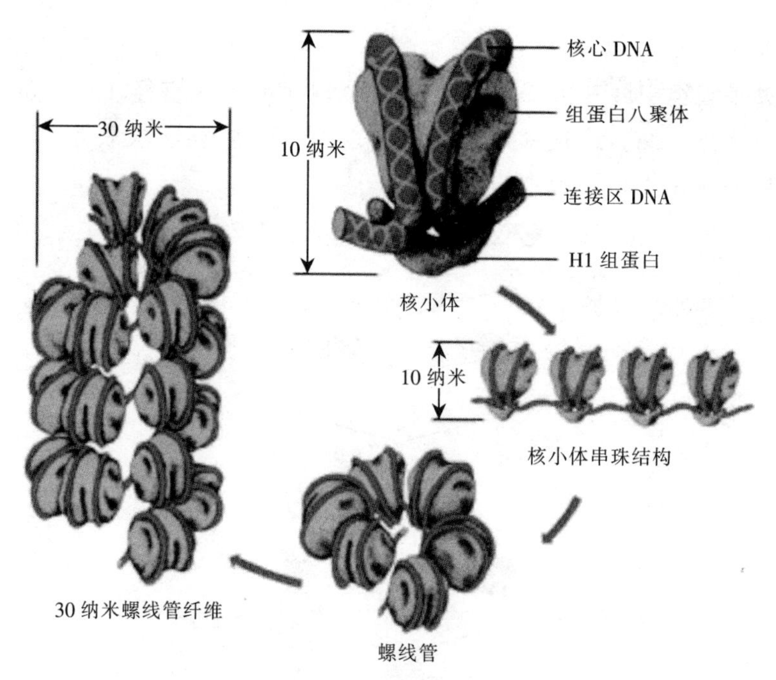

染色体的二级包装放大示意图

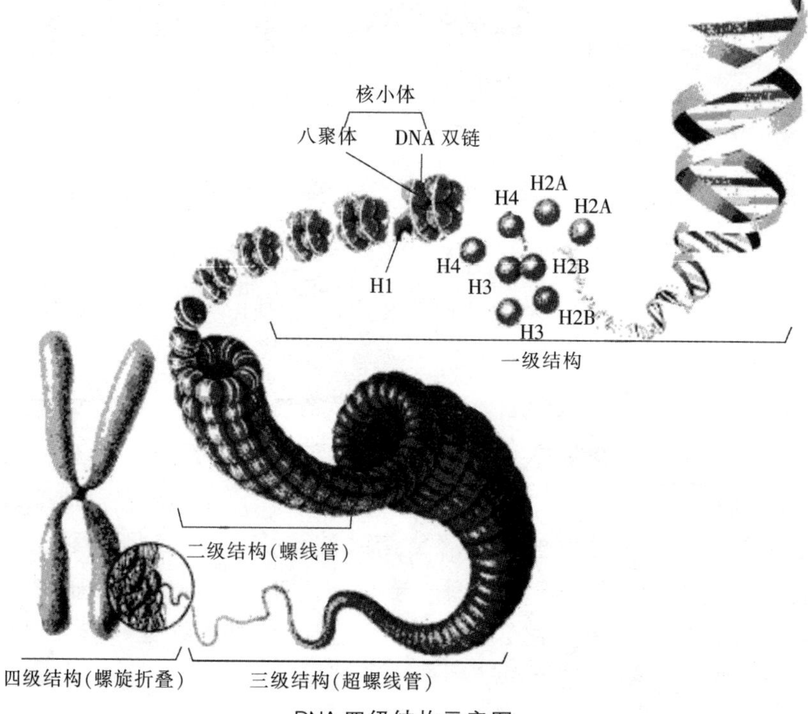

DNA 四级结构示意图

5. 负载基因得证明

这里有一个问题：细胞如此复杂，特别是高级生物的细胞里含有那么多的物质，如何认定遗传物质在细胞核里，又如何确定就在细胞核的染色体上？这种结论是如何证明的？

最早证明遗传物质在细胞核里的科学家是德国的藻类学家哈姆林。他用伞藻嫁接试验验证了细胞核是遗传物质的携带者。进一步的验证是最经典的，分别由三代科学家完成的3个有趣实验。而确证遗传物质就在细胞核的DNA上的权威实验是克隆动物多莉羊。

(1) 脑炎菌“借尸还魂”——格里菲斯的实验

第1组：将S型活菌注入小鼠体内，小鼠患败血症死亡。

第2组：将R型活菌注入小鼠体内，小鼠存活。

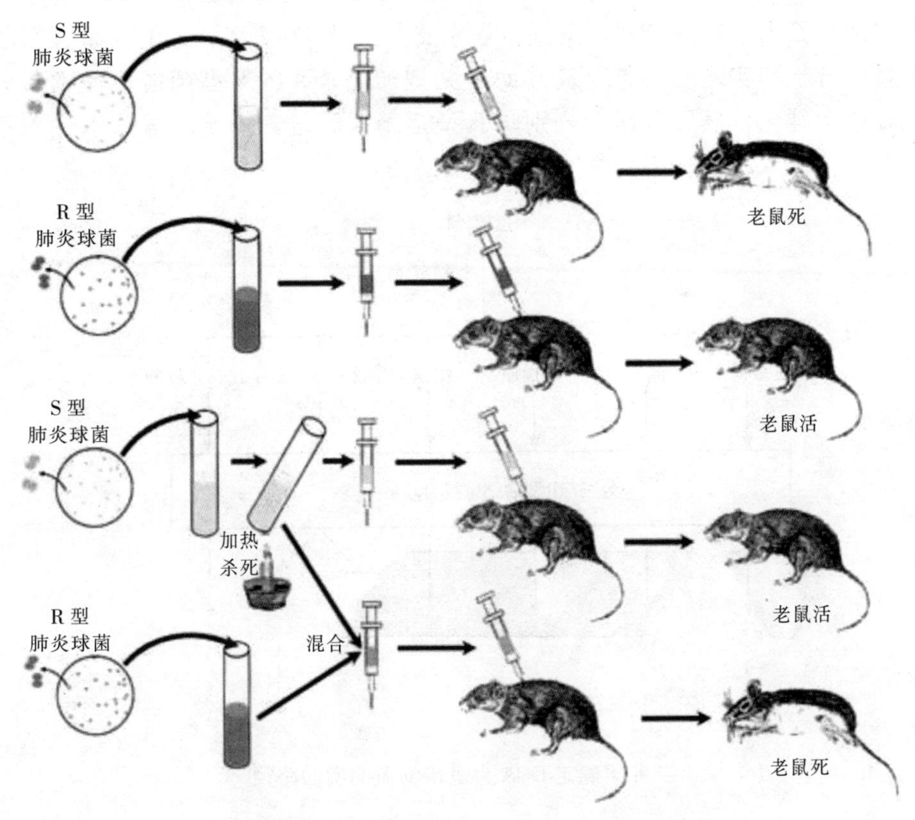

格里菲斯的肺炎双球菌转化实验过程示意图

第 3 组：将加热杀死的 S 型菌注入小鼠体内，小鼠存活。

第 4 组：将无毒性 R 型活菌与加热杀死的 S 型菌混合后，注射入小鼠体内，小鼠患败血症死亡。

从第 2、3 组的实验证明，R 型活菌和高温杀死的 S 型菌均无毒。从第 1、第 4 组死亡小鼠体内分离出 S 型活菌，说明 S 型菌可致老鼠死亡。

第 4 组注入的是高温杀死的 S 型菌与无毒的 R 型菌的混合物，仍致老鼠死亡，检验结果证明 S 型菌复活。

那么，S 型菌是怎样在这里“借尸还魂”，且大量繁殖致使老鼠患败血病而死的呢？因为高温杀死的 S 型菌中含有多糖、脂质、蛋白质、RNA、DNA 多种成分，如何来确定是哪种物质“活化”了 S 型菌，这就是当时格里菲斯留下的一个谜。直至 8 年后，另一些科学家才更确切地证明了这个结论。其中最有名的是艾弗里的实验。

（2）排除法纯化验正身——艾弗里实验确认 DNA 是遗传物　为确定那个“活化因子”就是 DNA，美国科学家艾弗里于 1944 年和他的同事进行了大量的分析和实验。艾弗里及其助手先把加热杀死的 S 型菌的化学物质分别提取、纯化，然后再逐个分别与 R 型活菌混同培养，此后再分别注入不同的个体老鼠，以确定其毒性。步骤如下图：

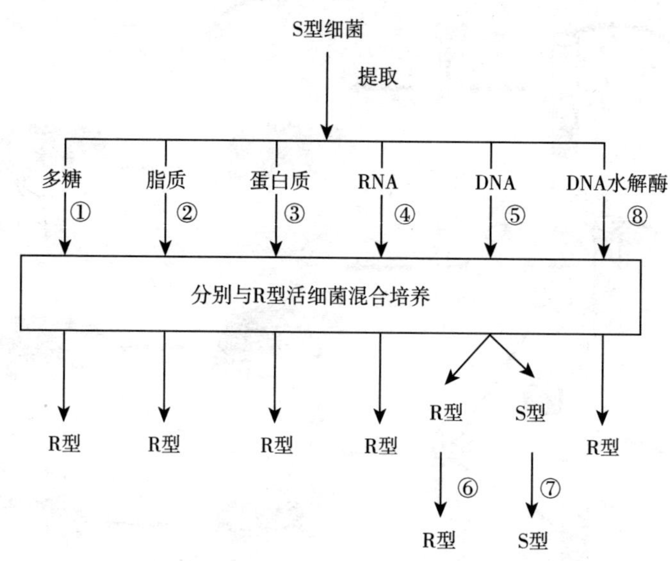

艾弗里确定 DNA 为遗传物质的实验路径

上述实验证明了，只有 R 型活菌与 DNA 混合培养的一组，产生了毒性很强的 S 型活菌。其他各组培养后全部只有无毒的 R 型活菌存在。这说明多糖、脂质、蛋白质、RNA（核糖核酸）、水解 DNA 都不是“转化因子”，而只有 DNA（脱氧核糖核酸）才能“借尸还魂”，使 S 型菌“死而复生”且能繁殖遗传物质。由此得出结论：DNA 才是产生遗传变化的物质。

然而，因为当时的提纯分析技术能否达到纯净的单种物质的程度，这个实验结论并没有得到完全认可，有人怀疑实验的准确度，怀疑分别提纯时 S 型活菌的 DNA 会不会遗留而混入了样品？为了证明这个问题，艾弗里等人再用各种剪切酶去破坏有毒的 S 型活菌的各种成分。酶是对细菌内各种生物化学反应起催化作用的蛋白质，每一种生化反应都有特定的酶控制。艾弗里的实验表明，有毒细菌的蛋白质、碳水化合物或脂肪弄到破坏时，都不影响毒性的传递，只有当它的 DNA 被破坏时毒性才不再传递。这就证明了有毒细菌的 DNA 是遗传物质。

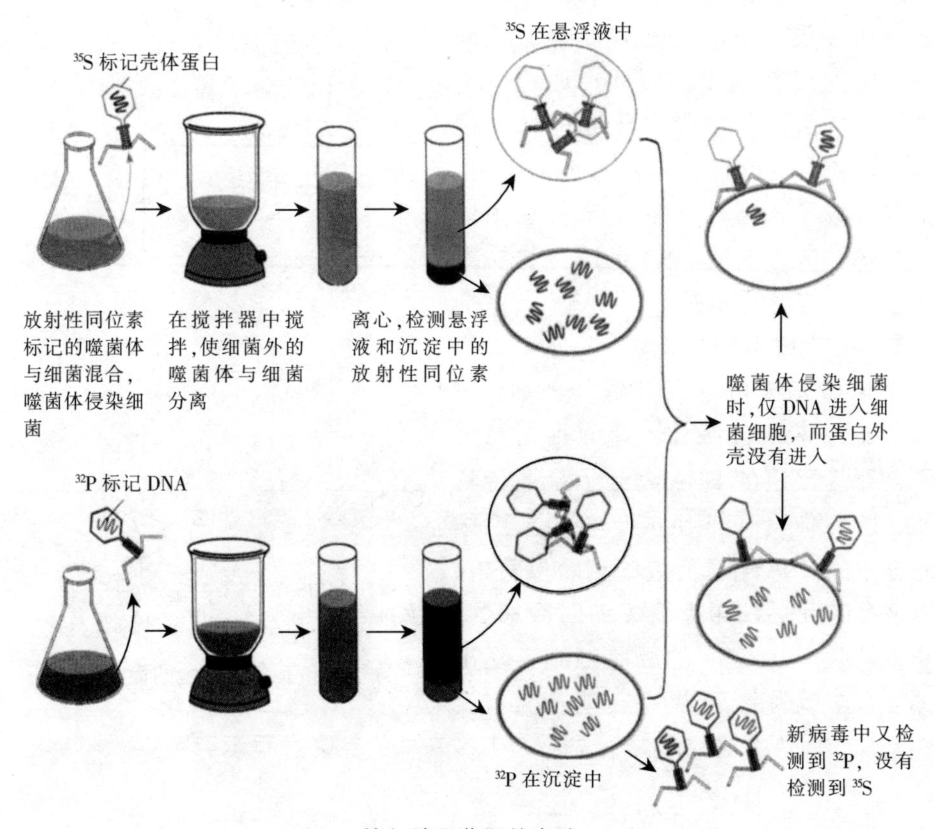

赫尔希和蔡斯的实验

(3) 同位素标记噬菌体——赫尔希和蔡斯证实 DNA 载全基因　同位素标记噬菌体，确证遗传物质是 DNA。针对格里菲斯实验的缺陷，1952 年，美国生物学家赫尔希（Alfred Hershey）和蔡斯（Martha Chase），借助放射性同位素硫和磷，来标记噬菌体感染大肠杆菌并复制自己，这一实验进一步证明了 DNA 是遗传物质。

赫尔希和蔡斯用放射性同位素磷-32（^{32}P）标记噬菌体的 DNA，用放射性同位素硫-35（^{35}S）标记噬菌体的蛋白质外壳，并让这种噬菌体去感染细菌，然后溶解宿主大肠杆菌的细胞，分离出子代 T_2 噬菌体。结果在子代 T_2 噬菌体中只发现了被标记的 DNA，而没有发现被标记的蛋白质。他们进一步做了一系列实验，发现被标记的蛋白质并没有进入细胞，而是留在细菌外面的细胞膜上。由此，他们得出结论，噬菌体蛋白质对于噬菌体在细菌体内的再生进程并未发生任何作用，指导合成子代噬菌体的是亲代噬菌体的 DNA。这为证明 DNA 是遗传物质提供了令人信服的证据。

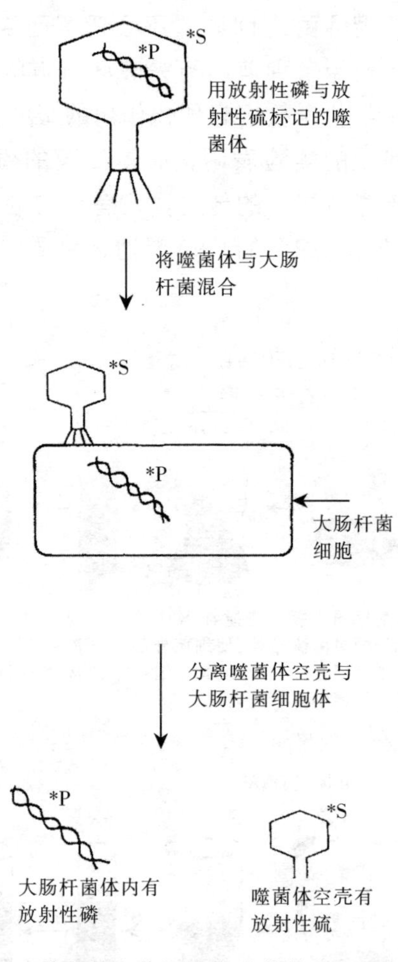

赫尔希和蔡斯的实验的简化图示

(4) 克隆多莉证无疑——多莉羊问世 DNA 载基因成铁证　假如上面的 3 个实验还不能说服你，让你相信包含了全部基因组的 DNA 大分子是遗传物质，那么你看一下用成年羊的乳腺细胞核中的 DNA 培育而成的克隆多莉羊，以及多莉死后，用克隆多莉时冷冻的、与多莉含一样 DNA 的胚胎细胞克隆出的 4 只羊就明白无误了。这些事实就让你坚信，DNA 是遗传物质。先看一下多莉羊的克隆过程示意图。

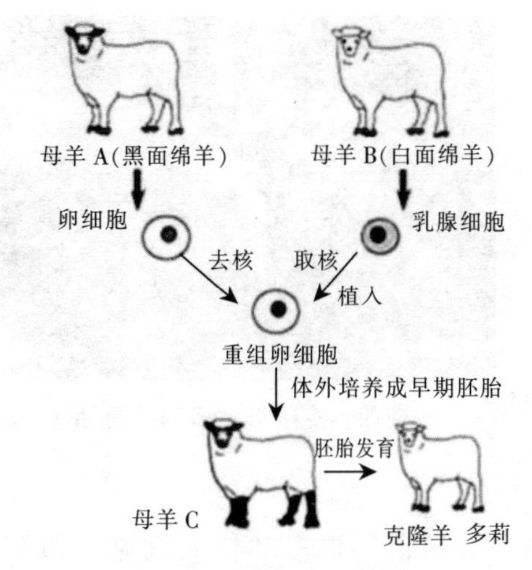

克隆多莉操作示意图

黑面羊提供遗传物，小羊是多莉

威尔特与多莉

多莉羊的克隆流程是这样的：威尔特及其研究小组首先选出 3 只不同用途的羊。一只 6 岁多的白羊 B，取其乳腺细胞的细胞核。把黑面羊 A 的卵细胞中的细胞核剔除，即清除遗传物质。再把取自白羊 B 的细胞核与剔除细胞核的黑羊 A 的卵细胞，以一种弗兰肯斯坦（Frankensfein）式的技巧，用电脉冲使这两种细胞合二为一，这枚卵只带有白羊 B 的 DNA。之后，再把合成的这枚卵子发育成的早期胚胎放入第 3 只羊 C 的子宫中培育成胎，由 C 羊生出了长相完全像白羊 B 的小白羊多莉。多莉没有“父母”，它的 DNA 中没有孕育责任的 C 羊的遗传物质，也没有提供去核卵细胞的 A 羊的遗传信息，提供遗传物质的 B 羊也没有承担孕育之责。4 个月之后，这只举世震惊的小羊羔诞生了。它与传统的胎生动物的有性繁殖完全不同。它的遗传物质来自成年羊 B 的非生殖细胞，而复制的是与 B 的基因组完全一样的羊。这是一种过去无法想象的技术，这只小白羊举世皆惊。其中一个意义，就是让质疑遗传中心法则的人，质疑 DNA 是遗传物质的人心服口服。

第一只克隆羊多莉两年多以后便死去。它的年龄应相当于人类的 8 岁。还有后续的奇事，当年，对从分化成熟的乳腺细胞中克隆出多莉但没有用到的乳腺组织，给予了冷冻处理。14 年后如法炮制，重新克隆了 4 只与多莉的 DNA 完全一样的小白羊。当年多莉是 29 个试验胚胎中唯一活下来的一个，而今天人们只需要 5 个胚胎，就能制造一只“多莉”了。说明克隆技术在不断完善和提高。

一变四：克隆羊“多莉”复活了

4 只羊如同一个模子里刻出来似的，从里到外都完全一样。多莉及另 4 只小多莉在见证了人类遗传学实验具有突破性进步的同时，无可争辩地证明了 DNA 是遗传物质的事实。

（5）iPS 细胞克隆鼠，证据更充分　人工诱导性多功能干细胞，即 iPS 细胞。这种人工诱导的细胞是否与自然形成的干细胞有相同的功能吗？也有克隆成新的生物个体的能力吗？当中国科学家利用 iPS 细胞克隆出小鼠后，证明了 iPS 细胞功能与自然形成的胚胎干细胞无大区别。因为 iPS 细胞是通过基因工程，对 DNA 重新编程后生成的，所以，客观上也就佐证了 DNA 负载全部遗传信息的“中心法则”。

明星鼠“小小”

用 iPS 细胞克隆出完整的活体鼠，证实了人工诱导的干细胞与胚胎干细胞、脊髓干细胞一样具有全能性。

6. 线粒体中有洞天

高等生物的 DNA 不只存在于细胞核中的染色体中，还有一部分存在于细胞质中的细胞器内。

线粒体是细胞质中的一种细胞器。细胞所需能量的 80% 是由线粒体提供的。有人将线粒体称为细胞的“动力工厂”。光学显微镜下的线粒体有的呈线状，有的呈粒状或管状。线粒体的数量可因细胞的不同而差别很大。最少的一个细胞中含一个，多者可达 50 万个。电子显微镜下线粒体的结构比较复杂。一般线粒体有外膜、内膜、膜间隙和基质组成。线粒体有自己的遗传系统，因此，线粒体有自己的蛋白质翻译系统，部分线粒体的 DNA 与细胞核中 DNA 的密码也有所不同。

线粒体基因组可在“身份定位”中发挥重要作用，美国“9·11”事件后，遇难者的身份均通过基因识别。在鉴别伊拉克原总统萨达姆·侯赛与众多替身的身份时，也是用的线粒体 DNA。

线粒体中的 DNA 标为 mtDNA，一般呈环状。人的线粒体 DNA 含有 16 569 个碱基对。人类的线粒体 DNA 编码 22 种 tRNA、2 种 rRNA 及 13 种多肽，用于构成线粒体中的核糖体以及行使其他复杂的多种功能。线粒体中的 DNA 还有一个重要的特点，它的来源不是如细胞核中的双螺旋，一半来自父系，一半来自母系，而是全部来自母亲。所以，在鉴定一种生物的渊源时，只要分析其线粒体 DNA 就知道母系的来历。前面提到的一种人类起源说，全世界的人都源自东非，其采用的原理和实验方法，就是鉴别世界各地人种的线粒体 DNA。这种学说认为，全世界的人都源自 350 万年前东非的一位老祖母——露西。

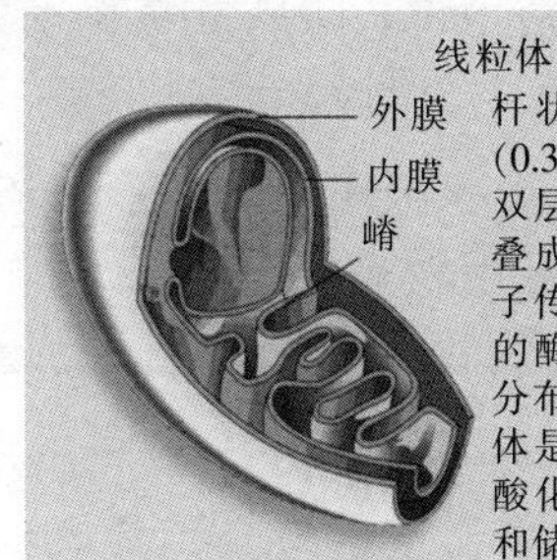

线粒体结构示意图

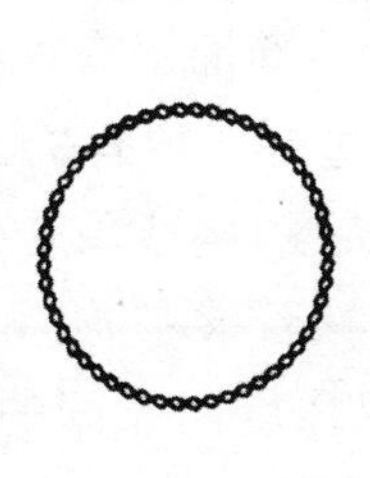

线粒体中的环状 DNA

三、碱基妙对载天书

第一篇中我们从时间上，也就是生物学发展的不同历史阶段，介绍人们是如何日渐深入地认识和确定DNA是基因的载体。第二篇的重点是从空间上来确定，基因组DNA所在生物体中细胞内的位置。在这里，我们将从基因的化学组成和DNA的分子结构方面来介绍相关知识。如果用一句话来概括，就如此部分标题所表示：碱基妙对载天书。也可通俗地说，DNA构成简而繁。

我们说DNA构成简而繁有这样几层意思，先来说DNA的简。

首先，DNA不过是一种有机酸——核酸，且是核酸中的一种——脱氧核糖核酸。其次是说它的构成单位相对简单，都是由核苷酸而且只有4种核苷酸组成。这4种核苷酸被称为4种遗传密码，它们在磷酸和戊糖搭建的骨架下构成DNA双螺旋两股间的横撑。再者，DNA具有同一性——所有的生物，从最原始、最简单的原核生物，到真核生物乃至最复杂、最高级的生物——人，构成DNA的密码都一样，或者说是用同一套密码本，即都是4种核苷酸做碱基。它们之间的区别仅仅是数量的多少，所组成的分子大小和4种密码排列的顺序不同。人与病毒、人与细菌、人与线虫的基因密码都一样，线虫是4亿年前所有脊椎动物的老祖宗，人与老鼠是生物学“近亲”，二者基因的75%是一样的。人与大猩猩的基因差别只有1%。再就是结合模式的统一，4种碱基遵循一种固定的框架，不能随机，A与T结对，G与C结对，一旦出现例外就或产生新的变种，或给生物机体带来疾病。

再说DNA的繁。首先，DNA是生物大分子，个头大，一个大分子的分子量是1万到100万个单位。我们知道，自然界化学元素中最大的原子的原子量只不过110多一些，新发现的118号元素的原子量在118左右，水分子只有18，氢原子只有一个单位。这说明核酸分子在自然界的化合物中是庞然大物。其次，单个基因的化学构成和结构都十分复杂，每条 DNA 链都由成千上万以至几十万到几千万，甚至数以亿计的单核苷酸组成，而一个核苷酸需 3 种氨基酸组成的立体结构，每种氨基酸又同时带有氨基和羧基，也就是有碱、酸两种相反性质的化学成分。凡带有氨基和羧基的化合物都比任一种无机化合物的分子复杂。人的一个基因组的碱基对是 30 亿个，这 30 亿个碱基对构成 3.5 万个基因。整个基因组担负着生物全部生理活动的协调和运作，承载着几十亿年的生命进化史信息，所含的信息只能用“天书”来形容。目前，全世界用来研究和开发生命科学和生物技术的经费已经占到人类全部研发经费的 60% 多，这些情况就足以说明 DNA 的研发工程之大、牵动之巨、复杂之极，可见识别和应用 DNA 的生物工程的复杂和对人类生活影响的分量。但是，人的基因组不是最大的，据现已破译的小麦基因组发现，它的大小是人类基因组的 10 倍。并不是基因组大的生物就高级，最高级的生命形式——人的基因组反倒较小，是因为并非一个基因只有一种功能，有的基因同时担负着几种功能，有时同一种基因担负着完全相反的功能（第一篇中 C 值佯谬和 N 值佯谬论及这一特点）。这也从另一个角度折射了 DNA 的复杂性。

1. 核酸分子由碱基

在无机化学里，酸碱是不能混放在一起的，放在一起就会产生化学反应，这是化学常识。而在同一个核酸大分子里，不同部位就有碱基和羧基两类物质，一类是嘌呤碱和嘧啶碱，含碱基呈碱性；另一类是磷酸，有羧基呈酸性。核酸是一个分子中同时含酸碱两种性质的物质。由于酸碱是相反的物质，只是在分子结构中处于不同位点。所以核酸是不折不扣的两性化合物。但由于碱基和磷酸含的离子量不同，总体上酸性大于碱性，所以核酸是酸。它能与金属粒子生成盐，又能与碱性物质生成盐和水或其他化合物。这就是生物化学的特色，一个分子就是一个矛盾统一体，也是 DNA 复杂的表现。核酸在不同的 pH 溶液中，带有不同的电荷，因此在电场中核酸可以迁移，这种现象称为电泳。

核酸的发现历程，是生物学、化学、物理学等学科发展的一个侧影。人们认识核酸首先是在细胞水平上发现了这种物质。

19 世纪 60 年代，与孟德尔同时代的瑞士化学家米歇尔（Friedrich Mie-

scher）发现细胞核含有一种以前不知道的含磷丰富的物质——核酸。到20世纪初，生物化学家证明了所有生物，包括病毒、细菌、真菌、植物、动物细胞中均存在核酸。而核酸分子就是由很多核苷酸通过糖之间的磷酸二酯键而组成的。所以，核酸是一种多核苷酸链。到21世纪20年代，科学家证实实际上存在两类不同的核酸：一类为核糖核酸（RNA）；另一类为脱氧核糖核酸（DNA）。这两类核酸的化学组成成分几乎是相同的。但是，DNA中的糖为脱氧核糖，比RNA中的核糖少一个羟基，因为这个羟基与另一个氢离子结合成水分子，脱离出去，所以说这种核酸是“脱氧”核糖核酸。另外，RNA中有一种含氮碱基，即尿嘧啶，与DNA中相应的含氮碱基胸腺嘧啶相比，尿嘧啶缺少一个甲基。就是这两种化学结构上的细微差异，导致了DNA和RNA生物功能的重大区别。

DNA的基本功能是以基因的形式承载遗传信息，并作为基因复制和转录的模板。它是生命遗传的物质基础，也是个体生命活动的信息基础。从结构上讲，基因是指DNA分子中的特定区段，其中的核苷酸排列顺序决定了基因的功能。

后来的分析表明，核酸含有碱基、戊糖和磷酸3类物质。碱基承载了遗传信息，磷酸和戊糖只是做支撑骨架，所以遗传密码只有4种碱基。人们为了简化表达，一般把碱基分别用一个英文字母表示：腺嘌呤A，胸腺嘧啶T，鸟嘌呤G，胞嘧啶C。在RNA中，尿嘧啶代替了DNA中的胞嘧啶，尿嘧啶用U表示。

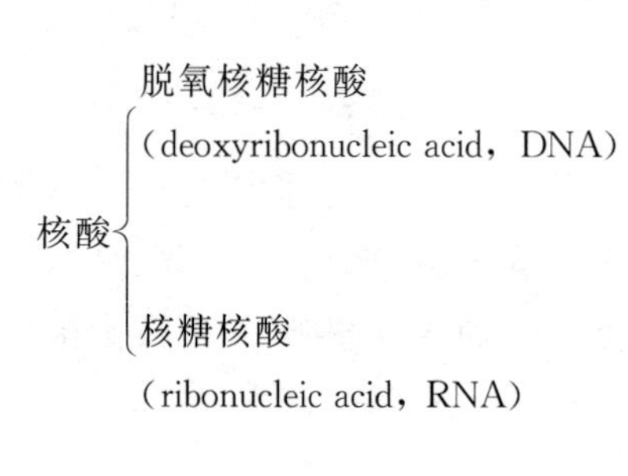

存在于细胞核和线粒体
携带遗传信息，并通过复制传递给下一代

分布于细胞核、细胞质、线粒体
是DNA转录的产物，参与遗传信息的复制与表达。某些病毒RNA也可作为遗传信息的载体

核酸的分类及分布

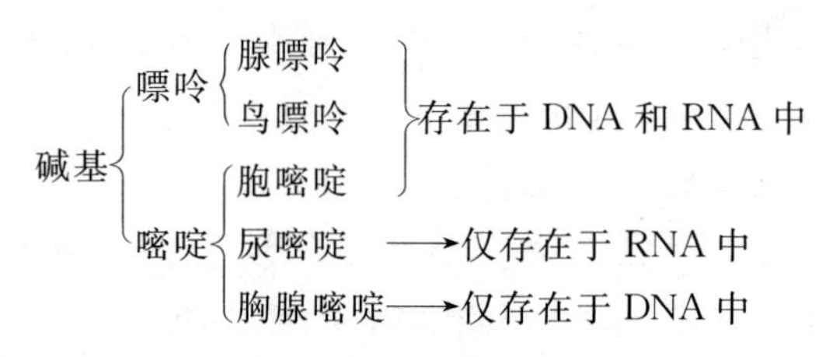

碱基（base）是含氮的杂环化合物

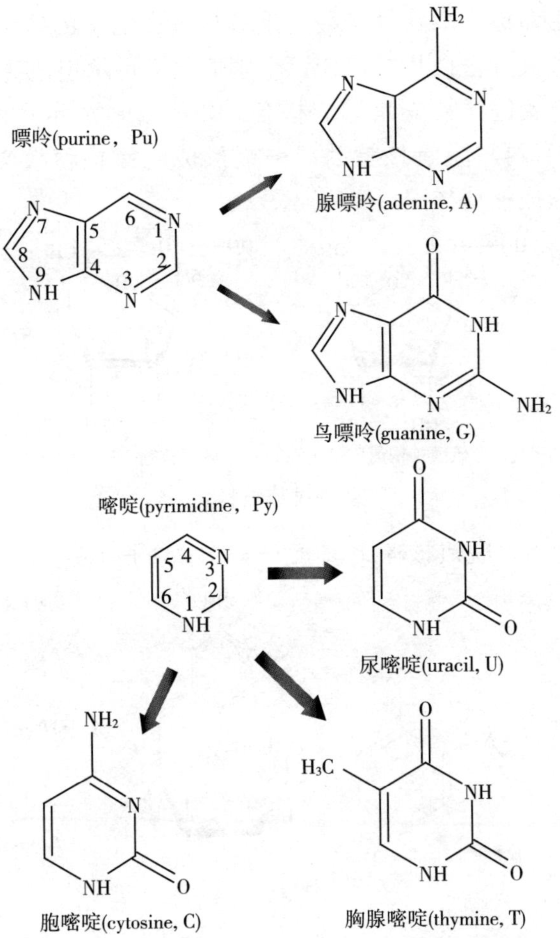

嘌呤(purine，Pu)

腺嘌呤(adenine, A)

鸟嘌呤(guanine, G)

嘧啶(pyrimidine，Py)

尿嘧啶(uracil, U)

胞嘧啶(cytosine, C)

胸腺嘧啶(thymine, T)

从上图看出，嘌呤碱基含两个苯环，嘧啶碱基含一个苯环，尿嘧啶比胸腺嘧啶在 5 位上少一个甲基。

2. 核糖磷酸做骨架

核酸由几十个乃至几百万个单核苷酸聚合而成。那么，它是如何使核苷酸组成双螺旋，而且形成甲级结构，折叠得秩序井然并形成超螺旋体呢？只 A、T、C、G 这 4 种核苷酸是没法完成的，需要借助其他物质的支撑。研究表明，这 4 种核苷酸要通过磷酸与糖之间的磷酸二酯键连接，形成螺旋梯的两条边框，借助这两条边框搭建成奥妙无穷的脱氧核糖核酸大分子双螺旋结构，携带着控制生命活动的全部信息，主宰生命的遗传、进化与新陈代谢及其他生命运动。核糖核酸则是参与生命信息的转录、翻译、复制，制造新的核酸和其他蛋白质的信使，个别情况下也承担遗传功能。

核苷酸的产生过程首先是形成核苷（如核苷形成示意图，以腺嘌呤核苷酸为例）。核苷再与脱氧核糖磷酸一起形成脱氧核糖核酸（DNA），或与核糖磷酸一起形成核糖核酸（RNA）。

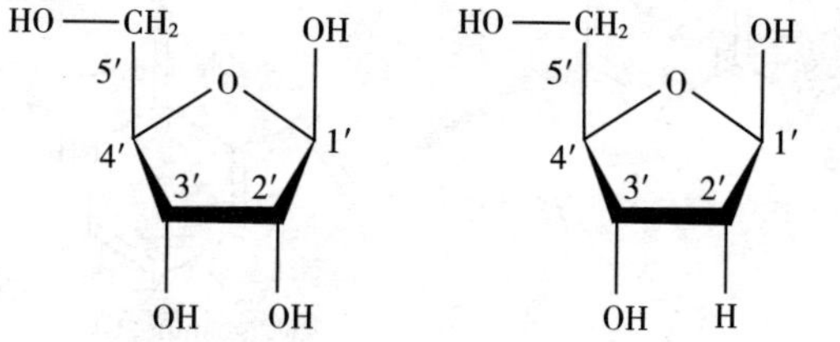

核糖（构成RNA）　　脱氧核糖（构成DNA）

两种戊糖结构式

从图中可看出，脱氧核糖比核糖少一个氧原子。

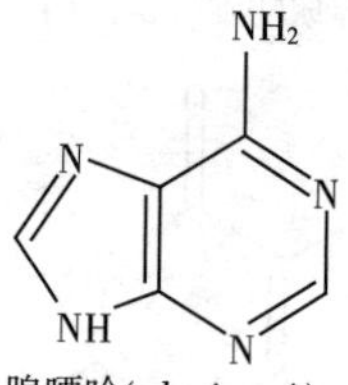

腺嘌呤(adenine, A)

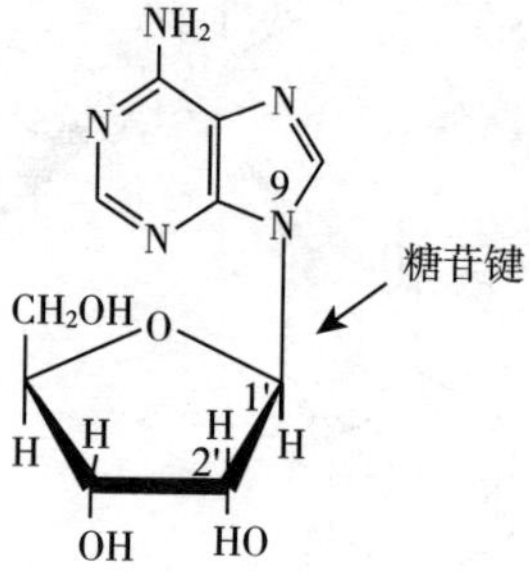

糖苷键

核苷形成示意图

图中表示，腺嘌呤 N－9 上的氢原子与戊糖 C－1′上的羟基经脱水形成腺嘌呤核苷。

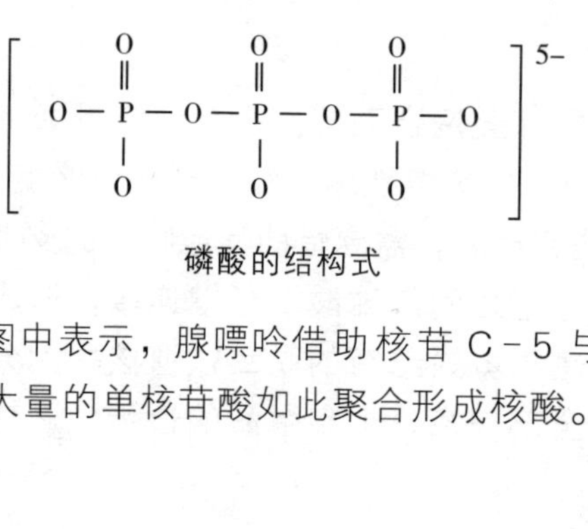

磷酸的结构式

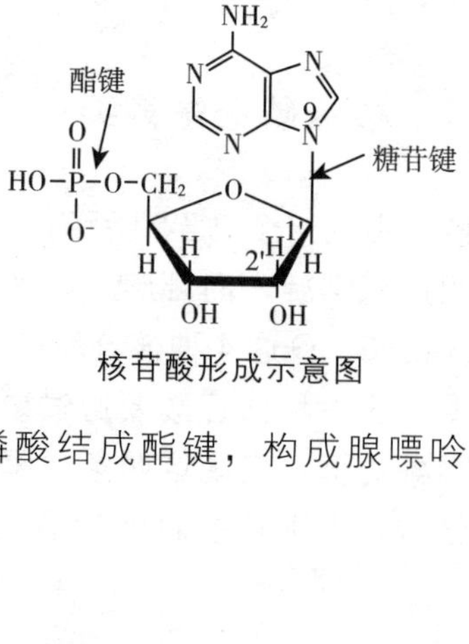

酯键　糖苷键

核苷酸形成示意图

图中表示，腺嘌呤借助核苷 C－5 与磷酸结成酯键，构成腺嘌呤核苷酸。大量的单核苷酸如此聚合形成核酸。

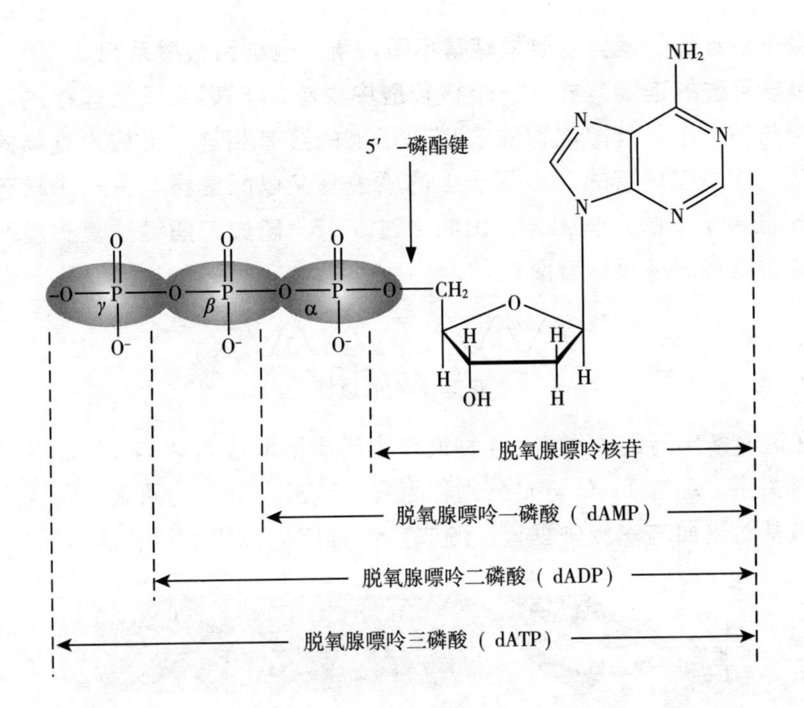

5′–末端

磷酸二酯键

磷酸二酯键

3′–末端

C

A

G

一个脱氧核苷酸 3′的羟基与另一个核苷酸 5′的

α-磷酸基团缩合形成磷酸二酯键

由于核苷酸的差异主要是碱基不同，所以也称为核酸系列。

单核苷酸的连接方式：一个核苷酸中戊糖的5′碳原子上连接的磷酸基以酯键与另一个核苷酸戊糖的3′碳原子上的羟基相连，形成螺旋梯的一条边框链；而后者戊糖的3′碳原子上的磷酸基又以酯键再与另一个核苷酸戊糖的5′碳原子上的羟基相连，由此通过3′,5′-磷酸二酯键重复相连而形成另一条边框链的多聚核苷酸链。

双链 DNA 的边框

在这两条平行的边框内，4 种遗传密码严格地按照 A 与 T、G 与 C 的碱基配对关系，A 与 T、G 与 C 分别称为互补碱基，DNA 的两条链则互为互补链，碱基对平面与螺旋轴垂直，形成完全的 DNA 双螺旋结构。

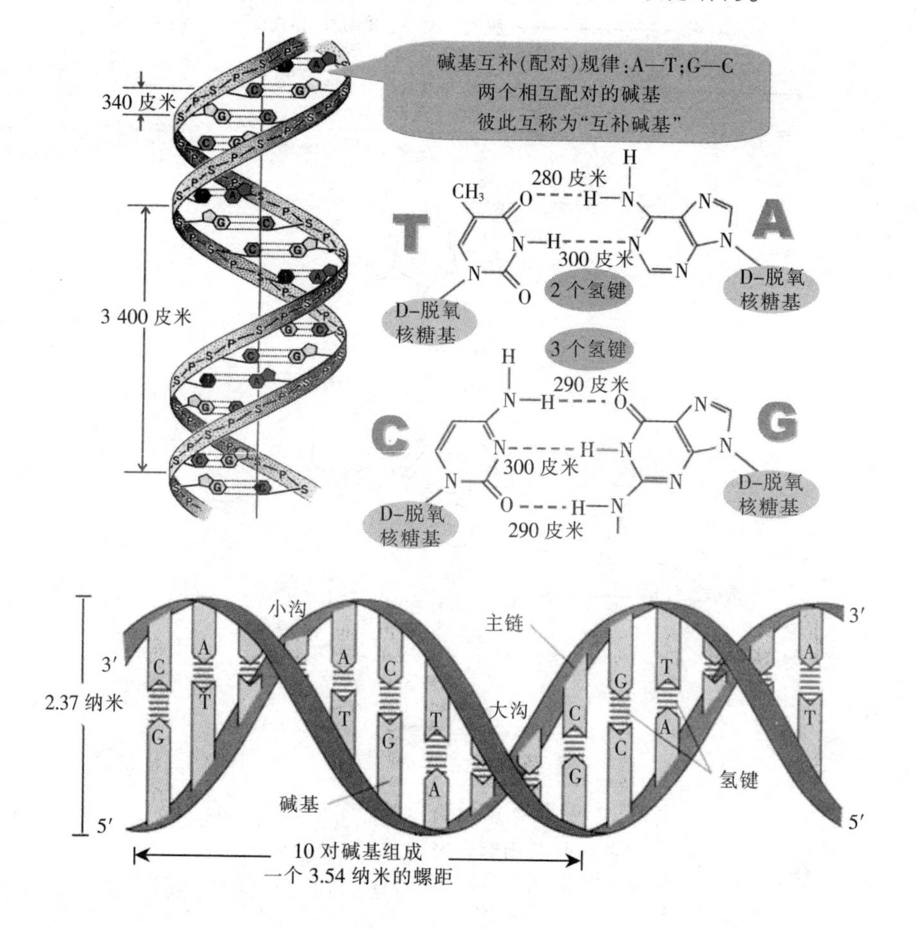

两条多聚核苷酸链在空间的走向上呈反向平行（anti-parallel）。两条链围绕着同一个螺旋轴形成右手螺旋（right-handed）的结构。双螺旋结构的直径为 2.37 纳米，螺距为 3.54 纳米。脱氧核糖和磷酸基团组成的亲水性骨架位于双螺旋结构的外侧，疏水的碱基位于内侧。双螺旋结构的表面形成了一个大沟（major groove）和一个小沟（minor groove）。

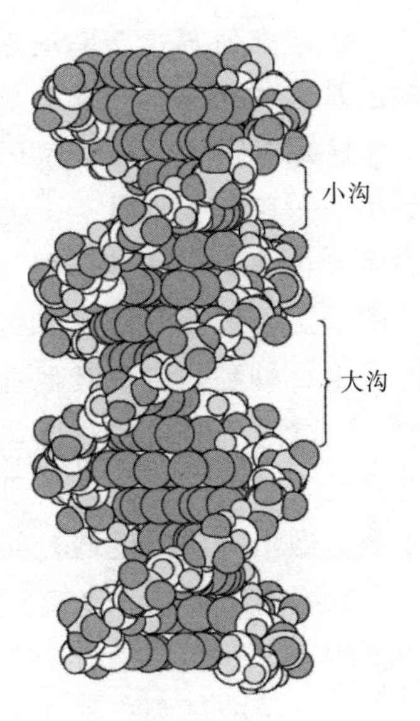

生命现象的奥秘就都记载在这些碱基结成的双螺旋结构中。

3. 基因结构成混沌

上面的图形只是一些示意图，生物体内实际的基因结构要复杂得多。最近的研究表明，双螺旋的折叠不是一目了然的简单线性关系，尤其是功能，更不是线性的，而是很不整齐地排列着，被称为基因混沌，那种存在，要比上面的图复杂得多，最近科学家给出下面的图示来表示其复杂性。

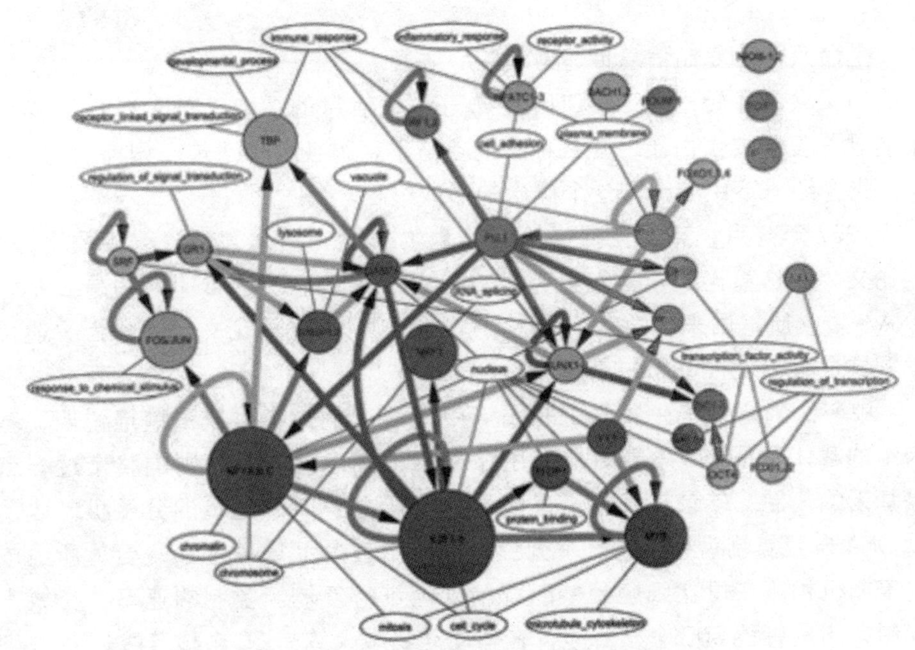

基因相互作用及其影响细胞成熟的复杂图谱

这种排列方式，是从指引干细胞的命运到决定我们能长多高，人们体内的基因作用于一个非常复杂的网络。

日本等国家的科学家研制出了一项技术，用于计算一种基因被表达的频率——在这一过程中，脱氧核糖核酸（DNA）被转录为核糖核酸（RNA），后者会依次编码一种蛋白质。而这些蛋白质中的大部分都能够影响其他基因的表达，进而最终增加或减少所形成的蛋白质的数量。在任何特定的时间，上百种基因会对其他基因的活性构成影响。但这一过程是相当复杂的。

通过用新的软件对这些海量数据进行筛选，科学家梳理出了重要的角色以及它们之间的关系。研究小组在基因组中鉴别出 29 857 个能够对蛋白质调节做出响应的区域，并在分化过程中追踪了其中 6 例的活性水平。

最终的结果是一个鸟巢状的调节路径。这些路径通常被认为是分等级排列的，即在顶层的一个或少量“主基因”会形成一个影响的“小瀑布”，进而向下层的基因蔓延。

瑞典的分子遗传学家约翰·科尔（Juha Kere）表示，“这篇新的论文是迄今为止对于一个细胞分化事件的最为完整的研究结果”。

4. 中心法则是主宰

生命遗传、复制信息传递遵循中心法则。

（1）载传译转冠天工　DNA 首先有承载信息的功能。DNA 在 RNA 参与下转录、复制成蛋白质；在各种酶的参与下，行使各种遗传、调控功能。

先介绍一下中心法则这个概念的形成过程。

1957 年 9 月，克里克提交给实验生物学会一篇题为“论蛋白质合成”的论文。在这篇论文中，克里克正式提出遗传信息流的传递方向是 DNA→RNA→蛋白质，后来被学者们称为“中心法则”。这篇论文被评价为“遗传学领域最有启发性、思想最解放的论著之一。”

中心法则是分子生物学的基石。中心表达的内容可以清楚地说明，基因组的载体——DNA 承载着所有生命奥秘的信息。中心法则的整个过程就是基因的复制、转录与表达。它最清楚地表达了 DNA 遗传的分子机制以及以 DNA 自我复制为中心的一系列生理过程。它揭示 DNA 多酶复合体所组成的复制机构，在每次细胞分裂时都精确地进行复制。复制的速率，在微生物中大约是每秒 500 个核苷酸，在哺乳动物中大约是 50 个核苷酸。

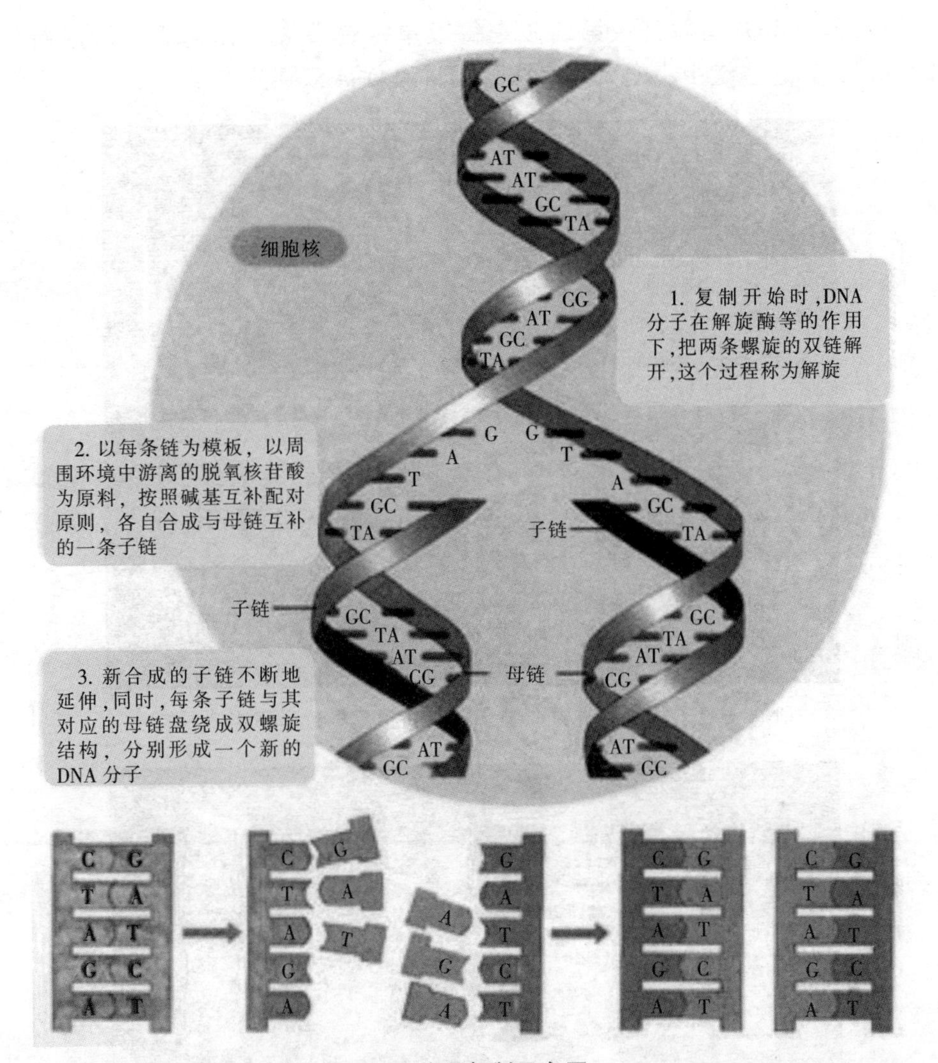

DNA 分子复制示意图

在整个复制过程中有两个基本的需要：一是具有自由状态的核苷酸作为原料，二是 DNA 双螺旋必须打开，才能进行碱基配对。然后，把排列起来的核苷酸在多聚化酶的催化下连接成为一条新的核苷酸链。在 DNA 复制中，事实上是在两条打开的单链上各合成一条新链，每一条新合成的 DNA 双螺旋是由新、旧各一半 DNA 单链组成，称为半保留复制。

这个过程的起始是 DNA 双螺旋在解链酶作用下，分解成两股单链，可形象地比喻为打开一个拉链，并使这个拉链不断扩展，一股按 5′→3′方向，一股按 3′→5′方向解开；第二步是每股单链在多聚酶作用下，形成新的 DNA 双链，这些链由小变大，最终形成新的 DNA 双螺旋。

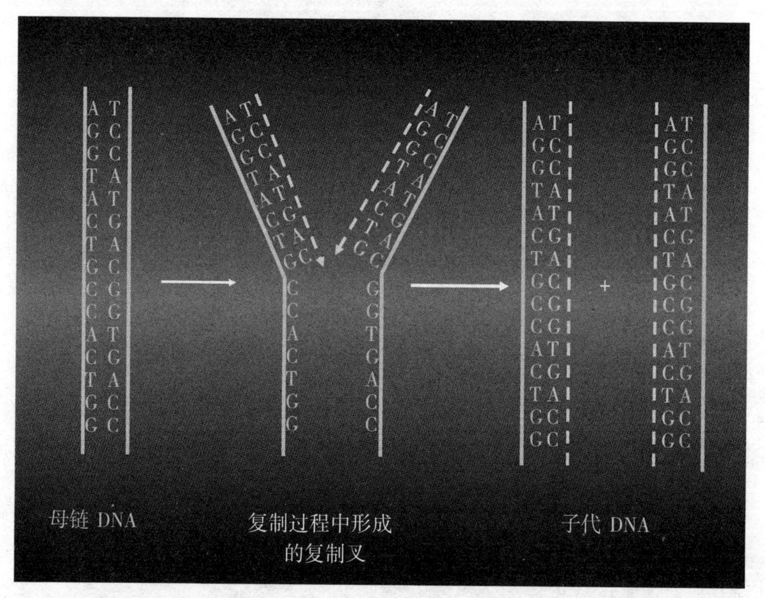

DNA 一股子链复制的方向与解链方向相反导致半不连续复制

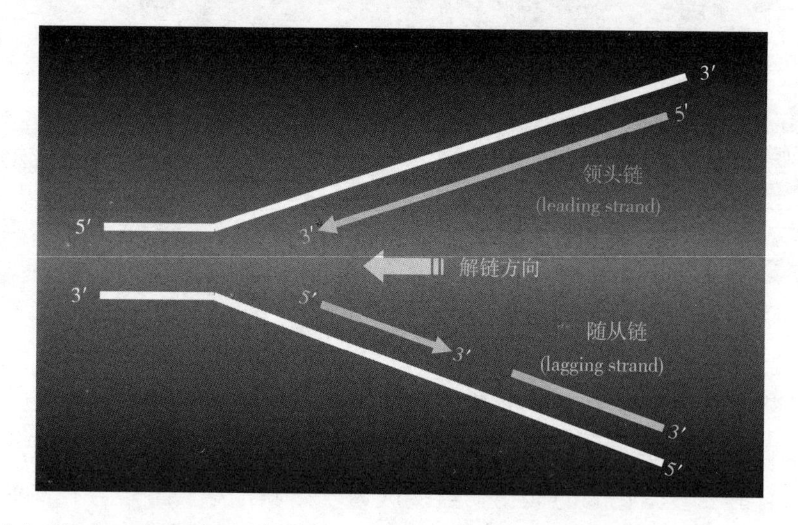

以上是 DNA 复制自己的一种功能，这是生命的遗传机制。由此使龙生龙，凤生凤，使种种生物代代相传，保留各自的物种。

DNA 解链复制还有一个重要功能是转录和复制蛋白质。因为生命现象除遗传外，另一个重要的机能是新陈代谢、生长发育。这个过程不仅是维持生命的需要，更是不断生长发育，从事种种活动的需要。

DNA 在转录的过程要比自我复制多一道工序，就是 DNA 双链解为单链后，在信使 RNA（即 mRNA）和聚合酶的共同作用下，形成各种蛋白质。这个过程是 RNA 转录酶随机地碰撞 DNA，与 DNA 的启动序列接触后，便紧密结合，开始以 DNA 的一条单链为模板开始转录，不断地合成 RNA，直到遇到终止信号为止。一个转录单位一般只用双链中的一条链作为模板。

“中心法则”解答了当时一个众说纷纭的问题：细胞核里的 DNA 是怎样在细胞质内制造蛋白质的？它是通过谁传达的指令？什么物质转录的模板？还有哪种物质参加了这个过程？

DNA ⇄ RNA（转录 / 逆转录）　RNA → 蛋白质（翻译）

中心法则图解

这个简图说明，细胞核里的 DNA，首先让 RNA 转录，在酶的参与下，翻译成蛋白质。具体的过程如下图：

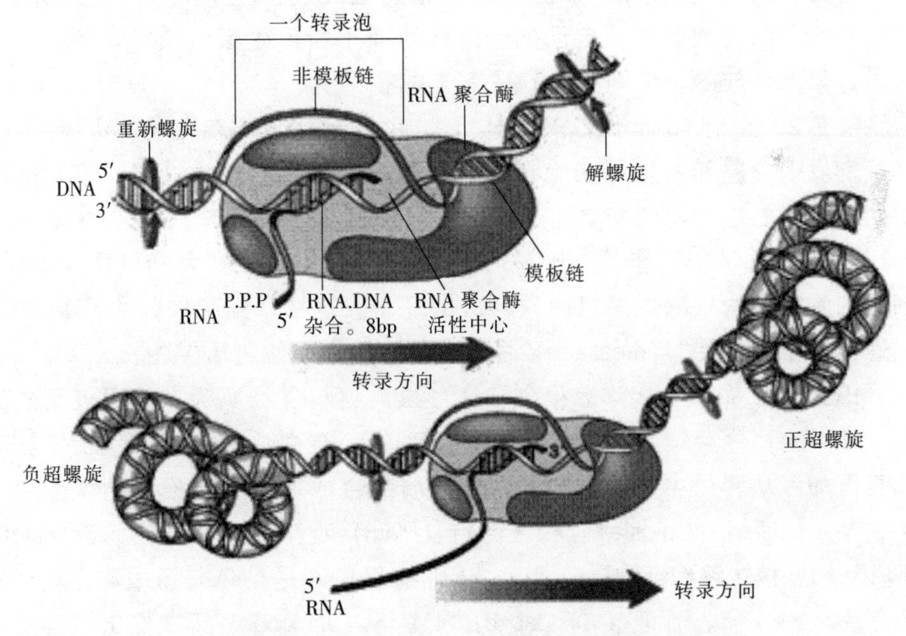

DNA 复制时双链完全解开成二条单链分别作模板

RNA 转录时 DNA 双螺旋只是局部解开以其中一条为模板

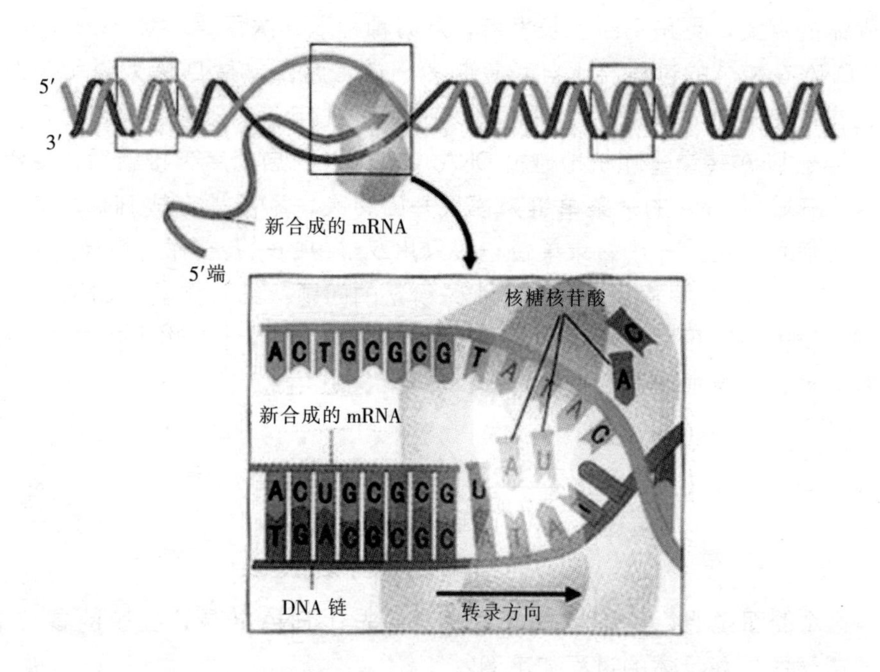

基因（DNA）复制后经细胞分裂，相同遗传功能的 DNA 仍存在细胞核中。而生命的关键是维持自己的新陈代谢而不断产生蛋白质等，那么，蛋白质是如何合成的，中间的环节是怎样的呢？

早在 20 世纪 40 年代，汉墨林（J. Hämmerling）和布拉舍（J. Brachet）就分别发现伞藻和海胆卵细胞在除去细胞核之后，仍然能进行一段时间的蛋白质合成。这说明细胞质能进行蛋白质合成。1955 年李托菲尔德（Littlefield）和 1959 年麦克奎伦（K. McQuillen），分别用小鼠和大肠杆菌为材料，证明细胞质中的核糖体是蛋白质合成的场所。这样，细胞核内的 DNA 就必须通过一个“信使”（message）将遗传信息传递到细胞质中去。

1955 年，布拉舍用洋葱根尖和变形虫为材料进行实验，他用核糖核酸酶（RNA 酶）分解细胞中的核糖核酸（RNA），蛋白质的合成就停止了。而如果再加入从酵母中抽提的 RNA，蛋白质的合成就有一定程度的恢复。同年，戈尔德斯坦（Goldstein）和普劳特（Plaut）观察到用放射性元素标记的 RNA 从细胞核转移到细胞质。因此，人们猜测 RNA 是 DNA 与蛋白质合成之间的信使。1961 年，雅可布（F. Jacob）和莫诺（J. Monod）正式提出“信使核糖核酸”（mRNA）的术语和概念。1964 年，马贝克斯（C. Marbaix）从兔子的网织红细胞中分离出一种分子量较大而寿命很短的 RNA，被认为是 mRNA。

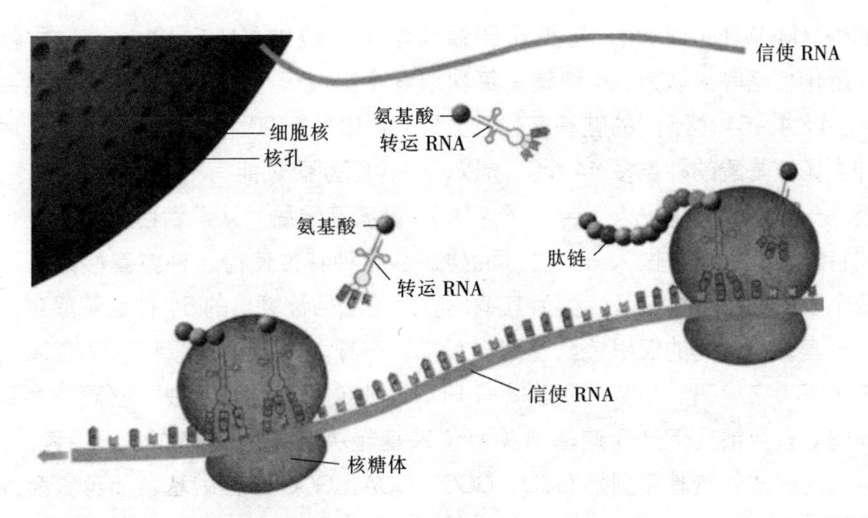

在沃森和克里克发现 DNA 双螺旋后不久，就已推论出了密码子的这种情况，而且，宇宙物理学家伽莫夫（George Gamow）在 1954 年就已经用文字形式发表了这种观点。

正因为 DNA 要通过信使 RNA（用 mRNA 表示）的转录之后，才能以其为模板合成蛋白质的多肽链。所以，转录后的 mRNA 中就包含 DNA 的中的某些功能片断所对应的碱基序列。遗传密码组合则直接表现为 mRNA 中的碱基序列。

RNA 总共由 4 种碱基，分别是尿嘧啶（U）、胞嘧啶（C）、腺嘌呤（A）、鸟嘌呤（G）。其中每 3 个碱基组成一个氨基酸，即所谓的“三联体”（triplet）。这个三连体假说是在沃森和克里克发现 DNA 双螺旋结构后不久，1954 年由美籍俄裔理论物理学伽莫夫（G. Gamow）首先提出。这个假说认为，mRNA 中的 4 个碱基并非每次都同时参加组成一个对应多肽链的氨基酸，而是其中任意 3 个连续组成一个氨基酸。1961 年，克里克证明了遗传密码确实是三联体。伽莫夫应用排列组合公式计算遗传密码序列。4 种碱基，每次取 3 个来进行组合，其组合种数是：

$$C_m^n = \frac{(m+n-1)!}{n!\ (m-1)!} = \frac{(4+3-1)!}{3!\ (4-1)!} = 20$$

上式证明伽莫夫的假设是对的。伽莫夫很得意，他将 20 这个数字称为“生物学上的神奇数字”。但伽莫夫的计算前提是“组合”（不计碱基的排列顺序），后来则证明是错误的。

那么，究竟是哪 3 个碱基序列来决定哪个氨基酸呢？这是多年来一直困扰分子遗传学家与生化学家的一个老大难问题。这个问题的解决，美国科学家尼伦伯格（M. W. Nirenberg）与美籍印裔科学家霍拉纳（H. G. Khorana）贡献卓著。尼伦伯格等人认为，4 种碱基每次取 3 个组成一个氨基酸，应该是总共组成 4×4×4＝64 个不同的碱基序列。但是人体中只有 20 种氨基酸，密码子序列的种类比氨基酸的种类多 44 个。所以，一种氨基酸可能有不止一种密码序列。后经进一步研究并逐一人工合成了人体 20 种氨基酸后，认识到密码子有一个神奇的特性，即“简并性”，也称“同义性”。这种特性使得一种氨基酸具有两个或两个以上的三联体碱基序列为其编码。尼伦伯格计算出的 64 种氨基酸中，只对应一套碱基密码的仅甲硫氨基酸（AUG）一种。其余氨基酸都有 2 套以上碱基序列可为它编码。如苯丙氨酸就有 UUU、UUC 两套“简并性”密码子序列为之编码。多数情况下是 3 碱基中头两位碱基起决定作用（俗称“三中读二”）。如编码丙氨酸的碱基序列是 GCU、GCC、GCA、GCG 三套碱基，而苏氨酸的编码序列就有 ACU、ACC、ACA、ACG 四套。说明遗传密码的简并性对于减少基因突变对蛋白质功能的影响，节约基因数量具有一定的生物意义。

此外，密码子还有“通用性”，生物界内绝大多数生物除部分病毒，都用一套遗传密码。遗传还有“摆动性”，即 tRNA（转运 RNA）序列中的反密码子配对时遵循反相互补的原则。

知识拓展

尼伦伯格于 1927 年 4 月 10 日生于美国纽约市，21 岁时（1948）毕业于佛罗里达大学，1957 年在密歇根大学获生物化学博士学位，随后到马里兰州的贝特斯达国立卫生研究所继续研究生物化学。

霍拉纳于 1922 年 1 月 9 日生于印度旁遮普邦瑞普尔的一个小村庄（现属巴基斯坦），1943 年毕业于拉合尔（现属巴基斯坦）的旁遮普大学，两年后又在该校获硕士学位。1948 年在英国利物浦大学获博士学位。1952 年，他受聘到加拿大的不列颠哥伦比亚大学领导一个有机化学研究小组。1959 年，他和他领导的研究小组合成了生物化学上一种非常重要的物质——辅酶 A，因而国际驰名，霍拉纳于 1966 年加入美国籍。

依据这个理论，密码子的组成就有固定的规律，下表就是一个精确地表示。以组成核糖核酸的四种碱基（U、C、A、G）每三种组成一个氨基酸，共形成 64 种组合，但生成的氨基酸只有 20 种。

人体 20 种氨基酸的密码子表

第一个字母	第二个字母				第三个字母
	U	C	A	G	
U	苯丙氨酸 苯丙氨酸 亮氨酸 亮氨酸	丝氨酸 丝氨酸 丝氨酸 丝氨酸	酪氨酸 酪氨酸 终止 终止	半胱氨酸 半胱氨酸 终止 色氨酸	U C A G
C	亮氨酸 亮氨酸 亮氨酸 亮氨酸	脯氨酸 脯氨酸 脯氨酸 脯氨酸	组氨酸 组氨酸 谷氨酰胺 谷氨酰胺	精氨酸 精氨酸 精氨酸 精氨酸	U C A G
A	异亮氨酸 异亮氨酸 异亮氨酸 甲硫氨酸 （起始）	苏氨酸 苏氨酸 苏氨酸 苏氨酸	天门冬酰胺 天门冬酰胺 赖氨酸 赖氨酸	丝氨酸 丝氨酸 精氨酸 精氨酸	U C A G
G	缬氨酸 缬氨酸 缬氨酸 缬氨酸 （起始）	丙氨酸 丙氨酸 丙氨酸 丙氨酸	天门冬氨酸 天门冬氨酸 谷氨酸 谷氨酸	甘氨酸 甘氨酸 甘氨酸 甘氨酸	U C A G

（2）中心法则要补充　后来的科学实验又发现了与此不完全符合或根本不符合的一些事例，发现了逆转录酶和一些不按中心法则进行的生理或遗传现象，如基因混沌的发现以及此前关于蛋白质组研究中关于在有些生物中蛋白质可遗传现象的发现，朊病毒没有 DNA，却可以借助寄生体利用自身的 RNA 复制自己，其遗传的特殊性对中心法则的理论提出挑战，所以有不少科学家对这个中心法则提出质疑。当然，对这个法则要补充和修改。但是，中心法则还是符合大多数的 DNA 主导遗传和制造蛋白质的过程，有普遍意义。

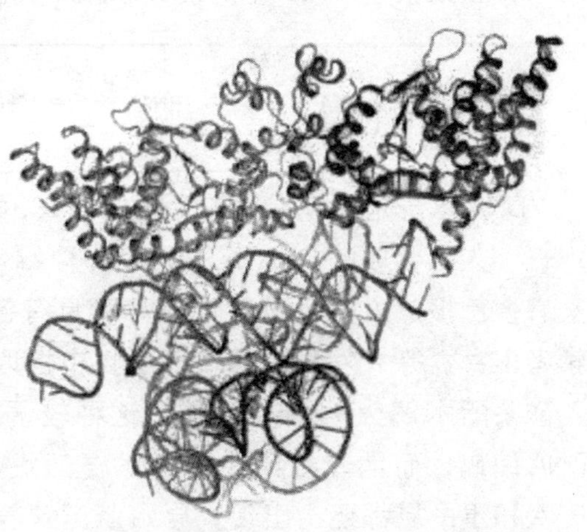

绑定在 RNA 分子上的蛋白质晶体结构

1970年，巴尔的摩（D. Baltimore）和梯明（H. M. Temin）在致癌的RNA病毒中，发现了一种酶，其能以RNA为模板合成DNA。他们称这种酶为依赖RNA的DNA多聚酶，现在一般称其为逆转录酶。这就是说，遗传信息流也可以反过来，从RNA→DNA。这是一项重要的发现。巴尔的摩和梯明于1975年荣获诺贝尔奖。

对于逆转录酶的发现，巴尔的摩的华裔夫人黄诗厚也做出了重大贡献。当巴尔的摩在麻省理工学院进行癌症研究时，寻找逆转录酶遇到困难。当时正好从事病毒学研究的黄诗厚博士发现在某些RNA病毒的蛋白质外壳中带有“转录酶”——RNA多聚酶。这个发现给了巴尔的摩极大的启示，他也果然在RNA肿瘤病毒的蛋白质外壳中找到了逆转录酶。

根据中心法则，DNA中的信息转录到RNA分子中后，要再进一步转译成蛋白质，才能表达为酶的活性。

1981年，切赫（T. R. Cech）等人在四膜虫中发现了自催化剪切的转运核糖核酸（tRNA）。1983年阿尔特曼（S. Altman）领导的一个研究小组发现大肠杆菌的核糖核酸P的催化活性取决于RNA而不是蛋白质。这意味着RNA可以不通过蛋白质而直接表现出本身的某种遗传信息，而这种信息并不以核苷酸三联体来编码。这是对中心法则的又一次补充和发展。切赫和阿尔特曼荣获了1989年的诺贝尔化学奖。

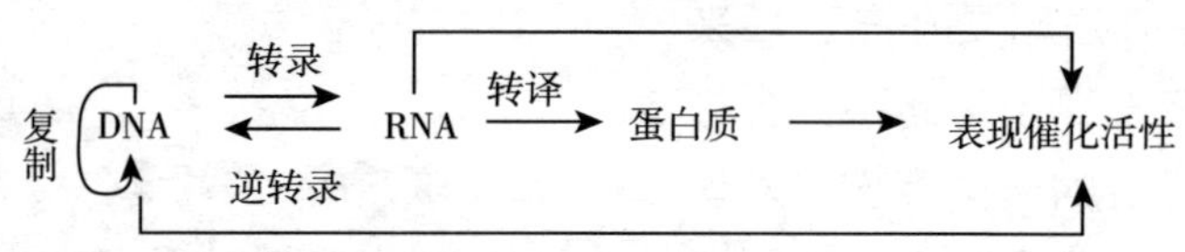

DNA本身是否也具有酶活性呢？1994年，乔依斯（G. F. Joyce）等人发现一个人工合成的DNA分子具有一种特殊的磷酸二酯酶活性。此后，国外又有多例报道人工合成的DNA序列具有各种不同的酶活性。1995年，我国学者王身立等人发现，从多种生物中提取的DNA均具有酯酶活性，能催化乙酸萘酯水解为萘酚和乙酸。这种较弱的酯酶活性并不需要特定序列的DNA编码，而是非特异性DNA的一般性质。王身立推测，在生命起源时，RNA和蛋白质都还未出现，原始海洋营养汤中的DNA可能利用本身的酯酶活性水解萘酯等物质以获得能量。随着生命的进化，酶活性更强的蛋白质出现了，在生命世界中DNA作为酶的作用则为蛋白质所取代。但DNA分子本身的酯酶活性仍作为一种“分子化石”的遗迹，一直保存到今天。

第三篇 DISANPIAN

生物技术，经济社会作用大

SHENGWU JISHU，JINGJI SHEHUI ZUOYONGDA

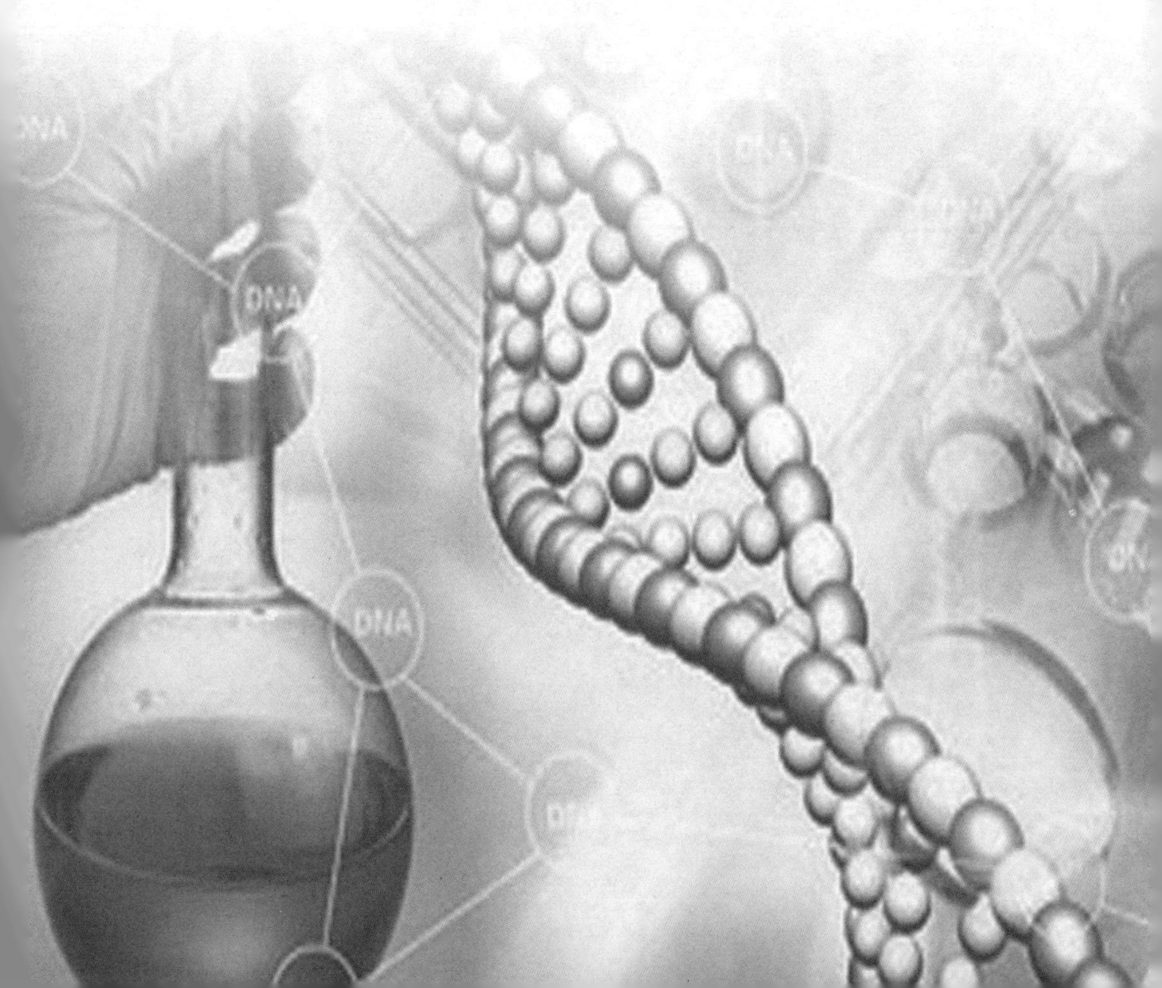

一、生物世纪在召唤

DNA成为生命的主宰，在更广阔的社会领域，还有一种解读，就是人类进入21世纪后，或可称为生物世纪，生命科学和生物产业将在新世纪中唱主角。

生物学在20世纪后半叶发展到分子生物学水平。人们已经可以从分子的维度观察、研究生命现象。这给生命科学带来了一场革命，人类可对遗传物质基因组中的目的基因，按照人们的意愿，进行敲除、移植，重组、克隆，对生物的遗传性状、生命过程进行技术干预和改造。因此，各种生物诊断法、基因药物、基因疗法，各种作物、禽畜新品种的培育层出不穷，各种生物制造、生物质能源成为支柱产业，还出现克隆、转基因之类的新领域。总之，各种生物技术已经大大地超出生物学自身的范围，发挥着越来越大的作用。生命科学和生物技术，对整个科学界无论是数学、物理、化学等基础科学领域，还是对工、农业生产等技术产业领域，都产生着深刻影响。生物技术已经独立于建筑、机械、电子商务、纳米等技术部门，发展成生物技术工程，成为一门独立的学科和门类，并对伦理、法律、政治、军事等社会领域也带来极大的冲击和影响，有着广泛的应用前景。生命科学已被认为与信息科学、物质科学等，及纳米、能源、航天、海洋等高新技术一起成为最热门的显学。许多学者、特别是社会学家、未来学家、科学家和政治家预言，生命科学有可能取代物理学的地位，而成为当代的带头学科，其应用更是形成潜力巨大的生物产业，以致人们把21世纪用生物世纪来概括。比尔·盖茨曾预言，下一个世界首富可能出自基因领域。

1. 迎接生物新世纪

自文明社会形成以来，对不同历史时期的概括有过多种说法。有的侧重生产力、生产工具的不同，有的根据生产关系的特点，等等。不同的参照系统，有着不同的分法，常见的有几种：

一是按生产工具划分时代，这个方法就是以生产力为标志，即用人类生产所用的工具划分时代。这种方法分为石器时代、青铜时代、铁器时代、机器（蒸汽、内燃机、电器、流水线、自动化）等工业大生产时代和20世纪中叶开始的信息（计算机、网络）化时代。

二是从生产关系（人们对生产资料的关系和分配中所处地位）的角度划分时代。用这种方法历史分为原始公社制社会、奴隶社会、封建社会、资本主义社会、社会主义社会（由初级到高级的共产主义社会）。

三是按照战略资源和从事产业的性质划分。这种方法把历史分为一万年的农业社会，其战略资源是土地；几百年工业时代，其战略资源是资本；几十年的信息时代，其战略资源是知识（按社会学家的意见，人类社会转入信息时代，转折时间是美国等发达国家白领多于蓝领的1962年。有的人认为是始自计算机的出现和使用，即1945年第一台电子计算机的出现，或1971年第一台微机的发明和使用）。从另一个角度说，工业社会的物质资源主要是矿物质，而生物世纪的战略物质资源将是生物质。

四是按照科学家视角，根据学科的作用和地位划分时代。这种方法把历史分为科学蒙昧时代，自然哲学及近代科学时代，以相对论、量子物理学等为代表的物理科学（含原子科学、计算机及网络技术、物质科学）时代，现在已经初露端倪的生命科学世纪和生物技术时代。最近，夏威夷大学的成中贡教授将时代这样划分：19世纪是物质科学的世纪，20世纪是量子科学的世纪，那么21世纪则是生命科学和心灵科学的世纪。有人分析，第一次世界技术革命，实现了大机械生产，解放的是人的手足；第二次世界技术革命是信息技术，解放的是人的大脑；第三次世界技术革命解决的问题是人和生命自身。这都说明，生命科学与生物技术的确已成为经济社会发展的里程碑，成为当今世界科学的带头学科。

2. 生物世纪新天地

这主要从全球科技界、工商界及社会各领域的关注度、投入强度、成果产出的比重等方面着眼。

(1) 研发经费占鳌头　全世界各国都十分重视科学技术的研发投入。据杨振宁先生2010年提供的数据，目前，全世界生命科学和生物技术的研发经费，已达全世界科学技术研发投资的60%以上。据我国科技部的统计，生命科学与生物技术的研发投入，2010年已达国家全部科学技术研发投入的40%多。这是生命科学与生物技术成为带头学科的重要标志。

(2) 科技创新进展大　在美国《科学》杂志评出的2013年全球科学技术十大突破中，生命科学和生物技术占了8项：一是癌症免疫疗法；二是大众基因显微手术；三是脑成像技术；四是人体胚胎克隆；五是成功使iPS细胞在实验室成长为微小的“类器官”——肝脏雏形、迷你肾脏，甚至初期的人类大脑；六是搞清楚了睡眠的基本目的——清洗大脑；七是微生物与健康，发现人体内的细菌在决定身体如何应对营养不良和癌症等不同挑战方面扮演的重要角色；八是疫苗设计，研究人员用结构生物学在近原子水平研究生物分子，以帮助研究人员设计更好的疫苗。今天终于发现令人信服的证据，证明该方法可以带来一流的回报。另外两项是天文学项目。

我国每年由中国科学院和工程院的两院院士评选出基础科学和新技术的十大进展，结果生命科学和生物技术的项目占一半左右。我国“十二五”列出的7项战略新兴产业，生命科学与生物技术位居第二。中国科学院院长白春礼在讲到世界第6次新科学技术革命时，把生命科学与物质科学及其交叉领域看作最具影响和可能出现突破的领域。中国科学报第二版是国际和环球专版，介绍国际上的科技动态，定期以“自然要栏”等专题摘要介绍英国《自然》杂志和美国《科学》杂志这两个世界顶级科学刊物的要闻。只要做个大体的浏览就会发现，世界科技的进展几乎有一半涉及生命科学与生物技术及相关领域。

(3) 带动经济新动力　生命科学技术当之无愧是带头学科。1953年，生物大分子DNA双螺旋结构的发现，人类进入从分子水平上研究生命科学的时期。20世纪初，基因组计划的完成，使生命科学登上新的台阶，且发展速度日新月异，发展势头非常强劲。这里有一个生动的例证：作为投资晴雨表的股市，生物技术股上市，曾创造了升值速度最快的纪录。1980年9月，美国生产胰岛素的“基因工程技术公司”一上市，一分钟后每股市值从35美元涨到89美元，世界惊呼“生物技术时代到来了”。

（4）世界发展新资源　从人类社会发展的战略资源看，世界正由主要依靠矿物质，逐步向生物质资源转变。生物能源、生物材料、生物制造等可循环的产业，有可能代替当前以化石原料为主的时代。

（5）新兴产业速崛起　从新兴产业的发展速度看，生物技术产业的发展非常迅速。50多年前的试管婴儿技术，2010年获诺贝尔奖，现在已发展成为常规性普通技术，许多中等城市、县市的医院都可成功应用。克隆羊多莉诞生后，除了人，多种高级的哺乳动物和高等植物都有了克隆新生命体的诞生。猴子、狗、狼、老鼠和猪、牛、马、羊、骡子等主要家畜都可以以克隆的方式来到人间，其中克隆羊多莉已生出第二代。水稻、玉米等许多作物也能在实验室完成全基因组测序工作，为分子水平育种提供了基础。农业的育种工作将进入分子水平的全新时代。2010年，美国科学家合成了一段DNA，预示了人造生命的出现，但争议很大。

2014年3月，美国《科学》杂志报道了世界首个合成酵母染色体问世的新闻。一个主要由研究生组成的团队，在生物合成学领域实现一次重大飞跃：他们把源自酿酒酵母的整个真核基因组重新设计，对野生酵终菌第3号染色体的32万个碱基对中进行500多处修改，删除了4.8万个重复的碱基对、部分不能编码的“垃圾DAN系列及‘跳跃基因’”，最终构建合成了拥有27万个碱基对的新DNA和全功能染色体，并成功地整合到酵母细胞中，“携带这条合成染色体的酵母细胞相当正常，它们与野生酵母几乎一模一样”，还增加了一些新能力，“能够完成野生酵母无法完成的事件”，显示了合成染色体的顽强生命力，可以赋予酵母新的属性。科学家评价说，这是一项具有里程碑式的研究成果，这将有助于更快地培育新的酵母菌株，用于制造治疗乙肝、疟疾等疾病的疫苗和一些新的稀有药物，生产更有效的生物燃料等。真正实现了合成生物学从理论到实践的飞跃。这是一项真正的基因工程。其应用前景，不可限量！

生物领域的论文、专利都以接近30%的速度增加。生物技术产业的产值增加也是接近30%，发展的速度非常快。有人预测生物经济的市场潜力是网络经济市场空间的10倍，因此下一个经济增长点的到来会加快。

（6）科技领域牵动广　生命科学的发展促进了物理、化学、光学、电子、化工、精密仪器、材料、精密制造、新材料和信息技术、纳米技术、农业育种、医药卫生、工业生产新工艺及整个低碳经济，对这些科学技术领域提出了新的需求。需求就是巨大的推动力。所以，生物科学、生物技术已成为牵动力最大的学科之一。

目前医学领域的彩超诊断、核磁共振、靶向送药、定点清灶、微创手术和基因拼结、基因重组、DNA 测序无不是借助于物理、化学、超大规模计算机、纳米技术等手段才得以实现。20 世纪，全世界几十家研究所，3 000多位科学家，用 8 年时间花 27 亿美元完成的第一份人类基因组的测序工作，现在我国的华大基因研究所仅花费 1 万元人民币就可以独立完成。不是他们有三头六臂，而是借助于超级计算机和生物芯片的应用，完成了海量数据和信息的快速处理，没有这些条件是根本办不到的。

再以光学为例。19 世纪的生物大发展曾借助于显微镜的发明。有了显微镜，生命科学打开了微生物科学、细胞生物学、现代检验医学的新领域。同时，对不断改进显微镜的精密度起着推动作用。目前“上海光源”的出现一方面是在满足分子生物学的发展，另一方面也为生命科学发展提供了新的科学手段，开拓着新的领域。

“上海光源”的投入使用，已让科学家的视野大为拓展，特别是生命科学领域的研究又出现了一片新的天地。“上海光源”的空间分辨率是 CT、核磁共振的 1 000 倍，而辐射剂量却远低于 X 光机和 CT。在已拍出的实验照片中，直径仅 0.3 毫米的寒武纪古生物胚胎化石通体透明，内部结构一览无余；老鼠肾脏毛细血管，细到只有 20 微米，仍看得十分清楚；高原蝗虫的自然呼吸，能被“光源”一五一十地记录下来，五脏六腑的颤动、起伏看得真真切切。

3. 各国抢占制高点

到目前为止，美国生物技术产业一直是全球领跑者，公司数量占全球总数的 1/3。2005 年，15% 的公司上市，市场资本总额 3 300 多亿美元，已经成为美国高技术产业发展的核心动力之一，近年内有可能要超过信息技术；世界上第一个合成牛胰岛素的是我国科学家，但第一个产业化的却是美国。在生物育种、生物医药的研发方面，美国的许多公司占据了市场先机。

由于英国在生命科学研究中占有较大优势，有较多获得诺贝尔奖的生命科学大家，所以英国的生物技术产业有十分坚实的基础。英国生物技术产业的数量居世界第二，占英国行业产出、就业和出口的1/4。

德国从2001年开始把生物技术作为投入最多的领域，法国和中国一样建立了好多生物技术园区，加拿大投入巨资补贴生物产业发展。

日本前首相倡议成立生物产业战略研究会，亲自担任会长，并且提出了“生物技术立国”的战略，是在世界范围内第一个提出这一发展战略的国家。在这一战略思想指导下，日本的生物技术产业已发展成为国民经济的骨干产业，在低迷的日本经济中增速超15%，比重已占GDP的16%。其蛋白质研究水平已超美国，在制药方面也有相当高的水平和规模。

印度在2003年成立了国家生物技术部，编制比我国的科技部还多。到目前为止，是世界上单独成立国家级生命科学和生物技术产业部，并作为行政管理机构的国家。生物信息技术产业发展十分迅速，几乎可以与印度的软件产业相媲美。印度85%的生物技术产业为出口业务。生物芯片方面已获得重大突破，这一领域也走在了世界前列。

巴西的生物技术产业比较发达。巴西利用盛产蔗糖的优势，用甘蔗渣等为原料发展燃料酒精，已达到很高水平。巴西是目前唯一不用纯汽油的大国。巴西的生物燃料除满足国内市场外，还出口美国，在世界上也处于领先地位。

此外，新加坡把生物技术作为第四产业发展，韩国前总统李明博在北京参观的时候就观看了清华大学核反应堆和生物技术研究所，他提出举全国之力发展生物技术的倡议。马来西亚总理担任生物多样性委员会主任，泰国总理担任生物中心主任、副总理是理事长。古巴生命科学研究所所长是政治局委员。

为了推动生物技术产业的发展，联合国组织世界科技界和企业界每年都召开一次生物技术大会，交流生物技术的应用情况，传播相关信息。

4. 各展优势力争先

(1) 几项成果占先机　我国的生命科学与生物技术总体上还落后于发达国家，但是我们起步并不晚，在有些领域我们的应用研究走在了世界前列，甚至与发达国家处于同一起跑线上。比如胰岛素的合成，20世纪50年代，北京大学与中国科学院上海生命科学研究院生物化学与细胞生命学研究所在有关大专院校的支持下，最先合成了牛胰岛素，只是我们没有及时形成产业化，在这方面落在后面。2010年，诺贝尔生理奖颁给了成功实施第一例试管婴儿的英国科学家罗伯特·爱德华兹。这项成果对克隆动物、干细胞研究、人造生命以及转化医学等生命科学领域研究，具有巨大意义，但这项成果的先驱却是华人科学家——20世纪30年代毕业于清华大学的张民觉。

①体外受精做先驱。试管婴儿即体外受精技术，是指采用人工方法让卵子和精子在体外受精，进行早期胚胎发育后，移植到母体子宫内妊娠的技术。试管婴儿的成功使人们意识到，体外操作生殖细胞，去除卵细胞核，移植体细胞核进入去核后的卵细胞，然后发育成新个体的克隆技术、代孕技术等，都是可能的。至于人造生命的研究，是克隆、移植核和去细胞核技术的结合。

试管婴儿这项技术的先导是对哺乳类动物体外受精的研究，其鼻祖是毕业于清华大学的美籍华人科学家张民觉。张民觉最先用体外受精的方法，让白兔子生了一个不含自己遗传基因的黑兔子，首开试管哺乳动物体外受精的先河。英国人罗伯特·爱德华兹获得诺贝尔奖，某种意义上讲是建立在张民觉研究基础上的。换句话说，爱德华兹是站在了张民觉的肩膀上！张民觉是中国培养出来的学者。张民觉出生于山西岚县，1933年毕业于清华大学，1941年在剑桥大学获得博士学位。1945年赴美国伍斯特基金会实验动物学研究所工作，完成了哺乳动物体外受精实验的早期工作。1951年，张民觉发现了“精子获能”现象，奠定了体外受精的重要理论基础。1959年，张民觉成功获得“试管兔仔”。当“试管婴儿”技术获得成功后，爱德华兹和他的研究伙伴斯特普托数次提及张民觉的名字，正是张民觉早期的研究论文给予了他们极大的启发和帮助。当时，张民觉和斯特普托均已去世，而诺贝尔奖不授予逝世者。

另一个例子是我国科学家朱冼的研究。早在1951年，上海实验生物研究所所长朱冼和副研究员王幽兰等，开始在蟾蜍科动物中用涂血针刺法进行人工单性生殖（即动物不经受精而进行繁殖）的实验。他们剖开母癞蛤蟆，取出卵巢，让卵巢排出卵子，在卵子外涂上癞蛤蟆的鲜血，用丝刺破卵子表面，使癞蛤蟆鲜血中的白细胞钻进卵子。到1958年和1959年，他们从4万多个无膜受刺的卵子中，得到25只“无父”的小癞蛤蟆。在这些

“无父”的小癞蛤蟆中，有一只出生于1959年3月的母癞蛤蟆于1961年3月产下了3 000多枚卵，这些卵发育成了800多只蝌蚪，绝大多数蝌蚪变成了小癞蛤蟆。按“辈分”推算，它们就是“没有外祖父的癞蛤蟆”。在此之前的近50年中，各国生物学家在蛙科动物中进行了人工单性生殖的实验，得到了一些蝌蚪和极少数“无父”的“子代”。但是这些“子代”蛙科动物从来没有达到产卵传种的阶段。因此，“没有外祖父的癞蛤蟆”的诞生，证明了人工单性生殖的个体具有传种的能力，这在生物学上有着重大的意义。他们是试管婴儿的最早先驱。

②克隆技术是鼻祖。我国老一辈生物学家童第周，长期不懈地从事细胞和发育生物学研究，并开创了异种核移植的先河，成为克隆技术的鼻祖。20世纪60年代初，童第周开创了鱼类细胞核移植的研究。此前，美英学者的有关研究，都是在同一物种中进行的，而日本学者对异种蛙的核移植进行了大量尝试均未成功。面对前人未曾跨越的鸿沟，他的第一个目标就是在不同物种之间进行异种核移植。童第周进行的是鲤鱼和鲫鱼之间的细胞核移植。他将鲤鱼的囊胚细胞核移入鲫鱼的去核卵，或者反过来将鲫鱼的囊胚细胞核移入鲤鱼的去核卵，终于培育出了第一尾属间核质杂种鱼。

随着现代生物学的发展，童第周建立的鱼卵核移植研究和显微注射技术有了新的发展和应用。将培养30多天的成熟银鲫的肾细胞核进行连续核移植，获得1尾性成熟的成鱼。这是一例成功的脊椎动物体细胞克隆，这尾体细胞克隆鱼比体细胞克隆羊多莉问世早15年。这些研究成果至今是科学文献中的精品，在国内外学术界产生了深远的影响，开创了我国“克隆”技术之先河，童第周成为中国当之无愧的“克隆先驱”。

我国的克隆技术成果显著。目前，不只北京、上海，连内蒙古、新疆、黑龙江等边远省份都已经克隆出牛、马和猪等高等动物。以袁隆平为代表的育种，也走在世界的前列。

（2）各展优势力争先　为了发展生物技术产业，我国制定了三步走战略。我国生物技术产业总产值在2008年就突破8 000亿元，提早完成第一步计划。第二步，2015年争取达15 000亿元产值，到2020年走完第三步，产值争取达到25 000亿～28 000亿元，成为生物技术强国。实际上我们的实践已经大大突破了这一规划。据国家发改委公布的数字，2013年，我国仅生物制药和医疗器械行业，其产品销售收入已经突破23 000亿元人民币，接近2020年的计划产值25 000亿～30 000亿元的水平，占GDP的

8%。如果把所有生物技术产业产值都算上，肯定已经超过了2020年的指标。中国生物工程学会名誉理事长、中国工程院院士杨胜利预测，未来3年，中国生物产业产值年均增速有望超过20%。下一步的方针我国力争成为生物技术的强国和产业大国，能够形成40 000亿左右的生物产业产值，成为一个新兴支柱产业，推进整个国家经济结构调整和经济发展，加速中华民族的伟大复兴。从目前的势头看，肯定会提前并远超过这个规划指标。目前各省都发挥各自优势，大力发展生物技术产业。

先进省市把生物技术列为战略支柱产业。北京现有国家重点实验室16个，占全国总数的41%；重大国家计划的经费每年约有1/3以上投在北京。2010年一季度北京市在规模以上工业企业增加值同比下降的情况下，生物医药产业完成工业总产值却同比增长14.06%，增加值同比增长超过20%，实现了逆势快速增长。

上海是我国生物技术为业大户。“十一五”期间，产值达500亿元，约占全国的12%。出口产品达到50亿元。

河北石家庄生物医药产业产值居全国第二。2003年，石家庄生物与医药工业完成产值340亿元，占工业产值的28.5%，实现增加值216亿元，占全市GDP的15.69%。2013年，仅生物和生化医药产品已达到1 850多亿元，增速达20%。

深圳生物医药产业居于先进行列。现规模达到年总产值1 000亿元左右，预计2015年年总产值将达到2 000亿元左右。

天津，近几年每年举行一次全国规模的生物技术大会。2007年生物技术和医药产业总产值已突破200亿元。2008—2009年总投资67亿元，研发投入23.5亿元。不久的将来天津的生物产业将会有飞速的发展和可观的收入。

陕西杨凌是国家生物产业基地之一，以生物医药、生物农业、环保农资产业的高新技术为主，2007年生物技术产业产值就达1 737亿多元。目前在发挥原产业优势的基础上，发展生物芯片、基因工程、生物能源和有机食品等产业，以年增25%的速度增长，到2020年年产值就会超过2 050亿元。

吉林长春，建成的干扰素等产业园和生物技术产业基地，产值超百亿。近年来，长春市按照“创新药物与中药现代化”等重大专项要求，先后制定了新药创制、中药现代化、生物芯片、工业微生物技术等多个科技专项，对一批生物医药前沿技术开发项目给予扶持。辽宁省大连、沈阳、本溪的生物技术产业发展很快，3 个市的生物技术产业，都有达到千亿元产值的规划前景。

5．生物工程线路图

从人类的发展史来看，生物技术是一个又老又新的技术。说它老，是因为人类社会利用生物技术的历史已经有几千年了。例如，2 000 多年前中国的酿酒和酿醋技术就是微生物发酵技术；有些动植物药物的制造和利用、疾病的诊断和治疗、农业的育种，等等，都可以称为当时的生物技术；中国在春秋战国时期，就已经利用微生物分解有机物，如有机肥的沤制；公元 2 世纪的《神农本草经》中，有白僵蚕治病的记载；公元 6 世纪的《左传》中，有用麦曲治腹泻病的记载；公元 10 世纪的《医宗金鉴》中，有关于种痘方法的记载；1796 年，英国人琴纳发明了牛痘苗，才为免疫学的发展奠定了基础。

但是，现代意义上的生物技术是在现代技术的基础上，主要指的是在分子、基因水平上，通过酶对 DNA 的切分、移位、改造、移植、黏结、扩增等展开的工程技术。

1982 年，国际合作与发展组织将现代生物技术定义为“是应用自然科学及工程学的原理，依靠微生物、动物、植物体作为反应器，将物料进行加工以提供产品为社会服务的技术。”也有的国家政府定义为：“应用生物或来自生物体的物质制造或改进一种商品的技术，还包括改良有重要经济价值的植物与动物和利用微生物改良环境的技术。”

这两种说法似乎不能全面、准确地反映今天的实践。因为当今的生物技术越来越多地对基因进行技术应用，所以有时也被称为基因技术。又因为生物技术越来越符合“工程”的含义，所以生物技术有时又称遗传工程或生物工程。

（1）生物工程内涵　基因工程、蛋白质工程、酶工程、细胞工程、发酵工程等。下面概要地介绍几项生物工程。

①基因工程。基因工程是 20 世纪 70 年代后兴起的一门技术，指人为地将遗传物质 DNA 利用限制内切酶切断，分离出想要的目的基因序列；然后利用连接酶把这个序列“插入”做“载体”的质体内；最后把插入目的

基因的细菌细胞进行大规模的繁殖，就可以制造出人类所选择的DNA序列。这个大规模的细菌菌落就成了人类的DNA工厂。这种在体外进行分割、拼接和重组，然后再导入宿主细胞或个体中表达，使具有新的遗传特性或获取基因产物的过程就是基因工程。

②蛋白质工程。在基因工程的基础上，通过对基因的人工定向改造等手段，达到对蛋白质进行修饰、改造、拼接，以产生人类需要的新型蛋白质。

③酶工程。利用酶、细胞器或细胞特有的催化功能，以及对酶进行修饰改造，通过生物反应器获取所需产品。

④细胞工程。是以细胞为单位在体外进行培养和繁殖，人为地使细胞生物特性发生改变，以改良品种、获取有用的物质。

⑤发酵工程。利用微生物生长快、容易培养等特性，在合适的条件下，由微生物的某种生理代谢特性生产人类所需的产品。也称为微生物工程。

(2) 基因工程的操作　基因的转移与重组或称遗传工程的研究最早出现于20世纪70年代。1976年，美国利用反转录胚胎的方法进行转基因。1980年，耶鲁大学的学者将外源的基因通过原核显微注射方法导入小鼠受精卵，成功培育出转基因小鼠。1982年，华盛顿大学的学者将大白鼠的生长激素基因注射到小白鼠受精卵内，培育出体型明显大于正常小鼠的超级鼠，成果轰动一时。之后，人们又成功获得了转基因大鼠、鸡、猪、鱼、兔、羊、牛、蛙等。由于转基因动物具有潜在的巨大经济效益，其辉煌前景已经初露端倪。

基因重组的工程，一般有6个关键环节：

第一步是设计。这种设计与其他工程技术的设计理念是相同的，就是设定目标和设计实现的线路，即明确要达到的目的和施工的路径。

第二步是选取材料，这里就是选取目的基因。

第三步是要把目的基因切割制备，这是关键的一步。选到目的基因并完整地从DNA链上切取下来，曾是生物学的“拦路虎”。目前，因一种内切酶的发现，又称“基因刀”，生物学家能够随心所欲地切取所需基因。

第四步是选取运载物质。通常的做法是选取细菌的质粒。

第五步是要把选取的基因通过运载工具送到“受体”DNA的相应位点上，再用能够把基因粘接的“糨糊”即一种聚合酶把它接上。

最后是培育、克隆、扩增，制备所需的产品。具体的程序会略有区别，有的时候就只用基因敲除，而无黏结。

上面提到的酶是一种神奇的蛋白质，酶在生物体内最具活力，它是所有生化反应的催化剂，没有酶的参与，生命就不能进行新陈代谢。酶有几千种，在基因工程中常用的工具酶有的能把 DNA 切开，叫限制性核酸内切酶；有的能把基因黏合起来，称聚合酶；有的可以转录信息，称转录酶等；还有逆转录酶、碱性磷酸酶、末端转移酶，等等。

（3）转基因的作用

①接合作用。当细胞与细胞或细菌通过菌毛相互接触时，质粒 DNA 从一个细胞（细菌）转移至另一细胞（细菌），这种类型的 DNA 转移称为接合作用（conjugation）（质粒是染色体外的小型环状双链 DNA 分子）。

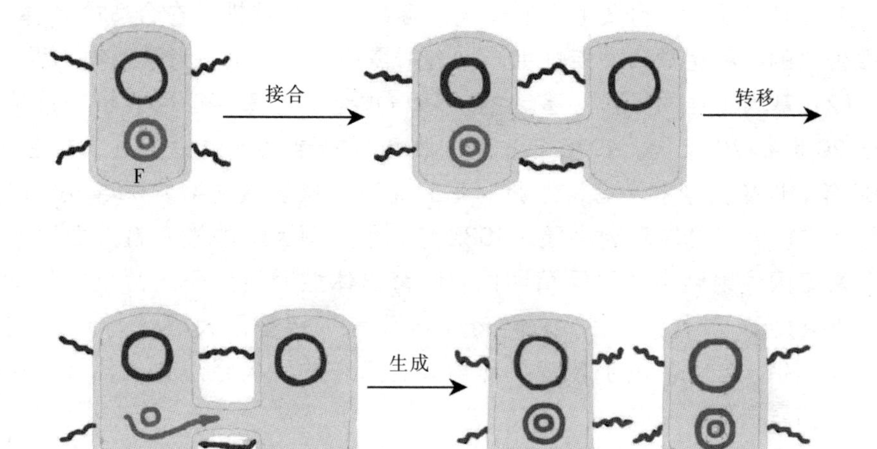

②转化作用。通过自动获取或人为地供给外源 DNA，使细胞或培养的受体细胞获得新的遗传表型，称为转化作用。例如，溶菌时，裂解的 DNA 片段被另一细菌摄取。

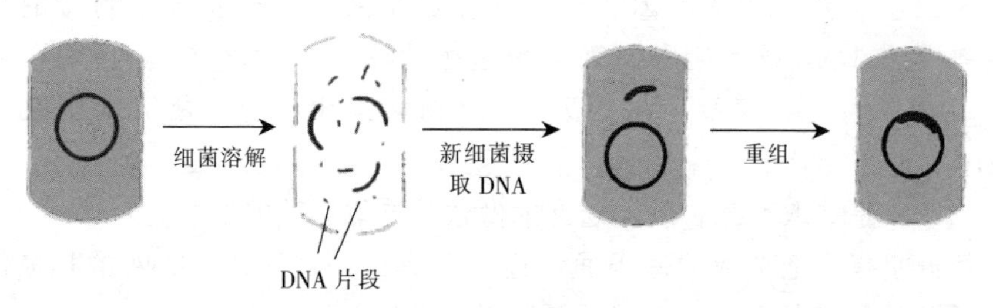

③转导作用。当病毒从被感染的供体细胞释放出来，并再次感染另一供体细胞时，发生在供体细胞与受体细胞之间的DNA转移及基因重组即为转导作用（transduction）。

④位点特异重组。由整合酶催化，在两个DNA序列的特异位点间发生的整合。

一种是转座重组，大多数基因在基因组内的位置是固定的，但有些基因可以从一个位置移动到另一位置。这些可移动的DNA序列包括插入序列和转座子。由插入序列和转座子介导的基因移位或重排称为转座（transposition）。

另一种是DNA克隆重组即无性繁殖。具体说就是应用酶的作用，在体外将各种来源的遗传物质，同源的或异源的、原核的或真核的、天然的或人工的DNA片断——目的基因，与载体DNA接合成一个具有自我复制能力的DNA分子——复制子，继而通过转化，形成含有目的基因的转化子细胞，再进行扩增提取获得大量同一DNA分子，称基因克隆或重组DNA。

常用载体有质粒DNA、病毒噬菌体的DNA、病毒DNA，其他还有酵母人工染色体、细菌人工染色体，及利用动物病毒DNA改造的载体，如腺病毒、腺病毒相关病毒、逆转录病毒。

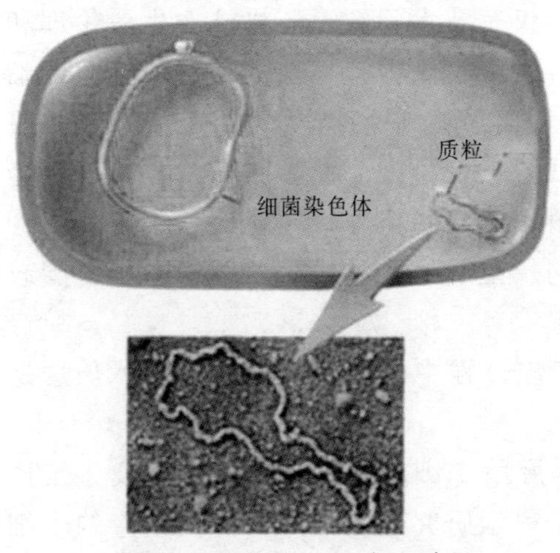

以质粒为载体的DNA克隆过程

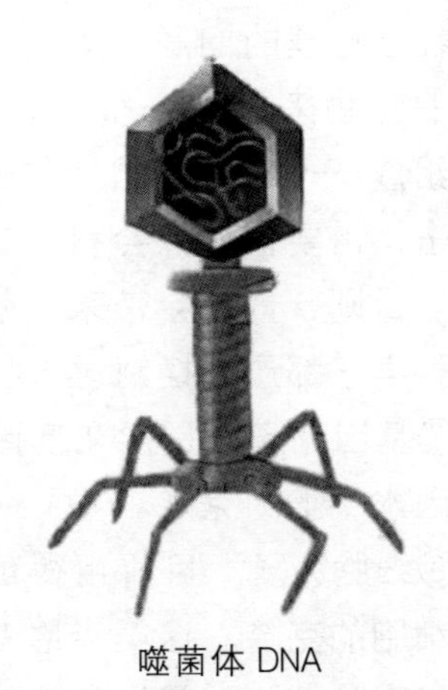
噬菌体DNA

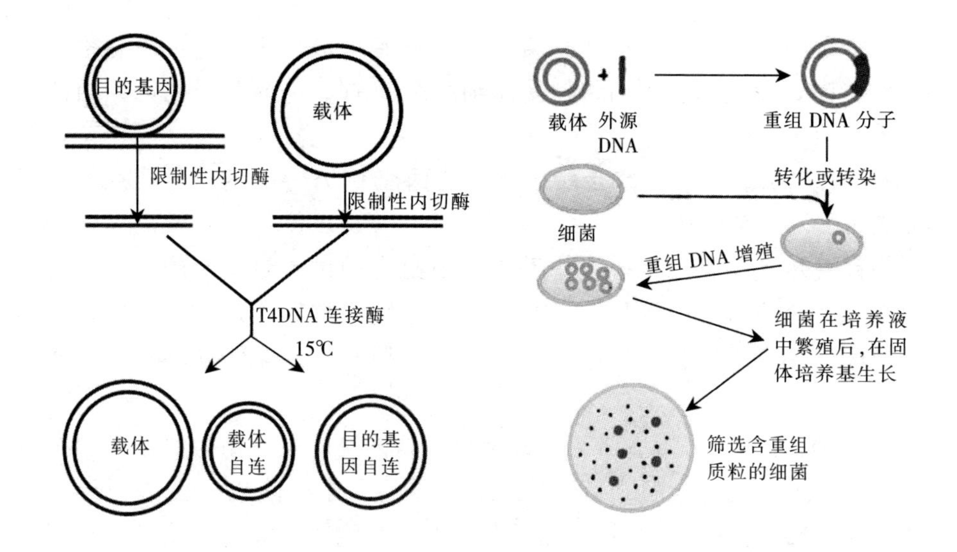

（4）几种克隆的区别

①生物整体克隆。动物或植物的个体克隆不是指 DNA 片段的转移和重组后的扩增。整体克隆是无性繁殖，不经过自然生殖过程来实现繁殖的遗传方式。

整体性克隆一般是从一个生物的体细胞中，取出整套染色体即基因组，移入另一个生物体的无遗传物质的卵细胞中，放入第三者的子宫中，发育成新的生物体。这是不同于自然界有性繁殖或无性繁殖的形式。这一技术是当前生物技术的前沿。这项技术不仅有技术问题，还将涉及生命伦理和人类社会伦理的问题。克隆应用，对改良农作物和牲畜的品种、挽救濒临灭绝的生物来说意义很大，但对于背离了高等生物两性相交，各带一股 DNA 组成下一代的基因组的遗传方式是一个挑战。此种技术对自然、社会的冲击，需要包括社会科学在内的科学界共同努力，才能让它给人类社会造福。否则，也许会带来意想不到的严重后果或灾难。所以，世界各国政府和科学家都严格控制对人类的克隆。

②基因克隆。是指在基因工程实施过程中，让基因扩增的技术。这是在基因水平上的克隆。

③细胞克隆。目前用得最多的是胚胎干细胞、脊髓干细胞以及人工诱导干细胞的克隆。这类克隆都是为了科学研究或者治疗，需要大量的干细胞或者实验细胞，就用克隆技术来扩增。

后两种技术与我们说的整体生物的克隆不是一回事。

二、生物技术兴未艾

(一) 农业生产新飞跃

1. 生物育种新天地

生物技术在农业方面的应用发展是一个重要领域，它为农业的现代化插上新的翅膀，推动农业实现新的腾飞。有的科学家认为，生物产业的主战场应该是农业。在他们眼中，随着分子生物学的崛起，生物技术在分子、基因水平上的进展，科学技术的专业界限已经被打破，如制药行业，以前是作为医疗卫生专业的主要产业，但转基因生物的出现，使许多农作物、水果、蔬菜、家畜可用来生产药品。各业之间已不再是原来的分工概念，农业承担的产业更加广泛。总之，目前农业已是生物技术中最活跃、发展最迅速的新产业。具体表现在3个方面：一是育种；二是生物肥料和饲料；三是生物农药。

(1) 生物育种新阶段　育种是农业生产的重要内容。人类自从有了农牧业就有了育种。纵观人类的农业生产史，育种可以分为4个阶段：

第一阶段。最早的育种比较原始和简陋，是以直观的感觉择优挑选。这一阶段主要是根据作物或禽畜的外在性状来进行选择，把各方面表现优良的个体选作下一代的种子，并不断地提纯复壮，代代相传。如作物，每当在收获的季节，人们把符合需要的优秀植株所结的果实选出来做第二季的种子。禽畜也是这样，把长相好、表现突出、符合人的使用价值的优秀个体作为种畜，择优选取，优良性状叠加，使品种保持性状优势及品质优势。这是育种的最初阶段。

第二阶段的育种是人工干预。是建立在人工杂交基础上，以优势叠加为原则，对作物进行人工授粉、嫁接、改变环境、诱导变异等，培养符合人们需要的种子。而对禽畜等动物的人工授精，进行优良品种间的杂交，得到具有高产、优质、抗病、抗灾等杂种优势的后代。这种人工育种方法优势明显，但周期长、效率低，盲目性大。杂交后的多种组合不易选取。培育出一种优秀杂交组合不只需要三年五载，往往费尽十年八年的时光，甚或几十年寒暑的劳作才能得到结果。这是建立在孟德尔遗传学说基础上的育种。

第三阶段是细胞工程育种。这种方法是把育种推进到生命最小的独立个体——细胞层面上进行。这种方法大大推进了育种技术。这个阶段须在实验室内进行。人们在细胞水平上，搞细胞融合术，以染色体的双倍体、三倍体乃至多倍体等方法，培育新品种。这种做法比以前的自然选择先进了许多。人们在显微镜下直接操纵细胞核的融合或改造。但这种育种方法也不能完全、精确地掌握品种的走向和性状。因为是整个细胞的融合，细胞所包括的内容十分丰富，这是微观领域中的一个非常宏观的领域。由此所产生的双倍体、多倍体育种，新细胞能发展成什么样，细胞遗传的能力如何，是否完全符合人们的愿望，这些都无法控制。这样培养的种子还得做许多后续实验，盲目性、随机性仍然较大，所以相对费时费工。

第四阶段是分子育种阶段，也就是基因工程阶段。这是在分子层面上，建立在基因操作基础上的现代生物技术育种及其产业，又可称为生物种业。这一阶段的特点是将分子标记、转基因技术、合成生物技术、工程育种等现代生物技术应用于动植物育种领域，培育一大批性能优良的突破性新品种，并围绕这些新品种的培育、生产和推广而形成的新产业。这种把抗病基因、抗自然灾害基因、营养基因等目的基因根据人的意愿转入所培育的种子内，让这些基因表达为符合人们愿望的优良性状，这个过程可以把握、设计、实现。这就大大缩短了种子培育的周期和费用，并且精准地按人们的意志，按设计实施，来构建新的产品。最后能在基因组的适当位点上改造基因、修复基因，或转入、融进目的基因，成功培养新的品种。有时为满足人的需要，可以用无性系列的克隆技术来育种。

转基因还可以打破植物、动物、微生物种属之间的界限，跨科属甚至跨界门进行杂交或基因改造。如把动物或人的基因转入植物或动物，生产人们需要的药物或器官，培育可产人奶成分的牛羊，可制造药品的“生物反应器”，培育无籽西瓜、耐储番茄、彩色棉花、含动物蛋白的蔬菜，等等。特别是对于不能生育或没有繁殖能力的生命，还可以通过克隆来实现自身的“传宗接代”，如克隆骡子。熊猫、水杉等在地球上濒临灭绝的动植物等都可以克隆。在猪、牛或羊中培育人的器官，提供给需要移植器官的病人，满足一些特殊的需求等。这些高新技术，目前也如雨后春笋般发展，极大地扩大了农业产业的领域，走在了科学技术和产业化的前沿，推进农业的新飞跃。

(2) 育种寻找好基因　利用基因技术育种，首要的是要发现并证明生物体中各种优良的功能基因。这是转基因作物迅速发展的前提。目前，各国和一些跨国公司都在大量开展功能基因的识别、发掘和应用的研究。我国也集中了许多科研力量做这方面的工作。在农业育种方面主要是求证“抵抗”和“优秀”基因。“抵抗”基因主要是指能抵抗病虫害、风沙、盐碱、旱涝一类自然灾害的基因；“优秀”基因是指能使作物高产、优质的一类基因。在人们不断发现基因功能的前进浪潮中，各种生命科学、生物技术方面的报纸杂志都大量登载了这方面的新成果。美国的《科学》、《细胞》，英国的《自然》、《柳叶刀》等世界顶尖杂志，我国的中国科学报以及各大学的学报、科研院所的学术刊物，都经常登载这方面的发现，如近期我国科学家相继发现水稻抗干旱和抗盐碱的功能基因。

中国科学院西双版纳热带植物园功能基因研究组余迪求研究员领导的研究小组从水稻逆境诱导的 cDNA* 文库中克隆获得一个能有效调控植物抗干旱和盐碱能力的转录调节基因 WRKY45。表达谱分析表明，OsWRKY45 受干旱、盐碱、病原菌等多种逆境因子，以及非生物逆境调控激素脱落酸 (ABA) 处理而强烈诱导表达，从而提高植物对病原菌的抗性。进一步研究证实，OsWRKY45 能有效地提高转基因水稻抗干旱能力，具有广泛的应用前途。

一般而言，如果一个基因能够有效地提高转基因植株对逆境的抗性水平，那么该基因必定会降低转基因植物的生物量，从而导致产量降低。然而 OsWRKY45 基因就表现出不同的特征，在水稻和拟南芥中高表达该基因后不仅能有效地提高转基因植株抗干旱能力，而且不会引起转基因植物在

* cDNA：互补脱氧核糖核酸，为具有与某 mRNA 链呈互补的碱基序列的单链 DNA 即 complementary DNA 之缩写，或此 DNA 链与具有与之互补的碱基序列的 DNA 链所形成的 DNA 双链。

其形态、花器官发育、授粉特征、结实率及最终产量等指标降低，相反还有一定程度的改善。

我国科学家领衔了白菜、甘蓝和油菜的全基因组测序，获得了白菜全基因组的精细图，甘蓝和油菜全基因组的框架图。研究表明，白菜、甘蓝和油菜的基因组大小分别约为 5 亿个、6.5 亿个和 11 亿个碱基对，白菜和甘蓝含有的基因总数目分别约 4.2 万个和 4.5 万个，油菜基因覆盖度为 85% 以上。其中油菜是迄今首个全基因组测序的异源四倍体植物，这不仅对研究作物进化和遗传改良有着重大意义，也对其他多倍体物种的全基因组测序具有重要的参考价值。

①控制分蘖数量。当时在中国科学院遗传与发育生物学研究所工作的李家洋院士与中国农业科学院中国水稻所钱前研究员的课题组共同发现了控制水稻分蘖的基因，而且分离、克隆了这个基因，从而在分子调控水平上找到控制水稻分蘖的“开关”，对水稻分蘖机理取得突破。这在水稻功能基因组研究和提高水稻产量、提升品质等方面做出基础性贡献。

②影响籽粒灌浆。2008 年中国科学院上海生命科学研究院的科学家发现了与水稻的籽粒灌浆有关的基因。过去因技术的限制，一直无法直接对籽粒灌浆性状及其基因进行有效的选择。后经与国内外科学家的合作，成功分离出控制水稻籽粒发育中蔗糖运输、卸载和灌浆的关键功能基因 GIF1。研究表明，GIF1 是在水稻驯化过程中起重要作用的基因。人工选择使现代栽培稻的 GIF1 基因有严格的组织表达特异性，有利于籽粒灌浆，使水稻产量提高。更重要的是，当把栽培稻的 GIF1 基因转入新的水稻品种后，转基因植株能够显著提高籽粒灌浆和千粒重。这在世界上首次证明，一个驯化的作物基因通过适当的基因表达调控，仍然可以改良作物的经济性状，为水稻高产分子设计育种提供了一种新的选择。

③控制驯化关键。普通野生稻具有匍匐生长和分蘖过多的株型特征，不利于密植高产栽培，古时候人类通过长期选择，逐步把野生稻的株型驯化成直立生长、分蘖适当的栽培稻株型。但在此前，水稻株型驯化转变的分子遗传机理尚未阐明。上海植物生理生态研究所经过多年的潜心研究，从“海南普通野生稻”中成功克隆了控制水稻株型驯化的关键基因 PROG1。实验结果表明，这一基因对由野生稻的匍匐生长和分蘖过多的不利株型向栽培稻的理想株型（直立生长和分蘖适当）转变起重要调控作用。

这一研究阐明了水稻株型驯化的分子遗传机理，为作物人工选择驯化提供了重要的分子证据，同时也为作物株型发育的分子遗传调控机理研究和高产株型分子育种提供了有价值的新线索。

④阻止易落粒性。已成熟水稻容易落粒，其调控基因被发现，这就为阻止这个基因的活性提供了可能。水稻的这种特性遗传自它们的祖先——野生稻。野生稻的种子成熟时便自动脱落，这有利于种子的传播和存活，这是自然竞争赋予野生稻的生存能力。但是，易落粒性对栽培稻品种而言，就成了大的缺点，这会在收获时损失产量，减少收入。我们的祖先从选择落粒性较低的角度开始了对水稻的驯化过程。但解决得不很理想，而且不同品种之间落粒性差别很大。这说明落粒是一项复杂性状，由多个基因控制。中国科学院上海植生生态所国家基因研究中心的研究人员，将野生稻W1943 的第 4 号染色体导入到栽培稻广陆矮 4 号背景下，通过图位克隆和遗传转化验证，研究人员确定 SHAT1 基因为一个 AP2 转录因子，与拟南芥的 APETALA2 基因具有很高的同源性，并且在离层高表达。这个基因被命名为 sh4 - 2。

研究人员进一步通过精细的原位杂交分析方法，全面系统地阐述了SHAT1，SH4 和 qSH1 这 3 个基因的遗传关系：SH4 促进 SHAT1 在离层的表达，反过来 SHAT1 也起到维持 SH4 在离层表达的作用，二者在离层的共同持续表达对于离层的正确形成是必须的。qSH1 作用于 SH4 和 SHAT1 下游，通过维持 SHAT1 和 SH4 在离层的持续表达，从而促进离层的形成。

该研究使用了一种巧妙的寻找落粒抑制突变体（Suppressors）的方法来发现新的水稻落粒调控基因，并同时与已知的落粒调控基因联系起来，为水稻落粒研究开启了新视野。

⑤既好吃又高产。我国研究人员近来发现了一个可以同时影响水稻品质和产量的关键功能基因 GW8，将它应用到新品种水稻的培育中，有望让水稻变得好吃又高产。此成果由中国科学院遗传与发育生物学研究所、华南农业大学和中国水稻研究所的科研团队共同完成。

经过多年的协作与攻关，研究小组从世界上最好吃的水稻——巴基斯坦的 Basmati 品种中，成功克隆了一个可帮助稻米品质提升和增产的关键基因GW8。在 Basmati 水稻中，GW8 基因启动子产生变异，导致该基因表达下降，使籽粒变为细长型，提升了稻米品质。而该基因高表达可促进细胞分裂，使籽粒变宽，提高灌浆速度，增加千粒重，从而促进水稻增产。此项成果首次阐述了 GW8 基因在水稻增产和品质提升中起到的关键作用，进而揭开了水稻品质和产量同步提高的分子奥秘，还可望由此进一步研究出更为优质高产的水稻新品种。

目前在我国大面积种植的高产水稻品种中都含有 GW8 基因，表明 GW8 基因已在我国水稻增产中发挥了重要作用。研究人员在海南、广州、北京的 6 个点田间试验中发现，GW8 基因一个关键位点突变既可提升水稻品质，又可促进穗粒数增加。将突变后 GW8 基因的新变异位点导入 Basmati 水稻品种后，在保证优质的基础上可使其产量增加 14%；将它导入我国高产水稻品种后，在保证产量不减的基础上可极显著提升稻米品质。水稻的品质与产量处于“鱼和熊掌很难兼得”的境况，原因之一是二者都由多个基因控制且受环境影响较大。

水稻 GW8 基因的成功克隆和分子机制的阐述，为杂交水稻高产优质分子育种直接提供了有重要应用价值的新基因，也为揭示水稻品质和产品协同提升的分子奥秘提供了新线索。

（3）破译小麦两基因组　作为世界 3 大粮食作物之一，人类食用小麦的数量最多。小麦养活了全球 40% 的人口，在 3 大粮食作物中，小麦提供了人类营养所需的 20% 的热能和蛋白质。小麦也是广适性最好的粮食作物，在地球上全年都能找到正在收割小麦的地方。也就是说，小麦是世界各国、各民族都喜欢食用的粮食。为什么小麦有这样广泛的食用需求和种植的广适性呢？原因是其基因组的庞大且复杂，导致小麦对地理、气候、生态环境具有广泛的适应能力，以及营养丰富的面食品受各色人种普遍喜爱的特点。小麦起源于西亚、中东，那里冬季寒冷、干燥，决定了小麦第一组基因组的抗寒、抗旱能力。在小麦向世界扩散过程中，各地世代不断地改良，加进许多别的基因，概括起来讲，普通小麦涉及 3 个原始祖先物种，经过两次天然杂交。其中，乌拉尔图小麦是 3 个原始祖先之一，是数个多倍体小麦（包括普通小麦）含有的 A 基因组的供体。A 基因组是小麦进化的基础性基因组，在多倍体小麦进化过程中起着核心作用。后来的两次杂交，使小麦增加了 B、D 两套基因组，形成了一种异源六倍体，这样的小麦品种含有 A、B 和 D 3 个基因组。因此，虽然同为粮食作物，普通小麦的基因组大小却是水稻基因组的 40 倍，也是人类基因组的 5.5 倍。

小麦基因组的另一个特点是含有大量的重复序列，这些序列高度相似，但又不完全相同，因此找到它们的位置并准确组装起来，是一个巨大的挑战。测绘小麦基因组曾经被认为是不可能的事情。但通过中外科学家的努力，以我国为主的科学家终于攻下了这个堡垒。

研究中，科学家共鉴定出34 879个编码蛋白基因，发现了3 425个小麦A基因组特异基因和24个新的小分子RNA，鉴定出一批控制重要农艺性状的基因，并发现小麦A基因组中的抗病基因明显多于水稻、玉米和高粱。

科研人员分析认为，该研究中发现的基因和小分子RNA的扩张是小麦抵御恶劣生存环境和具备广适性的原因之一。因此，这一重要的原始性创新成果将带来多种应用价值。

而此次科学家描绘的小麦A基因组图谱，将有力地促进小麦基因组学研究和小麦分子设计育种的开展。

在小麦A基因组研究成果发表的同一天，由中国农科院和华大基因研究院完成的小麦D基因组草图，也在《自然》杂志上在线公布。

研究人员在国际上率先完成了小麦D基因组供体种——粗山羊草基因组草图的绘制，从而结束了小麦没有组装基因组序列的历史，对小麦育种、小麦种质资源、小麦功能基因组、小麦进化及比较基因组等研究领域产生巨大的推动作用。

小麦D基因组共有7条染色体，约44亿个碱基对，比人的碱基多14亿个，约为水稻基因组的10倍。通过粗山羊草全基因组分析发现，其抗病相关基因、抗非生物应激反应的基因数量都发生显著扩张，因而大大增强了其抗病性、抗逆性与适应性。研究还发现，D基因组中小麦特有的品质相关基因，很多也发生了显著扩增，从而使小麦的品质性状得到大大改良。

普通小麦D基因组多样性的贫乏，已成为制约小麦品种改良的瓶颈。小麦D基因组的供体种——粗山羊草基因组的遗传多样性非常丰富，其中蕴涵着许多优良基因。D基因组草图的绘制，为粗山羊草基因组的开发利用及进一步的品种改良奠定了基础，并有望使小麦常规育种与杂交小麦取得突破性进展。

不过，按照测算，小麦的理论产量应与水稻差不多。现在，很多重要的基因都在水稻上克隆出来，并用于水稻的分子设计育种，但类似研究在小麦中还任重道远。

(4) 改善小麦光合作用　墨西哥“国际玉米和小麦改良中心”麦子产量协会的研究专家相信，改善小麦的光合作用效率，在未来的25年中可以使小麦的产量增加50%以上。光合作用是植物吸收水、太阳光和大气中的二氧化碳后进行的一系列生化处理过程，并将其转换成碳水化合物食品和氧气。墨西哥科学家计划通过转基因和传统的杂交相结合的方法来增强小麦的光合作用效力，从而增加小麦的产量。墨西哥小麦产量协会的科学家已经在墨西哥索诺拉沙漠中的研究基地中展开了一些试验。

（5）转基因天山雪莲　天山雪莲是一种传统的名贵中药。由于其生长环境独特，目前天山雪莲还不能在一般的生长条件下栽培，更谈不上人工培育天山雪莲、品质资源的创新和生物学研究等。同时，长期以来，由于对天山雪莲资源的掠夺，天山雪莲已近濒危，现已被列为国家二级濒危植物，拯救天山雪莲已到了刻不容缓的地步。

中国科学院华南植物园研究员吴国江等发明了一种可快速获得大量转基因天山雪莲新品种的分子育种方法。研究人员发明的分子育种法，将携带目的基因的表达载体转化到农杆菌上，将此农杆菌与通过植物组织培养技术培养的天山雪莲外植体共同培养，使目的基因插入到外植体基因组中，经抗性素筛选，再通过分子检测方法对抗性愈伤或者抗性芽进行检测，含有目的基因的抗性株即为转化株。将此转化株通过芽增殖途径可以获得大量的转化株，转化株经栽培后，即可获得转基因天山雪莲新品种。

天山雪莲

此方法可在5个月内获得大量的转基因天山雪莲新品种，满足了当前对天山雪莲优良株系培育筛选、生物学和药学的学术研究的迫切需要，为天山雪莲种质资源创新提供了珍贵的遗传材料，具有显著的生态、经济和社会效益。

（6）茶叶香自基因来　中国农业科学院茶叶研究所展开茶树功能基因组、茶树分子标记研究，从更深层次上认识茶树生长发育、起源、驯化、育种、抗性等规律，用分子标记育种技术改造茶园，育出新品种。

2001年，茶叶研究所开始基于植物EST*，研究茶叶香气释放过程的有关基因，进行茶树分子标记。首次对茶树种质资源的遗传稳定性以及茶组植物和茶树品种的遗传多样性进行分析，提出3种独立的方法用于茶树种质资源的分子鉴定。并启动茶树功能基因组学研究，建立了我国第一个

---

* EST：表达序列标签，从一个随机选择的cDNA克隆进行5'端和3'端单一次测序获得的短的cDNA部分序列，代表一个完整基因的一小部分，在数据库中其长度一般从20～7 000对碱基对不等，平均长度为360±120碱基对。EST来源于一定环境下一个组织总mRNA所构建的cDNA文库，因此EST也能说明该组织中各基因的表达水平。

茶园栽种经过改良的品种

(国际上第2个) 茶树 cDNA 文库，通过高通量基因测序和生物信息学，比对、分离、克隆和注释茶树功能基因。研究所对龙井43新梢进行了高通量 cDNA 克隆测序，获得首批1 684个茶树表达序列标签。通过比对，研究人员初步确定了茶树新梢基因表达谱特征和表达丰度，获得了300多个茶树功能基因的部分序列或全长，其中包括与茶叶香气形成密切相关的2个基因——β-葡萄糖苷酶和β-樱草糖苷酶基因。他们采用新的技术，以所获得的 EST 为材料建立了第一张广谱型茶树基因芯片，初步构建了一个基于基因芯片的茶树资源与育种研究平台。获得大量的茶树功能基因表达信息，对从基因组水平认识并调控茶树的生长、发育、抗性和代谢都具有理论与实践意义。这为后续研究奠定了很好的基础。

不久的将来，我国会培育出茶香浓、产量高、抗病虫、效益好的茶叶新品种。

(7) 动植物成“制药厂”

①烟草生出胰岛素。医用胰岛素最早是从猪牛等家畜的胰脏中提取的，但牲畜胰岛素与人的胰岛素有一个基因是不同的。使用这种从动物身上提取的胰岛素有较大的副作用。用细菌生产的胰岛素要纯一些，但也有一定的风险，如果不能彻底清除细菌，会对人有潜在的风险。人工合成的胰岛素比较纯正，但是价格较贵。所以人们就想出了新方法——用蔬菜生产药物。

美国佛罗里达大学一项最新的生物医药研究显示，从转基因莴苣中提取出有效的药物成分，用于制造胰岛素胶囊。这项技术将为世界上成千上万的胰岛素依赖型糖尿病患者带来希望。

亨利·丹尼尔教授研究小组通过基因工程技术将胰岛素基因移植到烟草中，然后将这种烟草的细胞冷冻干燥后，制成粉末，并以此为药物治疗鼠龄为5周的糖尿病老鼠。在服用8周后，糖尿病老鼠的血糖和尿糖都恢复至正常水平，其胰岛细胞已开始工作，产生正常水平的胰岛素。

这项研究及以前的一些研究表明，在将来，胰岛素胶囊不仅可以用于糖尿病症状出现前的预防，也可以用于糖尿病发生后的治疗。丹尼尔提议用莴苣代替烟草来制造胰岛素，因为种植莴苣的成本很低，而且可以避免与烟草相关的负面影响。

这种莴苣制成的胰岛素也必须制成粉末状，装入胶囊后才能使用，因为服用剂量必须仔细加以控制。目前，为使胰岛素能直接进入血液，通常采用的给药方式是注射，而不是口服。丹尼尔发明的方法的优越之处在于，由纤维素组成的植物细胞壁可以在口服后的初始阶段防止胰岛素被降解。当含有胰岛素的植物细胞到达肠壁后，肠居细菌开始将植物细胞壁缓慢分解，胰岛素随之被逐渐地释放到血液中。

这项研究，将影响到全世界上千万糖尿病患者，并将大大降低这种疾病的治疗费用。

在分子水平上研究药用转基因作物的同时，我国对各种哺乳动物的基因组破译也取得长足的进展，如黑猩猩的基因组已经破译。在这个基础上进行许多药用转基因畜禽的研究。

②家畜产出抗癌新药。

ⅰ. 小牛做药物反应生成器。除作物外，利用转基因技术也可将家畜做药物生成反应器，这种家畜的培养可以称为“生物制药厂”。在这方面我国也不甘人后，我国第一头转抗体基因奶牛贝贝已在北京诞生。这是通过哺乳动物细胞培养方式，生产人CD20抗体，这种抗体可为全球B淋巴细胞瘤等癌症患者带来福音。奶牛贝贝是我国首例获得的转抗体基因的奶牛，也是世界首创。贝贝出生时体重38千克，健康状况良好。

通过哺乳动物细胞培养方式生产

的人CD20抗体，是美国FDA批准的第一个抗肿瘤单克隆抗体药物，每年全球销售额达30亿美元以上。这种人CD20抗体药物生产成本高，价格昂贵，一个疗程（注射4次）需1.6万美元，对于大多数患者都是巨大负担。中国的项目正是通过转基因技术，获得转基因奶牛乳腺生物反应器，即转基因奶牛的牛奶含有人CD20单克隆抗体，通过纯化该单克隆抗体制备成癌症特效药，可将生产成本减低到原来的1/10，有望开辟一条单克隆抗体生产新途径。

动物乳腺生物反应器是基因工程制药的最新阶段，是一种全新的生产模式，比以往的制药技术具有不可比拟的优越性：生产的药物蛋白品种多、产量高，具有稳定的天然生物活性；生产周期短、成本低；安全环保、设备简单、耗能低、无环境污染。

转基因牛的成功，表明我国的动物生物反应器研发进入了更高的发展时期，在利用转基因动物生产抗体药物方面与欧美发达国家同步，为抗体类药物的低成本、规模化生产打下了坚实基础，未来将大大提升我国的医疗水平和人们的健康水平。

目前，很多国家都在从事转基因牛的研究。我国所使用的方法与国外有区别，国外使用的基本是显微注射法，而制备转基因动物最常用的方法是受精卵原核胚的显微注射法。很多实验证明这种做法可以获得转基因动物，但是效率很低。特别是对于转基因大家畜，效率往往低于5%（牛的效率低于1%）。我国使用的是体细胞克隆技术。随着1997年体细胞克隆技术的建立和不断发展，使转基因大家畜的生产效率大大提高。我们利用细胞转染技术首先获得转基因细胞，以这种转基因细胞为核供体，通过体细胞核移植技术获得转基因克隆胚胎，移植于代孕母体后即能获得转基因克隆动物。这样获得的后代100%为转基因动物，而且可以控制后代性别。核移植技术比显微注射法显著提高了转基因家畜的生产效率，降低了生产成本，加快了利用转基因动物生产药用保健蛋白的进程。体细胞核移植技术已经日渐成为最主要的转基因大家畜制备技术。从2002年至今，我国利用体细胞克隆技术培育出各种转基因奶牛50多头，展现体细胞克隆技术在生产转基因大家畜上的重要用途。

ⅱ. 波莉羊奶中含有人蛋白。在克隆羊多莉诞生后不久，科学家还“制造”了一只带有人类基因的小羊，命名为波莉。这只羊的克隆过程与多莉一样，所不同的是波莉羊被转入一个人类的基因，这个基因使波莉长大后产出的乳汁含有人类的一种蛋白质。

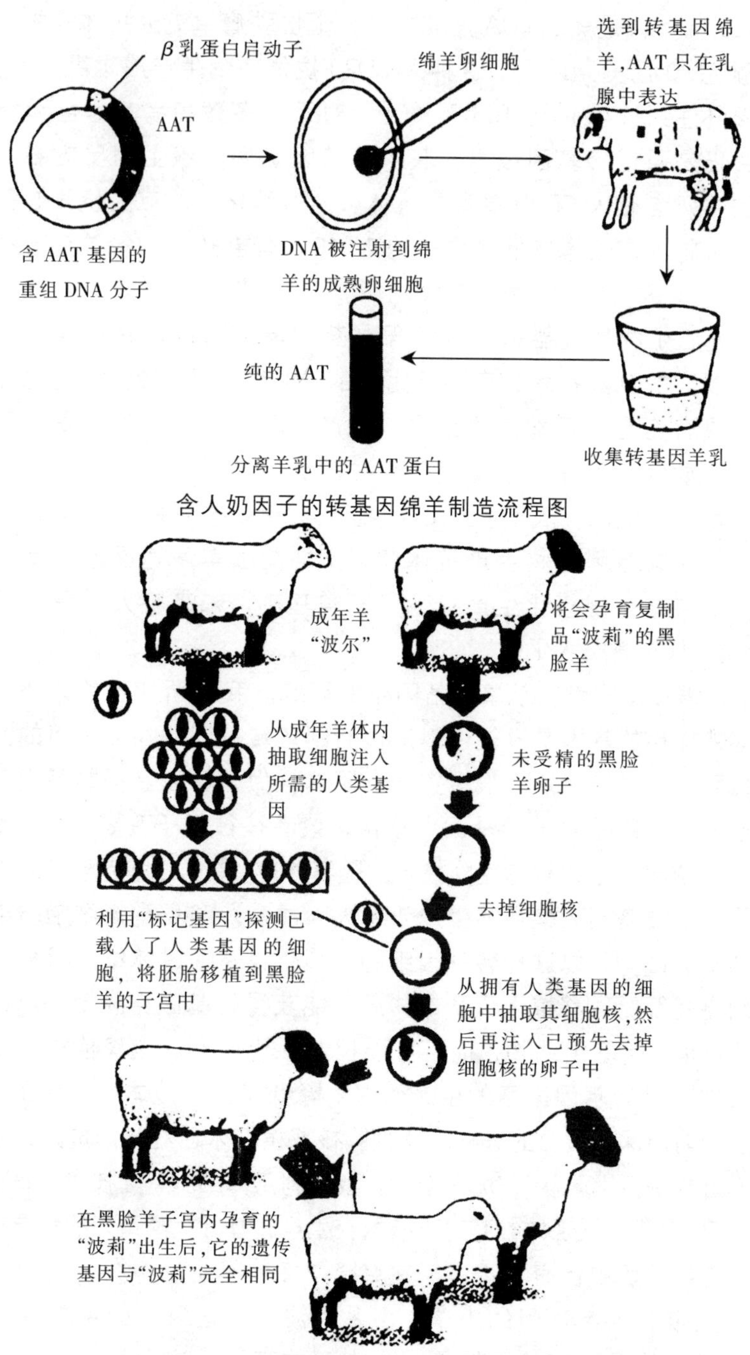

含人奶因子的转基因绵羊制造流程图

能产生含人类蛋白质奶的转基因羊——波莉培育示意图

2011年4月6日，携带有两个人类基因的奶牛“罗西塔ISA”在阿根廷国家农业综合科技研究所诞生。他们的目标是增加牛奶的营养价值，人乳蛋白是人类哺乳期乳腺才能分泌的，可为新生儿提供抗菌与抗病毒的保护，而“罗西塔ISA”产出的牛奶与人类母乳相同。

ⅲ. 新品种奶牛产出低乳糖。2012年我国内蒙古的科学家培育出能够生产含较少乳糖的奶牛，解决我国及大多数东方人不耐乳糖、不习惯喝牛奶的问题。

培育了世界首例转乳糖分解酶基因奶牛的内蒙古农业大学生命科学院生物制造重点实验室，为这头转基因牛犊取名为“拉克斯”，它诞生于2012年4月24日，目前很健康。检测结果显示，乳糖分解酶因子已在其体内充分表达，待它长到25个月、正常产犊后，即可生产低乳糖牛奶。这头小牛的诞生为培育“低乳糖奶牛”新品种提供了重要的技术基础。

含低乳糖的转基因小奶牛

(8) 克隆骡子，生殖无能有后代　骡子是无生殖能力的家畜。要培养骡子需要用公马与母驴交配生育马骡，或用公驴与母马交配生育驴骡。用克隆技术可以从成年骡子身上取出细胞核中的DNA，放入驴或马的去核卵细胞中，培育出一个新的骡子。2003年，美国爱达荷大学和犹他州立大学的科学家们克隆出了一头名为“爱达荷宝石”的小公骡。这是克隆杂种动物的首次成功尝试。科学家称，该成果将有助于克隆其他自身繁殖有困难的濒危动物，对研究癌症等疾病也有重要的参考价值。

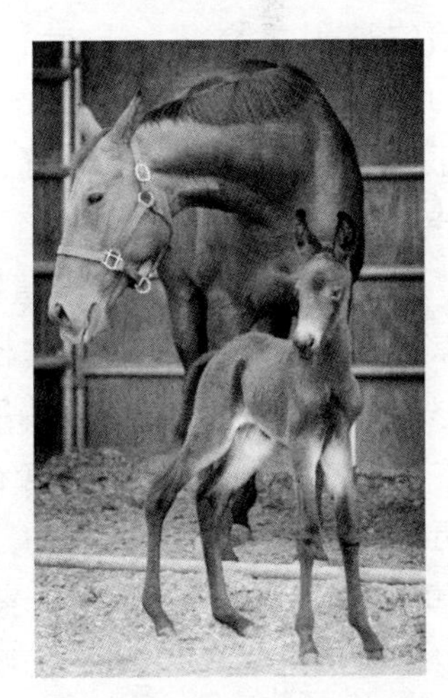
图中的小骡子为克隆骡

(9) 克隆移植山东黑牛效益高　克隆世界级的名贵种肉牛，发展养牛产业潜力极大。青岛农业大学教授董雅娟、柏学进，专门从事动物遗传育种及克隆技术研究。经过刻苦攻关，培育了体细胞克隆牛，用胚胎移植法中的“点击去核法”，让普通黄牛代孕，于2001年成功做出我国首例体细胞克隆牛“康康”、“双双”。2003年又做出国际首例体细胞克隆、玻璃化冷冻胚胎移植犊牛“蓓蓓”。这几头克隆牛具有自主知识产权，使世界顶级水平的优质高档肉牛新种质——山东黑牛达到了国际领先水平。一头克隆犊牛能卖出过去普通犊牛10倍的价钱！这种牛的肉质达到了国际牛肉等级A3标准，与普通肉牛价值比可达1∶5。从2001年我国首例体细胞克隆牛出生，到今天端上餐桌供人们品尝的优质高档牛肉，山东高青县建起了生态高值畜牧产业体系，形成了优质高档肉牛产业化基地。以前，育肥一头牛要28个月，体重在800千克左右。如果当地普通黄牛按每千克12元的价格，每头可卖9 600元左右，而一头同样重量的山东黑牛则能卖到2.5万～3.5万元。山东高青县已经育有数万头这种黑牛。

（10）异种移植，猪之器官供人用　四川省医院与美国哈佛大学联合设立的“异种移植实验室”，将从哈佛大学引进用于异种器官移植实验的基因工程猪，开展科学研究，力争在基因工程猪身上培植出能用于人体移植手术的肾脏、肝脏等器官。

近20年来，器官移植技术得到了飞跃的发展，成为治疗各种终末期器官衰竭疾病的最有效的途径。然而，器官来源短缺让众多病人在等待器官移植的过程中死去。世界各国科学家一直致力于破解这个难题，有科学家在研究中发现，猪的器官在解剖和生理上与人有极大的相似之处。于是，近年来科学界尝试把人的基因转入猪的全身组织细胞中，并成功繁殖出了基因工程猪，利用猪的器官进行异种移植。

引进之后先用猴子做移植实验，首先开展3个方面的科学研究：猪肝到猴的体外灌注试验，这种实验是为急性肝衰竭的患者探寻一种新的辅助性治疗手段，也可以作为肝移植手术前的一种安全的过渡治疗方式，在等到合适的肝源之前，肝昏迷的病人可以通过这种治疗延续生命；猪到猴的胰岛移植试验，提取猪的胰岛细胞，进行“微囊包被”处理；猪到猴的肾移植及免疫耐受研究，利用猴作为人体模型，将猪的肾脏移植到猴体内。

目前，这项新技术已经获得了巨大的进步，移植了猪肾脏的猴类的生存期已经由几分钟延长到了100天以上，今后专家将进一步尝试不同的免疫耐受诱导方案，争取进一步延长移植肾的存活期限，争取早日达到国际、国内认证的生存标准，然后使转基因猪器官或细胞进入临床使用阶段。

2. 生物肥料蕴潜力

(1) 增施微生物肥料　我国化肥的使用无论是总用量还是单位面积用量都已经世界第一。过量使用化肥不仅是极大的浪费，也是土地和环境污染的一大公害。如何解决？科学、限量施用化肥是一种办法，最根本的办法是增施农家肥和生物肥料。有机肥的优越性已被大家认识，但对微生物肥料还需要加以宣传。

微生物肥料是将某些有益微生物经人工大量培养制成的生物肥料，又称菌肥、菌剂、接种剂。其原理是利用微生物的生命活动来增加土壤中的氮素或有效磷、钾的含量，或将土壤中一些作物不能直接利用的物质，转换成可被吸收利用的营养物质，或提高作物的生产刺激物质，或抑制植物病原菌的活动，从而提高土壤肥力，改善作物的营养条件，提高作物产量。

国际上已有70多个国家生产、应用和推广微生物肥料，中国目前也有250家企业年产约数十万吨微生物肥料，取得了一定的经济效益和社会效应，已初步形成正规工业化生产阶段。微生物肥料现已形成由豆科作物接种剂向非豆科作物肥料转化，由单一菌种向复合菌种转化。为此，许多国家建立了行业或国家标准及相应机构以检查产品质量。

(2) 调控基因，制造“生物肥料厂”　给作物施肥，这是传统的农业做法。肥料有天然农家肥，以人畜粪便为主。近代化肥出现后，含氮、磷、钾的无机肥被大量使用。生物肥料一般可认为是有机肥，但也不同于一般概念的有机肥。最先进的肥料是让农作物自己的基因改变，能够自己制造自身所需要的肥料。这里专门介绍一下调控基因，是让作物本身能产生制造生物肥料的研究成果。

花生、大豆、苜蓿等豆科植物，通过与根瘤菌的共生固氮作用，可以把空气中的分子态氮转变为植物可利用的氨态氮。如何让其他禾本科作物也能生长根瘤菌从而自然固氮？这就要靠生物技术，人工调控基因。现在这项技术已经取得很大进展。

华中农业大学农业微生物学国家重点实验室成功克隆了调控豆科植物共生固氮能力的关键性基因SIP2，该成果将为研究根瘤菌与宿主植物相互作用的分子机制提供新的途径。他们发现，豆科植物在种子发芽生根后，根瘤菌从根毛入侵植物根部，在一定条件下形成具有固氮能力的根瘤，正是根瘤中的类菌体将分子态氮转化为氨态氮，每个根瘤就是一座供给植物的微型氮肥厂，而根瘤菌本身的消耗极小。

SIP2基因的发现，为揭示根瘤菌与豆科植物共生关系、探索根瘤菌与非豆科植物建立共生固氮关系提供了研究基础，为建立非豆科作物的“肥料厂”开辟了新路。

3. 生物农药绿意浓

我国的农药生产已在世界上名列前茅，农药使用为农业丰收立下了功劳。但是过量使用，年复一年的增加农药用量，既增加了农业生产成本，也污染了环境，还“培养”了病毒、害虫的抗药性。使用生物农药是一种解决方法。

生物农药与常规农药相比具有诸多优势。生物农药无公害、无残留，安全环保；特异性强，不杀伤害虫天敌及有益生物，维持生态平衡；不易产生抗药性，环境相容性好且生产工艺简单。自然界中有不少生物是一些病虫害的天敌。有些微生物，包括病毒、细菌、真菌和线虫，具有杀虫、杀菌、除草及植物生物调节活性。这种微生物具有很高的专一性，其对靶标害物具有极高的选择性，而对其他生物却十分安全。在现今的直接应用的微生物源农药中，以苏云金杆菌产生毒蛋白Bt性状最好。这种生物农药目前在世界上产量最多，可以大力发展使用。

另一个办法是把这些微生物产生杀虫效果的基因直接转入作物中，使作物自身直接可以有毒杀害虫的功能。用这种思路的实验很多，得到成功应用的是抗虫棉。

（1）抗虫棉提高棉花双效益　抗虫棉是把苏云金杆菌产生毒蛋白Bt的基因，转移整合到棉株体细胞中（如下图“抗虫棉的构建”所示），可以使棉株体内合成一种叫δ-内毒素的伴孢蛋白质晶体，被棉铃虫等鳞翅目及其他肠道呈碱性的昆虫吞食后，会水解成毒性肽，并很快在昆虫中肠内溶解为前毒素，导致中肠细胞膨胀破裂。同时，也扰乱了中肠内正常的跨膜电势及酸碱平衡，影响养分的吸收，使幼虫停止取食、麻痹，最后死亡。由于人体和多数动物的胃肠是酸性的，因此，这类蛋白对人体和多数动物无毒。但是，这种抗虫棉只对以棉铃虫为主的鳞翅目害虫有抗杀作用，对棉蚜、红蜘蛛、烟飞虱等害虫没有作用。

为了解决这个问题，科学家又研制了“双价抗虫棉”。双价转基因抗虫棉是将杀虫机理不同的两种抗虫基因——Bt杀虫基因和修饰的豇豆胰蛋白酶抑制基因同时导入棉花，研制成功的一种抗虫棉花，犹如“复方药物”。这两种杀虫蛋白功能互补且协同增效，使双价抗虫棉不但可以有效延缓棉铃虫对单价抗虫棉产生抗性，还可增强抗虫性，对控制棉铃虫对抗虫棉的抗性发展起到关键作用。

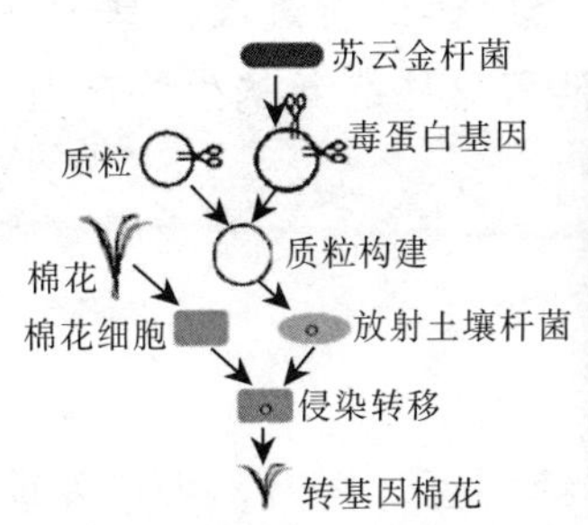

抗虫棉的构建

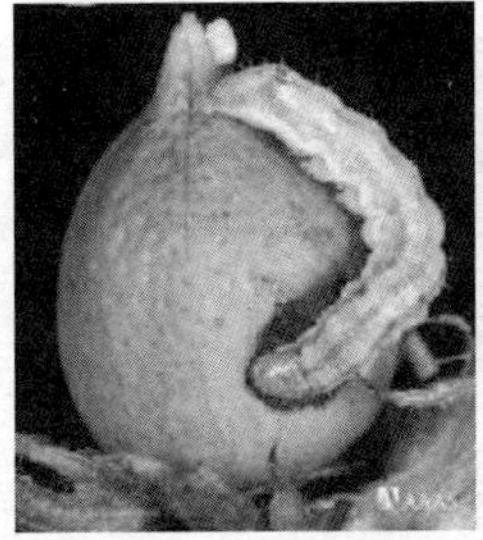

双价抗虫棉的核心技术于1998年申请国家发明专利，2002年正式授权，使我国在抗虫棉的研究及应用领域达到了国际先进水平。目前，国产抗虫棉技术正在走出国门，出口到印度等国家。此外，还有许多抗虫棉优良品系正在试验过程中。

抗虫棉的推广应用可大幅度减少植棉的用工投入，但想获得高产仍须注意施肥、化控以及种植密度等配套栽培技术的应用。抗虫棉具有省工节本、增产增效、减少环境污染等特点。

（2）生物控制害虫的遗传系统　昆虫不育技术（SIT）可以扩大害虫生

物防治方法的使用，减少杀虫剂的应用。这是一种大量释放辐射不育昆虫的害虫控制策略，可通过产生不育卵的交配来减少目标害虫种群。英国Oxitec生物技术有限公司和牛津大学的研究人员开发了一个仅生产雄性蛾的合成遗传系统，该系统也可替代遗传雌性致死的辐射不育。研究人员对棉红铃虫的双性基因dsx进行了测序研究，并利用dsx的性别选择性剪接开发了针对两种害虫——小菜蛾和棉红铃虫的有条件的致命遗传性别鉴定系统，该系统将增强现有棉红铃虫SIT的效力，而且也可应用到小菜蛾和其他鳞翅目害虫的SIT控制中。

（二）工业生产换新貌

在这一节主要介绍工业领域应用基因工程的生物产业。为了对比说明其发展的前景，也介绍一点基于细胞工程和其他生物技术方面的应用。具体介绍以下内容：生物制造异军突起；生物基材料崭露头角；新型发酵、轻工食品新支柱；改造细菌，炼油生产新天地；生物冶金、冶炼领域新途径；生物芯片，电子产业新希望；DNA计算机研究取得最新进展；基因马达，分子机械新曙光；病毒电极，生产新型充电池等这些崭新的生物产业，代表着生物基材料替代化石基材料的发展方向。

1. 生物制造异军突起

为了解决人类对化石资源的依赖，发展可持续的循环经济，人们发展生物质能源和可再生能源，同时生物基化工原料异军突起。这对生物制造业带来巨大的发展机遇。生物基新材料分两大类：第一类是制造人类器官的替代物，或者说是制造人造器官，这方面内容这一章只做概述，在生物技术于医药卫生中的应用一章再详细展开；第二类是指生物基材料和化工、轻工、食品中的制造业。下面，我们分别进行介绍。

首先弄清楚什么是生物制造？

广义的生物制造，包括仿生制造、生物质和生物体制造，涉及生物学和医学的制造科学和技术均可视为生物制造。

狭义的生物制造，主要指生物体制造。运用现代制造科学和生命科学的原理、方法，通过基因改造，或单个细胞、细胞团簇的直接和间接受控组装，完成具有新陈代谢特征的生命体的成形和制造，经培养和训练，完成用以修复或替代人体的病损组织和器官。

生物制造可分为两大类：一类是仿生生物制造和基于基因重组的生物制造；另一类是生物基材料代替基于化石的金属或有机材料。

（1）人造器官 从生命的机械观出发，生物制造可以描述为：任何复杂的生命现象都可以用物理、化学的理论和方法在人工条件下再现，组织和器官是可以人工制造的。但是，需要明确的是生物体制造不是制造生命。它并不涉及生命起源的问题，而是用有活性的单元和有生命的单元“组装”成具有实用功能的组织、器官和仿生产品。体外再造具有一定生理生化功能的人体组织器官，达到修复或重建先天缺失、病损组织和器官。这是人类有史以来便有的一个梦想，也是生物制造工程的长远目标。经过许多科学家的努力，人造器官由最早的机械性，发展到后来的半机械性半生物性，再发展到今天制造完全类似于天然器官的全生物型人造组织器官。现阶段，研究人员还没有掌握自然界那样极精湛的技能。

①人造器官正循序渐进。首先从单一组织入手，经过复杂组织、功能性组织，向部分和全部器官推进。目前，已在前几个阶段取得突破性的研究进展。非生物相容的生物医学模型的应用已进入临床应用阶段，例如，牙隐形校正器现在已经开始大规模生产与应用。颅骨、骨盆、颌面修复用的生物医学物理模型应用已经十分普遍，用于车祸、战伤、意外伤害造成的器官缺失等复杂骨外科手术，其原位物理模型逐渐成为骨外科医生不可缺少的参考和手术预演器械。植入人体内的生物相容性良好、非降解支架和假体的个性化制造已是比较成熟的技术。如各种假肢以及它们与活体的界面进一步活性化的应用正在逐渐推广。这些都从生物制造的发展中受益，并已形成一个以生物制造为核心的技术研究与产品开发方向。采用生物可降解、生物相容性好的生物材料，对其组织工程支架的研究和制造正在广泛地开展。目前，结构性组织工程已经取得了相当的成果。结构性组织是指皮肤、骨、软骨、肌肉和肌腱等一类细胞较为单一、结构相对简单的组织，其构建已取得很大进展。现阶段，国内外都在大力发展建设结构组织工程。从20世纪90年代起，国家进行了重点支持，目前已在国际上占有一席之地。

早在1994年，上海第二医科大学就成功地在裸鼠背部培育出人耳廓样软骨，在国际上引起了强烈反响。上海组织工程研究与开发中心还成功地实施数起皮肤和骨骼修复手术。清华大学和第四军医大学全军骨科研究所与中国科学院化学研究所合作，开展快速成形组织工程的研究，在骨、软骨等组织工程中取得了良好的效果。

鼠背上培养的人工耳

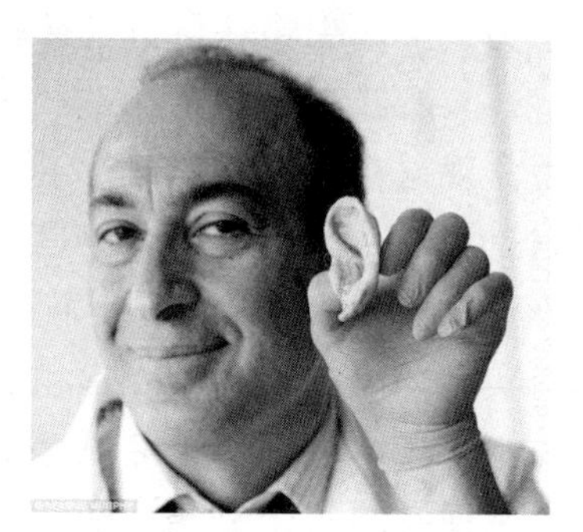

伦敦大学塞法利安培育的人造耳

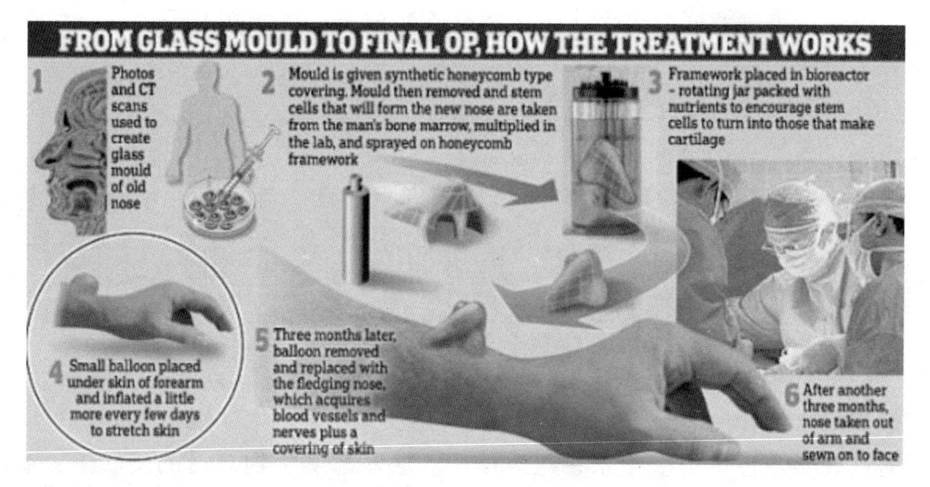

英国科学家在患者手臂上培育人造鼻子流程图

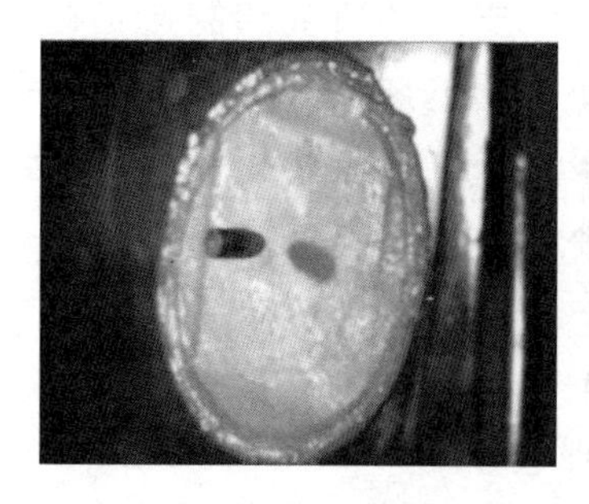

用羊奶做的人造皮肤

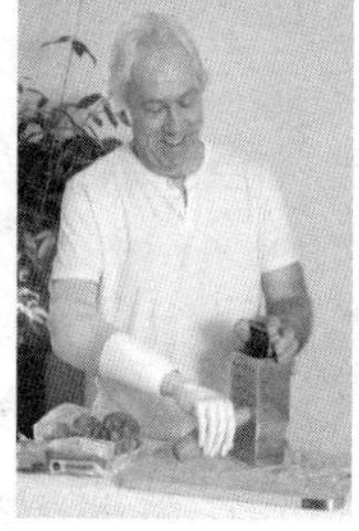

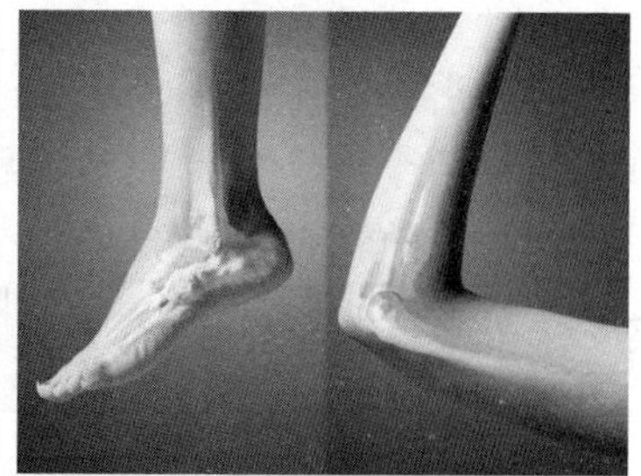

人造手臂可根据人的意识取物

在全功能内脏器官方面，由于其结构复杂，涉及细胞种类、数量众多，细胞和组织的调控及再生机理尚不很明确，血管网的构建尚未很好解决，如何在体外实现人工制造并获得类似天然器官功能的表达，其机理还待继续研究和阐明。血管重建在复杂器官的体外构建中具有十分重要的意义。国内外都进行了各种途径的尝试，并有部分产品面市，但如何应用于器官重建，还有很长一段路要走。我国研发了多分支、多层结构血管支架的 RP 溶芯一沉积成形技术。国内外针对各种内脏器官的修复和构建，已进行了近 20 年的研究，取得卓有成效的进展。心肌片或心肌条已被成功构造。代表性工作有以色列特拉维夫大学，美国哈佛大学和麻省理工学院，德国埃尔兰根—纽伦堡大学，以及日本东京女子医科大学。国内有军事医学科学院、清华大学生物制造工程中心等。这些结果，为大尺度结构心肌组织的缺损修复带来了希望，也为药物筛选、心脏电生理的研究提供了方便。

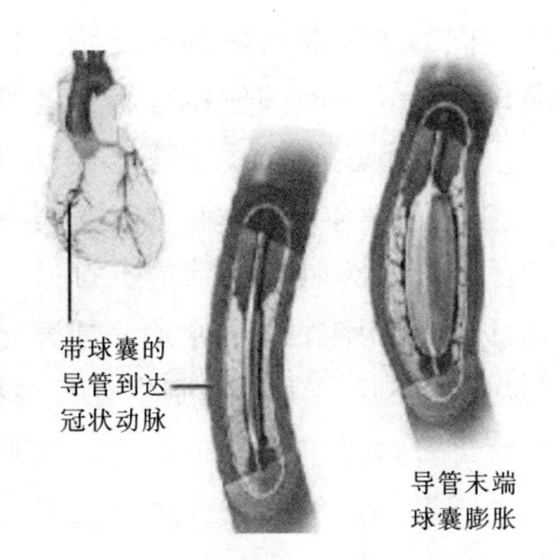

心脏支架手术

随着制造技术特别是光钳等微操控技术的发展，已经实现了对单个大分子或者单个细胞的操作，利用光钳等微操控技术，可以将生物分子和细胞按照人们的规划设计排列起来，形成一定的细胞集合体。同时，分子生物学和细胞生物学已经取得的成就，从理论到实验技术为“生物制造”奠定了初步基础，对来源不同的细胞，如植物细胞、动物细胞或细菌，或性质不同的细胞，如未分化的胚胎干细胞、成体干细胞、已分化的组织细胞、原代细胞、传代细胞、肿瘤细胞以及各种细胞系等的培养已积累丰富经验，现代细胞生物学的发展也为生物制造提供了生物学原理的支持。综合这些有利条件，今后，生物制造工程将会得到蓬勃的发展，国外已经预言 10 年以后生物制造产业将超过信息产业。

但同时生物制造工程也遇到很多困难，特别是细胞组装对细胞生物学与细胞工程学提出了严峻的挑战：需要大量的单细胞或细胞集合体（细胞簇）；通常培养的细胞都是在培养板或培养瓶内培养的，细胞黏附在培养板或者培养瓶壁上方能生长即所谓的平面培养，细胞培养后的形态是不对称的；同时生物制造需要的细胞不希望存在“平面培养”细胞的这种特异性，希望能够较长时间保持细胞或者细胞簇的性状。

细胞组装前的预处理也面临一些问题：如何将所要装配的特定种类的细胞与适当的细胞外基质、培养基中的营养成分、某些生物识别分子等一起固定化成为特定形状的、可进行组装操作的“单元”。如何将培养的细胞与适当的细胞外基质分子、营养分子、黏附分子等混合成为“单元”，这种“单元”不仅要满足细胞生存和发挥功能的需要，而且要具有特殊的固化特性，即在成形前保持流动态，在喷到目标部位后迅速凝固为凝胶态或液晶态。组装后的细胞之间也存在相容性问题和装配后细胞的新陈代谢及稳定性问题。

②利用尿液制造脑细胞。中国科学家于 2012 年发明了一种全新的制造脑细胞的方法，这种方法比之前抽取人体血液制造脑细胞的方式更为简单安全，令人称奇。这种新方法是通过收集人体自然排泄尿液中的肾脏内表皮细胞来制造新的脑细胞。原先的许多方法都需要利用病毒将新的基因信息传递到细胞的 DNA 中。因为病毒脱氧核糖核酸会永久地停留在细胞的基因密码中，这可能会导致这些细胞发生一些不可预知的行为，甚至让细胞变异为肿瘤。中国的研究团队，通过采尿液排出的肾脏内壁表皮细胞，并向其中注入新的基因指令，使其变为脑干细胞。这种脑干细胞也可以根据需要变为各种其他的脑细胞。从肾脏细胞变为脑干细胞的整个过程仅仅需要 12 天左右。在针对小白鼠的测试结果中显示，这种利用尿液制造脑细胞的方式不会让细胞出现肿瘤。

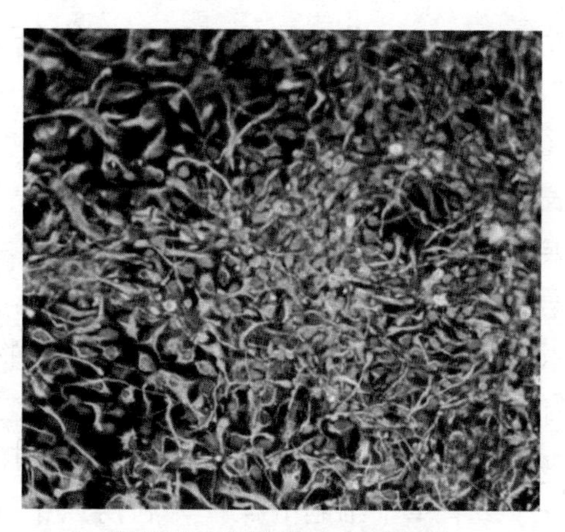

利用尿液制造的人体脑细胞

③3D 打印人耳。医学界目前使用的人造耳朵主要成分为泡沫聚苯乙烯或患者人体肋骨组织。前者质感与人耳差异较大，后者既制作困难又令患者十分疼痛，很难制成既美观又实用的人造耳朵。3D 打印人造耳朵的优势在于能够个性化“定制”，帮助失去部分或全部外耳的人士。

美国康奈尔大学研究人员于 2013 年初发表报告称，他们利用牛耳细胞在3D打印机中打印出人造耳朵，可以用于先天畸形儿童或外伤导致外耳缺失的人器官移植。

所谓3D打印，其工作原理与传统打印原理类似，主要区别在于3D打印机使用的“墨水”是实实在在的原材料。3D打印机不用纸或墨，而是通过计算机辅助设计、激光扫描、材料熔融等技术，使特定金属粉或可塑性高的材料熔化，并按电子模型图的指示一层层叠加“铸造”起来，最终把电子模型图变成实物。

3D打印耳朵的过程是这样的：研究人员首先利用快速旋转的3D相机拍摄数名儿童现有耳朵的三维信息，然后将其输入计算机。随后研究人员在模子中注入特殊的胶原蛋白凝胶。这种凝胶含有能生成软骨的牛耳细胞。此后数周内，软骨逐渐增多并取代凝胶。3个月后，模子内出现一个具有柔韧性的人造外耳，其功能和外表均与正常人耳相似。

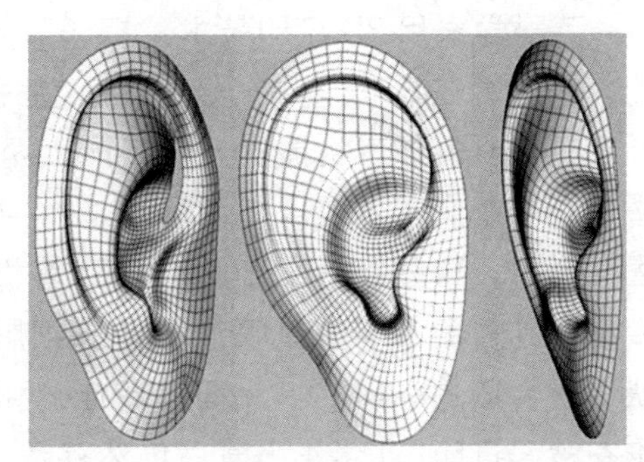

3D打印出人造耳朵

研究人员下一步计划利用患者自身的耳朵培育足够多的软骨，3D打印人造耳朵并移植。他们认为，软骨可能是最适合3D打印技术的人体组织，因为软骨内部不需要血液就能存活。

④美国打印出人的受损颅骨。美国牛津性能材料公司目前用3D打印移植，可以替换因疾病或创伤受损的人的颅骨。这种颅骨移植技术已在2013年2月18日获得了美国食品和药物管理局的许可，并于3月4日在美国进行了首例手术。每个月美国都有300～500名病人能够用上颅骨替代物。

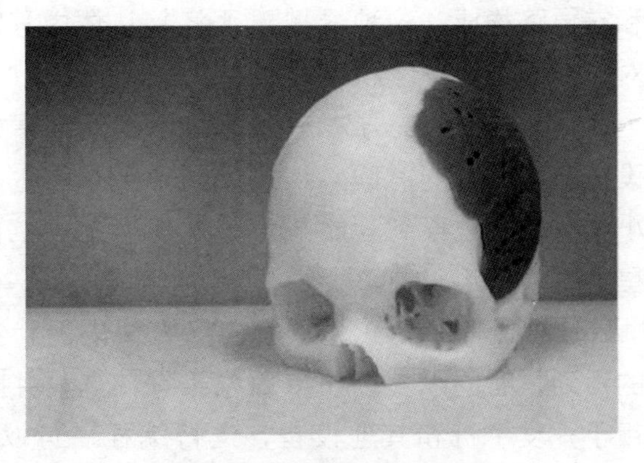

3D打印移植可以替换
人因疾病或创伤受损的颅骨

牛津性能材料公司调整了EOS P800打印技术，从而可以使用一种被批准用于人体移植的材料聚醚酮进行3D打印。该公司在康涅狄格州南温莎有一家生物医学制造厂，能够在两周的时间里打印出特定病人需要的骨骼替代物。根据数字扫描的病人颅骨模型，一层一层地“印出”匹配的3D移植体。精确的制造技术甚至可以在替代物上制造出促进细胞生长、使骨骼贴合更容易的微小表面或边缘细节。这将是一个巨大的市场，每种类型的骨骼替代物市场价值都在5 000万至1亿美元之间。这件事情使整个整形外科业都受到触动。

英科学家用3D打印技术“打印”人体干细胞　英国爱丁堡大学等机构的研究人员在2013年的一期英国《生物制造》上报告说，他们改造了一种计算机控制的加工机器，为其装配上两个“生物墨盒”。他们在两个“生物墨盒”中装满营养液“细胞培养基”，并把胚胎干细胞放入其中一个“生物墨盒”中。这些胚胎干细胞通过计算机控制的阀门以高精度喷洒在培养皿中，两种“墨水”交替喷洒，使干细胞在培养皿的小凹孔中形成大小、形状最为合适的小块，以保证其最佳分化能力。实验证明，超过95%的干细胞在被“打印”出24小时后仍然存活，说明打印过程并未“杀死”这些细胞；超过89%的干细胞在3天后仍具有多能性，能够分化出多种细胞组织。这一技术将有助于制造出更精确的人体组织模型，未来有望用患者自己的细胞制造3D器官供移植使用。

⑤体内能降解的医疗器具。美国西北大学的科学家研究开发出一种能在人体内溶解“消失”的超薄元件，这种元件由几百万分之一厘米厚的硅和镁电路构成，这种器械无须将其从体内移除，很容易被体液吸收，并且对身体无害。

做这种元件的方法是在不同厚度的丝蛋白上涂上电路层，可以精确地设计电路降解的时间，从几天到几个月不等。研究人员将这种植入物用于小鼠实验，观察到其能够为手术伤口提供抗菌药物，并且几乎可以在3个星期后全部溶解掉。

这种元件将允许医生监控病人体内的状况，可测量患者的体温和肌肉的活动，有助于发现如术后感染等问题，并提供及时治疗。这项技术也可用于开发手机和其他设备，进行编程后可以限定其在数年之后完全降解，而无须废弃之后被送到垃圾填埋场。

(2) 生物基工业制造材料　生物基材料是一个崭新的领域，方兴未艾。这是一个很大的制造领域。生物基材料就是以现代生物技术为基础，大规模生产人类所需的基础化学品与原料的一种工业方式。这种方式正日益广泛地应用于化工、制药、造纸、纺织、采矿、能源以及环境保护等许多重要领域。

以我国为例，生物制造产业“十二五”期间的发展战略已经明确：将以培育生物基材料、发展生物化工产业和做强现代发酵产业为重点，大力推进酶工程、发酵工程技术和装备创新；突破非粮原料与纤维素转化关键技术，培育发展生物醇、酸、酯等生物有机化工原材料、推进生物塑料、生物纤维等生物材料产业化；大力推动绿色生物工艺在化工、制浆、印染、制革等行业中关键工艺环节的应用示范；继续推进工程微生物与清洁发酵技术应用，提升大宗发酵新产品的国际竞争力。

①生物质纤维盼奇迹。20 世纪 70 年代以后，涤纶（“的确良”的材质）可谓化纤产业发展的奇迹。

在全球石油等资源日益紧张的情况下，生物质纤维代表了化纤的未来。原料一直是化纤发展的瓶颈。以生物质工程技术为核心的生物质纤维及生化原料取得快速发展，有媒体曾把“生物质纤维”誉为化纤产业里的又一个“的确良”。

从类别上，生物质纤维包括生物质原生纤维、生物质再生纤维和生物质合成纤维。其中，生物质原生纤维是衣服的主要原料，也是我国的传统优势品种，主要来自于麻棉以及动物纤维。生物质再生纤维则是利用棉花、木材加工后的废弃物及植物秸秆经化学、生化方法处理，再生而成的纺织和产业用纤维。生物质合成纤维来源于可再生的生物质资源，能够解决合成纤维过度依赖石化原料的问题，目前 PTT、PLA、PBS、PHA 等生物质合成纤维已突破关键技术。

②大豆纤维中国造。将大豆蛋白质改性、处理可以生产出衣料纤维，进而可生产各种衣料，做出各种衣服。这是中国独创的生物制造。

值得骄傲的是大豆纤维技术的研制，改写了世界人造纤维史上中国原创技术为零的纪录，这也是迄今为止，我国获得的唯一一项具有完全自主知识产权的纤维发明，农民发明家李官奇也因此赢得了“大豆纤维之父”的称号。经中国化纤工业协会、化纤产品检测中心鉴定，大豆纤维面料比较轻，弹性高，光泽好，耐酸耐碱性高，吸湿性能超过棉花纤维和真丝，保暖性赶得上羊绒。在 2004 年下半年，大豆纤维已经研制出了终端产品。纤维纺成纱线，再由纱线织成面料，可以做成衣服。这种衣服穿上以后有羊绒的那种舒服感，同时对皮肤又没有刺激，舒适度、透气度比较强，就是出汗以后，也不沾身。

大豆纤维

2003 年 9 月，在奥地利举行的第 42 届国际人造纤维会议上，大豆纤维被确认为“世界第八大人造纤维”，并正式载入国际纤维史册。李官奇成功研制出大豆纤维产品后，美国愿意花 21 亿美元购买这项专利，但被他拒绝。目前，面料和纱线以及纤维已经出口到美国、英国、加拿大、韩国、日本等多个国家，创造了大量财富。

③ “活材料”合成生物新宠儿。生物个体都是名副其实的建筑大师。螃蟹能装配贝壳，珊瑚能积累礁石，人体组织能建造骨骼。生物的这些功能，逐渐地被破解、掌握，可以人为控制建造过程。美国马萨诸塞州的研究人员近日在《自然—材料科学》期刊上宣布，他们重组了细菌的基因回路，建造了电子和光学材料以及内部的活细胞。新材料虽然还不能完全达到电子器件的功能，但为彻底使用基因工程改良的生物建造复合材料打开了一扇新的大门。研究人员使用不同的缩氨酸和化学触发剂制作了能诱捕名为量子点的微小半导粒子的细菌，原因在于其生物膜的光学发物被改变。这些活着的材料可以制成设备。

2. 人体密码编译机

美国麻省理工学院和哈佛大学的科学家已经建造了一台能够“编辑”、“修改”DNA 的机器，这台名叫“MAGE”的“DNA 编辑机”有点类似电脑文字处理系统中的“剪切和粘贴”工具，不过它处理的不是电脑文字，而是DNA基因。这台“DNA编辑机”的诞生，意味着医生们很快将有能力“修改”人类基因组中遗传病的DNA编码，或者可以让人类的身体能对像艾滋病或流感这样的病毒彻底免疫。“DNA编辑机”的好处显然远不止于此，如果科学家能对细菌的DNA进行修改，就能将这些微生物转变成一个“药物工厂”，甚至能将它们变成一种新的“能源”。

设想的DNA编辑机示意图

3. 新型发酵，食品工业如虎添翼

新型发酵是运用基因工程、细胞工程和酶工程改良菌种，用高产工程菌并利用现代工艺手段从多方面对旧工艺实行改造，特别是酶工程的应用。生物酶的酶促反应具有极高的效率。酶的催化效率通常比非催化反应高108～1 020倍。酶的催化反应不需要较高的反应温度和很大的压力。酶和一般催化剂加速反应的机理都是降低反应的活化能（activation energy)。许多化工生产中需要高温、高压等苛刻的生产条件，酶工程既消除了安全隐患，又降低了成本。酶工程的采用，使发酵技术有了革命性的进展。白酒、酱油、食醋、泡菜、腐乳……这些生活中普通食品的生产采用了DGGE、荧光多重PCR技术、元基因组学测序、功能基因芯片分析等，改变了生产条件，提高了效益，有了突破性发展。过去常用的液体发酵技术也正在逐渐被固体发酵所代替。

4. 转基因食品，鱼与熊掌可兼得

转基因食品就是利用现代分子生物技术，将某些生物的基因转移到其他物种中去，改造生物的遗传物质，使其在形状、营养品质、消费品质等方面向人们所需要的目标转变。以转基因生物为直接食品或为原料加工生产的食品就是“转基因食品”。

例如，面包生产需要高蛋白质含量的小麦，而目前的小麦品种含蛋白质较低，将高效表达的蛋白基因转入小麦，将会使做成的面包具有更好的焙烤性能。番茄是一种营养丰富、经济价值很高的果蔬，但它不耐贮藏。为了解决番茄这类果实的贮藏问题，研究者发现，控制植物衰老的激素——乙烯合成的酶基因，是导致植物衰老的重要基因，如果能够利用基因工程的方法抑制这个基因的表达，乙烯的生物合成就会受到抑制，番茄也就不会那么容易变软和腐烂了。中国、美国等国家的多位科学家经过努力，已培育出了这样的番茄新品种。这种番茄抗衰老、抗软化，耐贮藏，能长途运输，可减少加工生产及运输中的浪费。

在猪的基因组中转入人的生长素基因，猪的生长速度可增加一倍，猪肉质量大大提高，现在这样的猪肉已在澳大利亚被请上了餐桌。

微生物是转基因最常用的转化材料。例如，生产奶酪的凝乳酶，以往只能从杀死的小牛的胃中才能取出，现在利用转基因微生物已能够使凝乳酶在体外大量产生，避免了小牛的无辜死亡，也降低了生产成本。

疫苗是预防病菌病毒侵袭、增加人体免疫力的药品，有注射和口服两种接种方法，前几年荼毒生命的非典病毒，危害极普遍的流感病毒、肝炎病毒、结核菌等，预防它们的办法是接种疫苗，最好采用注射方法，能起到神奇的效果，尤其是对付恶性传染病。疫苗可以有效抗病、操作简易，可大规模应用，减少人类的病痛。而口服又是最简易的方法。为此，研究疫苗食品就具有十分重大的社会意义。

科学家将普通的蔬菜、水果、粮食等农作物，变成能预防疾病的神奇“疫苗食品”。已经培育成功的有能预防霍乱的苜蓿植物。用这种苜蓿来喂小白鼠，能使小白鼠的抗病能力大大增强。而且这种霍乱抗原，能经受胃酸的腐蚀而不被破坏，并能激发人体对霍乱的免疫能力。于是，越来越多的抗病基因正在被转入植物，使人们在品尝鲜果美味的同时，达到防病的目的。

“试管牛肉”是带有理想色彩的基因工程形式。比如，模仿猪牛羊的生长模式，通过克隆他们的肌肉细胞，直接生产动物肉食。这种设想并不是异想天开，在国际上已经开始进入实验。科学家想改变传统肉食的生产途径。以前的肉食产业链上，肉类及奶制品来源于畜牧业。而畜牧业须占用很多土地，耗费大量水和饲料，并且会不断排放废弃物。在人类正在推进低碳经济的趋势下，科学家正在寻找新的途径，既能吃肉又减少饲养家畜之累，减少能量消耗，正所谓鱼与熊掌可以兼得。

在温哥华举行的“下一波农业革命”研讨会上，荷兰马斯特里赫特大学的马克·波斯特披露，他们正在实验室研制“试管肉”，预计几年后就能制成第一批夹着“试管肉”的汉堡包。他们的方法是在实验室中利用牛的干细胞培育“试管肉”——骨骼肌组织。虽然目前仍处于实验室研发阶段，但预计不久后就可以制成几千个小骨骼肌组织，然后加工成“牛肉饼”夹在汉堡包中。他们的最终目标是大规模生产不用牲畜，而在实验室和工厂里直接生产“试管肉”，帮助业界更加经济、环保地制作肉食。

另外，参与研讨会的美国斯坦福大学的科研人员斯坦福·布朗说，他目前的研究重点是“仿真肉”，其原材料完全来自植物。

人造肉汉堡是怎么做成的

牛肉一直是人们餐桌上的美食。但现在，牛肉也可能重新走下餐桌，走回农场。最近美国科学家从屠宰的牛肉中提取出了细胞，准备用于克隆研究。而大西洋彼岸的英国人也不甘示弱，撇开了可能造成的巨大伦理争议，加入牛肉“复活计划”的研究队伍中。

2009年底，荷兰的几名科学家从肉汤中提取了动物的肌肉细胞，为人造肉的诞生奠定了基础。在一种电流的刺激下，这些肌肉细胞开始复制，最后长成了肌肉组织，黏稠程度与生鸡蛋差不多。

但让科学家真正动了这一念头的事件，是3头克隆牛的后代最终加入了英国的食品产业链，开始流入食品市场。这3头牛均是在美国出生的“超级小牛”的后代，最近它们获得了正式的认证，官方称克隆牛的肉和奶都是安全的。

其实在这件事上，美国人早就走在了英国人的前面。他们早就开始克隆这些家畜，以满足国内农副产品日益增长的需求。他们还进行了一系列的质量检测，包括产量、动物寿命和肉产品质量等，这些程序都是在动物被屠宰之后进行的。

“复活计划”是由著名的动物克隆公司J. R. Simplot发起的，Simplot公司美国爱达荷分公司的Brady Hicks说：“现在是时候让克隆动物走上人们的餐桌了。”

“我们曾试图从一些具备优秀性状的动物身上获取基因，但如果它们死了，我们就无计可施。但现在有了克隆技术，我们可以让这些动物重新复活。”Hicks说。

在美国，克隆牛肉已经开始小规模地流入市场了。平均每10亿只牛中会有大约1 000只是克隆牛。现在农场主们正在密切关注这一做法是否能带来经济上的效益。

有专家预测，不出10年，人造肉就会成为超市生鲜部货架上的常客。

虽然美国食品和药物管理局声称克隆牛肉和牛奶都是安全的，但许多大超市仍然拒绝引进克隆动物产品。尽管遭到超市的冷遇，美国ViaGen克隆公司的Mark Walton仍对“复活计划”举双手赞同。他表示克隆技术如果可以应用于农副业，最终会给世界带来福音。“如果我是一个欧洲农场主，看到美国、中国和南美洲的竞争者都在应用克隆技术，我如果再不为所动，就会失掉许多生意”。

目前还没有证据表明这些食物会对人体造成伤害，但欧盟食品安全局表示，克隆食品的安全性仍需进行长期的观察。

英国许多专家认为，这一计划会带来许多伦理和动物福利方面的问题。大规模的克隆可能会对动物造成伤害，现在已经有证据表明克隆会造成动物流产、寿命缩短、器官畸形、肥大症、难产等。

同时也有不少科学家认为，与传统牲畜制品相比，在实验室中制造出来的人造牛排和香肠，对环境更加友好。

科学界对此众说纷纭，但现在最大的问题是，克隆食品上市之后，百姓究竟会不会买账。

如果这种实验成功，那将引起畜牧业、食品工业、农业的革命性转变。但这与人们破解植物光合作用的设想一样，有很长的路要走。如果植物的光合作用机制被人所掌握，那就不用再种粮食，在工厂里就可以合成淀粉。这是比较理想但还非常遥远的事情。

5．生物冶金，矿冶产业新途径

生物可以冶金，在一般人眼中也许是天外奇谈。但生物技术的发展，特别是许多细菌新种——一些在高温、高压等极端条件下生活的微生物的发现，其特殊的生活方式和新陈代谢的特性，为寻宝探矿、选矿、冶炼找到了全新的途径。

在探矿方面，科学家发明了一个微生物的盒子。利用一种生物膜能够将与其接触的黄金分解。方法是在金块矿石外面，裹一层薄薄的微生物生物膜使之产生有毒性的金离子，从而破坏细菌的细胞壁。细菌通过将离子转化为金属的纳米金微粒——随后会在整个表面凝聚成花边状的晶体与之对抗。黄金的这种结构比传统的金粒还要纯。因此也就对开矿更加具有吸引力。研究人员推测，如果它们能够用遗传方法改良这些细菌，从而使它们在提纯黄金时发出荧光，那么这些细菌可能将变成更重要的微生物金属探测器和选矿者。

中南大学的科学家进行基础研究，参加世界上第一个嗜酸氧化亚铁硫杆菌的全基因组测试工作。在全基因组测序获得全部3 217个基因信息的基础上，进行全基因组芯片和比较基因组学研究，发现了包括135个亚铁氧化、硫氧化以及抗性相关基因的320个高氧化活性基因。据此制定的《嗜酸氧化亚铁硫杆菌及其活性的基因芯片检测方法》国家标准（GB/T 20929—2007）奠定了从基因水平开展浸矿机理的基础，实现了微生物浸矿行为研究从表现型向基因型的转变。通过群落基因芯片和功能基因芯片的应用，可以检测不同时间、不同地点的浸矿微生物种群结构和群落动态变化情况，达到对浸矿微生物群落结构和功能活动的同步分析，使得生物湿法冶金技术从客观利用进入了主观创造的更高阶段。检测微生物——矿物界面的形态及构造以及生物化学反应过程中中间产物的种类及含量精确地阐明了矿物溶解的本质。

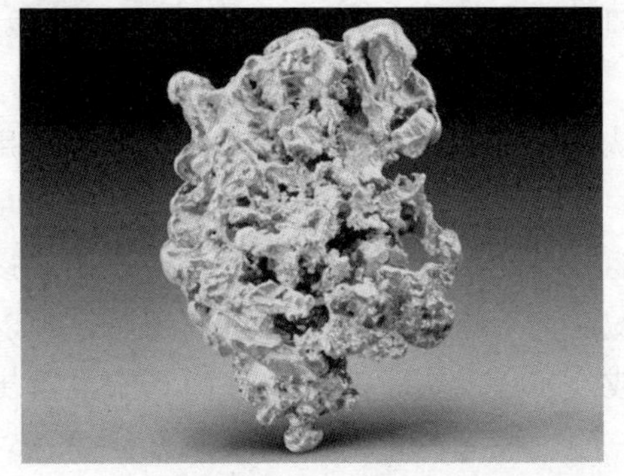

有些微生物吃进的是矿石吐出的是黄金，这些菌可把废矿、贫矿变“废”为宝，从根本上降低冶金

业的污染。这就是冶金新技术——微生物冶金。

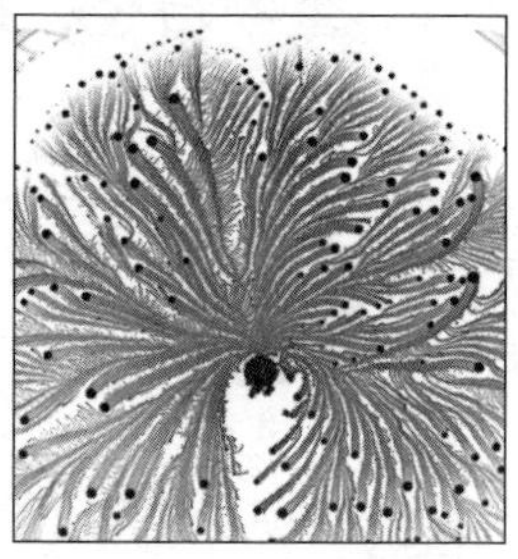

螺旋类芽孢杆菌　　双歧类芽孢杆菌的表面发生突变的部分

“吃”矿石的微生物。生物冶金是用含微生物的浸取液与矿石进行作用从而获取有价金属的过程，也叫微生物浸矿。这些微生物以矿石为食，通过氧化获取能量；这些矿石由于被氧化，从不溶于水变成可溶，人们就能够从溶液中提取出矿物。生物冶金主要应用于溶浸贫矿、废矿、尾矿和大冶炉渣等，以回收某些贵重金属和稀有金属。

这些靠“吃矿石”为生的微生物大多为嗜酸细菌，有 0.5～2.0 微米长、0.5 微米宽，短杆状，有的在菌体一端还生长有细长的鞭毛。它们靠黄铁矿、砷黄铁矿和其他金属硫化矿物为生。参与生物冶金的微生物主要有氧化硫酸硫杆菌、氧化亚铁酸硫杆菌、排硫杆菌、脱氮硫杆菌和一些异养菌（如芽孢杆菌属、土壤杆菌属）等。

浸矿的细菌不能利用有机物质，只能利用空气中二氧化碳为碳源，以无机氮为氮源。通过氧化，二价铁离子 Fe^{2+} 成为三价铁离子 Fe^{3+} 或氧化元素硫为硫酸获取生长所需的能量。在自然界中，它们生活在 pH 为 1.5～4.5 的酸性矿水中，有的菌株能在 pH 小于 1 的强硫酸水中生长，是目前所知最耐酸的微生物。

这些嗜酸细菌和其他靠“吃矿石”得到所需能量的细菌，能够把金属从矿石中溶浸出来，提出矿石中的有用金属。有的研究者认为，生物冶金的原理是细菌对矿石具有直接浸提作用，是细菌对矿石存在着直接氧化的能力，细菌与矿石之间通过物理化学接触把金属溶解出来。有的研究者还发现，某些靠有机物生活的细菌，可以产生一种有机物，与矿石中的金属成分嵌合，从而使金属从矿石中溶解出来。电子显微镜照片也证实：氧化硫酸硫杆菌在硫结晶的表面集结后，对矿石侵蚀有痕迹。此外，微生物菌体在矿石表面能产生各种酶，也支持了细菌直接作用浸矿的学说。

目前，生物冶金已成功地用于铜矿、金矿及重要元素铀的冶炼。采用传统方法冶炼，成本高、污染大、效率低。生物冶金新工艺不仅可高效利用贫矿、表外矿、尾矿，而且将大幅度减少电、煤、油等消耗和废气、废水排放。就铜而言，因为显著提高了原生硫化矿的浸出率，新工艺使可利用资源量大幅扩大，增加铜储量的保证年限。

但是，生物冶金法仍处于发展之中，它还必须克服自身的一些局限性，如反应速度慢，细菌对环境的适应性差，超出一定温度范围细菌难以成活，经不起搅拌，对矿石中有毒金属离子耐受性差等。为此，一些科学家正在试图通过基因工程，得到性能优良的菌种。

相信不远的将来，生物冶金一定会得到更加广泛的应用。

6．食煤细菌，井下制造天然气

2012 年以来，美国、中国一些公司正在试验利用一种能够通过食用煤炭来生产甲烷（天然气的主要成分）的细菌，将原本不可开采的煤矿转化为天然气矿。一些研究者发现，许多煤矿都含有大量甲烷，更有意义的是这些甲烷中的很大一部分，是由食煤细菌制造的。同时，研究者还发现了让这些微生物制造更多甲烷的方法。

虽然利用细菌生产天然气的想法并不新颖，但近几年，这项技术取得了巨大进步。例如，研究者们探明了不同细菌协同消化煤炭、生产甲烷的机理，同时解决了这些细菌需要生长在何种煤层环境，依靠何种营养物质，以及如何抑制其他种类细菌生长等问题。

该技术将创造一个巨大的市场机遇。位于美国科罗拉多州的卢卡技术公司，是利用此项技术的先行者之一。该公司基于研究者的成果并借助 DNA 测序技术，能够迅速在煤层中对细菌进行取样、鉴别，并获知这些细菌所需要的营养物质。过去，完成这些工作需要 3 个月时间，但现在 3 天之内就能知道煤层中细菌的种类；14 天之内，就知道如何来培养它们。

专家认为，尽管目前美国天然气价格处于低迷阶段，但因为这项技术是在挖掘现有煤矿的生产潜力，而非开发新的煤矿，所以卢卡技术公司依然能够取得很高的利润。一家名为“未来能源”的公司已利用相似的技术，在美国怀俄明州一座原本不含甲烷的煤矿中，生产出了甲烷。这一成果显示了将原本不可开采的煤矿转化为天然气矿的可能性，同时，也意味着这项技术将在中国等亚洲国家有着更为广阔的应用前景。

中国天然气的价格更高，并且相比主要发电燃料——煤炭，天然气更加清洁。为此，由未来能源公司建设的技术示范工程已分别在印度尼西亚和中国启动。

7．生物芯片，电子产业新希望

目前大多是用硬盘设备存储信息，但这种硬盘的容量相对不大，绝对无法同脱氧核糖核酸（DNA）的信息储存能力相提并论。把 DNA 作为储存介质的优点有：一是体积小，一个碱基只有几个原子大小，人们以此为基础进行数据存储，整体的体积将大大领先于传统硬盘；二是密度大，一个 DNA 片段就含有成千上万的碱基；三是稳定性强，相比于其他需要低温、真空保存的存储介质，DNA 可以在不苛刻的条件下保存上百年。

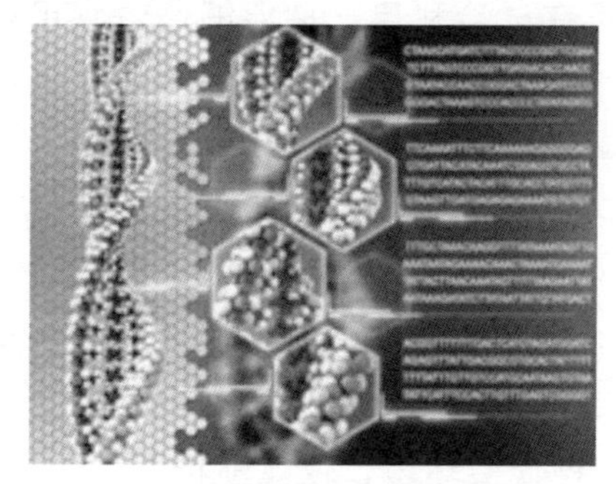
用 DNA 编码存储了一本教科书

基因芯片

研究人员在 2012 年 8 月 16 日的《科学》杂志网络版上报告了这一研究成果。基因芯片是最重要的一种生物芯片，又称 DNA 芯片或微阵列。它是将大量特定序列的探针有序地固定于支持物上，然后与标记的样品进行杂交，通过杂交信号的强弱判断靶分子数量。用该技术可将大量的探针同时固定于支持物上，所以一次可对大量核酸分子进行检测分析，实现高通量、多样性、微型化和自动化处理。高通量有利于芯片所示图谱的快速对照和阅读，工作效率大大提高；多样性实现了同时对多样品的多指标测定；微型化能大大节约所需样品的试剂用量，降低成本；自动化既减少了人力投入又保证了质量。同时基因芯片还具有操作方便、信息处理综合能力强、结果可靠和仪器配套齐全等优点。基因芯片的应用主要是基因谱分析、基因发现、基因突变及多态性分析、基因文库作图、疾病诊断和预测、药物筛选、基因测序等。另外在农作物优选优育、食品卫生监督、环境保护、司法鉴定、国防、航天等许多领域都将做出重大贡献。基因芯片的飞速发展引起世界各国的广泛关注和重视。以基因芯片为代表的生物芯片技术的深入研究和广泛应用，将对21世纪人类生活和健康产生极其深远的影响。

在一项新的研究中，研究人员在不足1微微克（1克的1万亿分之一）的DNA中存储了一本遗传学教科书的内容——这一进展将使我们存储数据的能力发生革命性的变化。理论计算，1毫克的DNA分子可将美国国会图书馆中的每一本藏书完全编码后留下很多空地。

在活体细胞的基因组中书写数据不是一件容易的事。首先，细胞会死亡，细胞残废后储存的信息就烟消云散；其次，细胞会复制，进而引入新的突变以改变数据。随着生物计算机技术的发展，越来越多的新型存储媒介进入我们的视线之中。2007年就有日本科学家成功使用细菌DNA储存数据，可保存千年。近日，哈佛大学威斯研究所（Harvard's Wyss Institute）的生物工程师和遗传学家成功开发了一项新技术，可以将约700TB的数据储存进1克DNA之中，将之前使用DNA存储数据容量的纪录提高了1000倍。

这个由乔治·切齐（George Church）和瑟里拉姆·库苏里（Sriram Kosuri）领导的团队把DNA完全当做了数字硬盘，他们合成了一个可存储数据的DNA链，具体存储方法是为腺嘌呤、鸟嘌呤、胞嘧啶和胸腺嘧啶分别赋予二进制值（胸腺嘧啶和鸟嘌呤=1，腺嘌呤和胞嘧啶=0），随后通过微流体芯片对基因序列进行合成，从而使该序列的位置与相关数据集相匹配。当需要对数据进行读取时，只需再将基因序列还原为二进制即可。为了方便读取数据，研究人员还在每一个DNA片断的头部加入了19比特的地址块（address block），用此记录其在原始文件中的位置。

得益于微流体技术的发展，合成、排列DNA成为一项较为简单方便的工作。在此之前，人类基因组计划（Human Genome Project）为了研究一个含有30亿对碱基的人类DNA组要耗费数年的时间。现在，在微流体芯片的帮助下，这项工作只要几个小时就能完成。

目前，由于储存空间的紧缺，网站的资料备份通常只会保存数月乃至数周。等到DNA存储技术成熟，我们就可以把全人类的信息资料都存储起来。人类可以在每一寸土地上安装摄像头，将每一处每一分每一秒上发生的事情都记录起来。人类还可以把所有的图书、资料、视频信息统统储存起来，几百千克的 DNA 就能够胜任这个“全人类”的工作。

8．DNA 计算机，研究取得新进展

美国加州理工学院的研究人员成功地研发出了世界上最大的 DNA 计算电路。他们利用该技术可以很容易地研发出更为复杂的 DNA 计算机。这是用标准信息处理技术来控制生物系统的重要进展。

在不久的将来，DNA 计算机可以执行像当今以硅为基础的普通计算机所做的逻辑计算功能。但 DNA 计算机可以变得更小，更容易与人体等生物系统结合。例如，生物电路可以直接嵌入细胞或组织内以用来发现和治疗疾病。

虽然之前已经有简单的 DNA 计算系统，但是这个示范系统比迄今为止其他的原型都要复杂。研究人员组成了 130 个人工合成的 DNA 链，组建成的逻辑电路可以完成 1～15 之间的开方计算。在他们的研究中，DNA 的多层链被用来做成生物逻辑门，可以执行基本的布尔运算，就像基于硅集成电路一样，这些分子逻辑门可以产生二元变量：利用“打开”或“关闭”来表示信号，并以此作为输入的二进制信号。

这种研究成果具有许多优点，其中之一就是具有简单可行性：用来进行 DNA 编码所需的生化反应是行之有效的，并且整个过程本身也是可扩展的，这意味着它可以作为大型系统一个极为重要的基础。

这项成果的不足之处是计算速度太慢，不过这种运算速度慢的问题是可以克服的。

9．基因马达，分子水平微电机

2012 年 5 月，两位旅美中国学者在分子马达研究领域取得新的突破，首次利用单个 DNA 分子制成了分子马达。这一成果使得纳米器件向实用化方面又迈进了一步。

纳米器件要投入使用，离不开能量的传递，也就是说需要分子数量级的微小马达。科学家们已经利用多个 DNA 分子制造出了分子马达，但这些马达存在着效率不高、难以控制的缺陷。

美国佛罗里达大学教授谭蔚泓和助理研究员李建伟新研制出的分子马达，采用的是人工合成的单个杂交DNA分子。这种分子在一种生物环境中处于紧凑状态，但在生物环境发生变化后，又会变得松弛。

“在紧凑和松弛这两个状态之间进行变化，使得分子可以做功，从而可以把一些小物体从一个地方搬运到另一个地方”，谭蔚泓认为，这一特性使得“分子马达可以为未来的纳米器件提供一种能量源泉”。

DNA分子马达的优点是可以直接将生物体的生物化学能转换成机械能，而不像通常意义上的马达需要电力。因此，从理论上说，DNA分子马达可以借助一些生物化学变化而进行药物和基因等的传递，比如说，将药物分子直接输送至癌细胞的细胞膜。与多分子DNA马达相比，单DNA分子马达应用起来更为方便。这项研究成果使得分子马达离实际应用更近。

用人工合成的单个DNA分子来制造分子马达还有一个好处，即可以根据不同要求而有针对性地设计出DNA分子，使制造出的马达具备各种性能。这些马达可以有不同的效率，可以设计成有很大的做功能力，也可以设计成把物体搬运到更远的距离。

不过，现在还很难预测分子量级的马达什么时候能真正投入使用。科学家下一步目标是要让单个DNA分子马达真正移动一个微小物体，并进一步提高其工作效率。

欧洲科学家开发出一种基于DNA的转换器，名为DNA制动器，又名分子发电机。科学家认为这个生物制动器的研制成功，为在活的生物有机体与计算机之间建立联系搭起了桥梁。

10. 病毒电极，生产新型充电池

传统的锂离子电池采用的是碳电极。相对于它们提供的能量来说，电极的体积太大了。为了给电极瘦身，研究人员把目光转向了能够自我组装的病毒身上。

美国麻省理工学院生物工程师、该研究的领导者安吉拉·比尔察尔(Angela Belcher)的科研小组找到了编码金元素黏附性分子的基因密码子。他们对数以亿计的病毒DNA进行了研究，确定用烟草叶的管状病毒进行基因改造，通过修改并绑定烟草花叶病毒杆排列方式，把痕量单链DNA导入

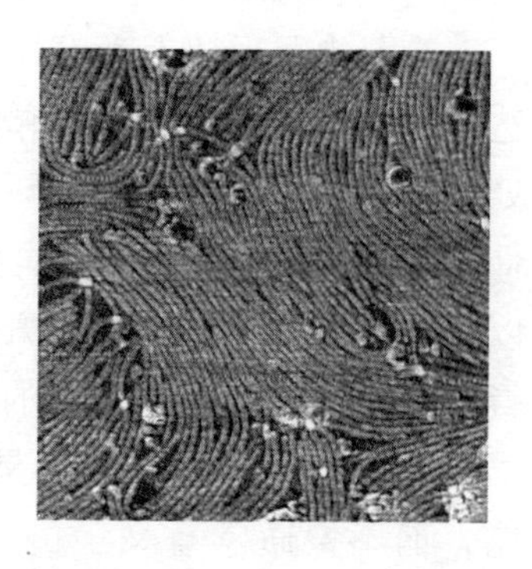

病毒内，病毒就会在其表面形成特异性的分子。这些分子能够黏附钴原子和金颗粒，使其垂直于金属电极的表面，使这种通过黏附形成的复合物形成一种有效的电池阳极，从而形成理想的允许电子通过的导体。因为很容易改变加入病毒内的遗传物质，所以制造不同种类金属的电极就变得相对容易，这样也能够制造电池阴极。这种电池的快速放电和充电次数大大增加。新的“病毒电池”的实验结果比普通锂电池储存能力大了10倍。

这项技术的最大优势就在于它的灵活性，可以制造各种不同金属类型的电极，把相应的各种成分混合在一起，可以“自组装”成电池，可以在室温下很安全地进行生产，不需要传统制造电池那样的高温条件，避免了与高温有关的危险因素。另外一个优势就是所制造的电极尺寸有极大的可变性，电极大小，从纳米水平到10厘米大小都可以实现，这就意味着可以制造各种形号和尺寸的电池。另外，这项研究结果还可能用于其他能源技术。科学家正在研究利用这类病毒制造自动组装的太阳能电池。

（三）医药卫生开新面

生物技术在医药卫生方面的应用范围广、成果多、最具发展潜力。本节从以下几个方面进行介绍：基因诊断；基因药物，靶向治疗；基因修复、干细胞疗法、组织工程、启闭基因、控制机制等。此外还从介绍基因水平上促进人类生殖健康的知识、保健长寿的方法等。

1．基因诊治更确切

（1）基因病历全而确　自西医传入中国后，凡到正规医院看病的病人，医生都会给建一份病历，下次再看病时，拿出病历供医生诊断时参考。久而久之，病历会积累一厚本，存取和查阅都十分不便，参考意义大打折扣。而基因病历就不一样了。基因病历让医疗建立在每个人的基因组基础上，个性化特点突出，改变过去内科、外科、骨科、神经科等繁琐的分类，而全面记载一个人的健康状况、疾病史和每次治疗的情况，包括用药禁忌等。

打开基因病历应能全面了解情况，知道你的个性基因，进行诊断治疗，快速而高效。特别是一些遗传病，有了基因病历，可以很方便地找到致病基因位置。基因数据刻在一张卡上，看医生时把数据卡往计算机上一放，屏幕会显示出来，一览无余，方便得很。你有什么老毛病，会对哪些药物过敏，你的病灶根源在哪个位置，识别容易。用什么药效果最佳纪录在案，诊断、治疗起来就更加有的放矢，终生受益。不过，建立这样一份病历还需时日，主要是人们对基因的识别还有待深入。

（2）基因检测定位准　DNA 测序应用之所以用基因检测这个名称而不用基因诊断，是因为目前的认识和检测水平还达不到在医院做诊断的程度，要真正成为临床上的重要诊断手段还需时日。但基因检测却是当下的一大研究热点。在检测技术较成熟、掌握人类基因组数据较全面的国家，检测费用相对低廉的地方，基因检测开展得好一些。相反，在检测人员对人类基因组不熟悉、不懂医学，而医务人员对基因检测的数据缺乏判别能力的国家和地区，再加上计算机和基因芯片不强大，检测速度和数据判读受限，基因检测不能很好开展，基因诊断就更谈不上了。

基因诊断说到底是从分子水平、基因层面上来探查疾病的原因。在医学发展到分子生物学之前，西医对疾病的诊断只停留在器官的水平上。胸疼，按过去的诊断无非是气管、食管、肺、心脏有了病变，再查不明白就是神经性的。如果说肚子疼，无非查肝、胆、肠、胃、脾、胰、大肠、小肠等脏器，是受病毒还是受细菌感染，是气质性还是神经性，如果是器质性，是长瘤还是溃疡。总之，就是查到器官的病变，进一步确定病因顶多是找到受寄生虫、细菌还是病毒感染。而基因诊断，才是在分子水平上即最根本的层次上查找病原，在基因变化及表达上寻找病理。治疗，也会从基因的层面上施治。这就是基因诊断的先进性，也是复杂性和难点。虽然难度大，但一旦掌握，就会对疾病的诊断追根溯源病因就无处藏身。

使诊断上升到分子层面上有一个重要的转折事件。20 世纪 70 年代以前，科学界特别是医务人员一般都认为癌症是“病毒”所致。美国的科学家瓦尔姆斯及其合作者迈克尔·毕晓普的合作研究确定，“动物的致癌基因不是来自病毒，而来自动物自身正常细胞内所存在的原癌基因。正常情况下位于细胞核内的原癌基因是不活跃的，不会导致癌症；当受到物理、化学、病毒侵害等因素的刺激和诱发时，才被激活而转化为致癌基因的复制过程”。此研究成果于 1976 年发表后，这一理论被公认，1989 年这项成果

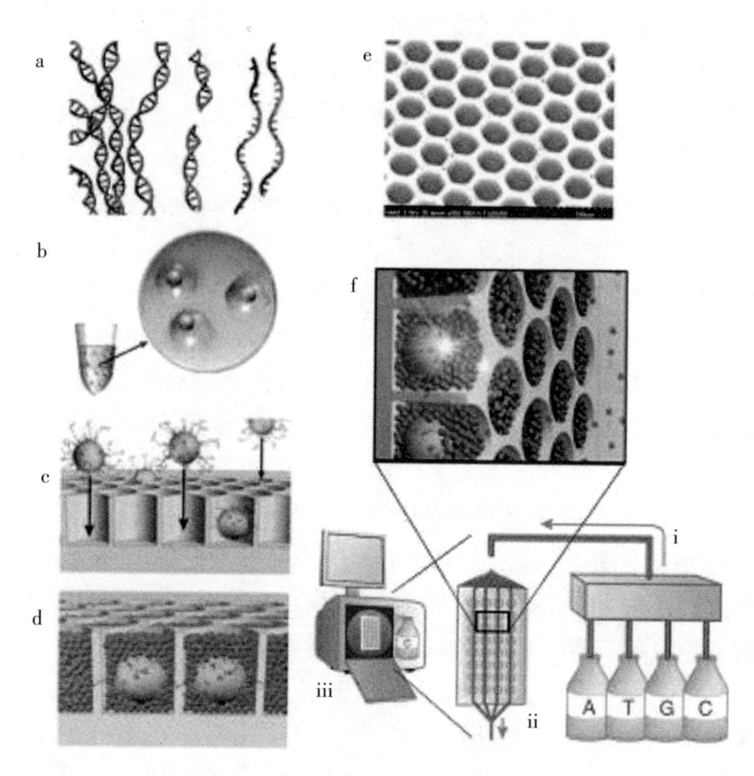

测序仪技术应用简介

a. 分离基因组 DNA，随即切割成小片段，每个片段两端连接上接头序列，并变性形成单链 b. 将 a 中形成的单链分子与微珠连接，每个微珠连接上一条单链分子，然后将这些微珠在乳液中包裹成一个个小液滴，然后进行乳液 PCR 扩增，最后每个微珠上都会携带有上千万条待测模板分子 c. 打破液滴，收集微珠，然后将微珠放置到芯片上的小孔中，每个小孔中放一个微珠 d. 在每个小孔中置入吸附有焦磷酸测序反应所需酶的小微珠 e. 微珠置入前的芯片图像 f. 454 测序仪主要包括以下几个部分：(i) 液体试剂供应装置；(ii) 反应池；(iii) 光线探测成像系统和计算机控制系统

被授予诺贝尔奖。

此后，基因诊断对人的疾病诊治被寄予厚望，盼其能发挥重要作用，造福人类。人的疾病除了外伤，一般病因都能在基因上找到根源。因此，基因诊断就成了未来诊病的重要内容。所谓基因诊断，与当下的医疗诊断大不一样，并不是借助理化光电试剂等繁琐的化验，也不借助大量的仪器来认识你的病因、病变，而是查你的基因病历，用少许唾液或血液测试，就可在基因水平上查出病灶，找到医疗方案。不过，近期的基因诊断是利

用分子生物学及分子遗传的技术和原理，在DNA水平上分析、鉴定遗传疾病所涉及的基因置换、缺失或插入等突变或功能的变异。

这种基因诊断对单基因病会比较准。因为人体基因组计划的完成，人类基因组的数据和部分基因病数据库的建立，使基因检测比较正确快捷。单基因病大约1 400种，现在的基因检测技术可以诊断出几百种。但由于对DNA这部天书读懂还需时间，所以对双基因病（两类疾病共同关联的基因）、多基因病的诊断就不是很有把握。随着对基因认识的深化，基因检测的手段飞速进步，确诊率也不断提高。加上基因检测费用在迅速下降，目前仅需几千元人民币即可，时间需大约半天。由于基因的结构和功能太复杂，人们对基因组的认识还太肤浅，而且一个基因不是过去认为的只制造一种酶、一个蛋白质。一个基因往往有多种功能，在不同环境有不同的作用。还有大量的基因一时找不准它的功能，一种疾病往往由几个甚至成百上千个基因决定。所以基因诊断还处于起步阶段，难于直接大量用于临床。

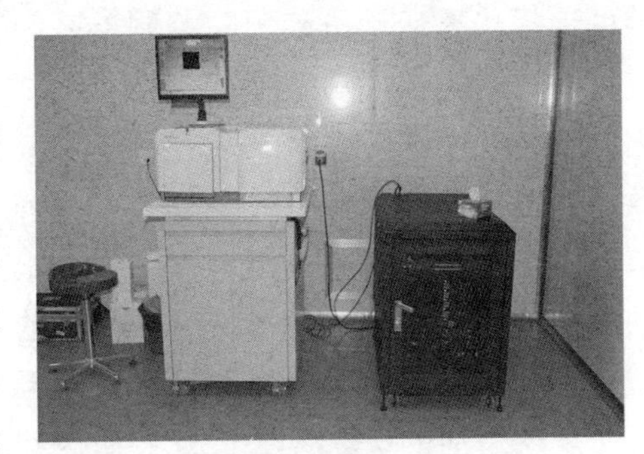
基因测序仪

基因检测还有一个重大障碍，就是对健康基因和致病基因缺乏普遍标准。致病基因的不确定性，使基因诊断难于大面积铺开。目前辨别致病基因的办法，首先是从人的基因组测序、千人基因组测序的数据库中确定健康基因的结构和排序。其次是从有些有遗传疾病的家族基因测序数据中，找出与常人不同的基因变异，建立致病基因模型数据库，以备比较。最后是从灵长类动物中寻找变异致病基因的蛛丝马迹，建立相应的数据库。还一个办法就是加紧基因芯片的研制，加快测序速度，增加致病数据库的建设，发展大数据研制技术，加快检测速度，等等。当前，基因检测技术在整体进步，世界各国投入的研发力量也在逐步加大，但是已进入临床应用的还是凤毛麟角。再加基因测试费用比较贵，所以目前的基因测试还不能普遍开展。医疗卫生部门也没有制定相应规范，无法普遍用于临床，这只是一个可期待的方向。

令人兴奋的是，目前已经有几十种疾病可以用基因检测的方法进行预测。应用最广泛的基因检测是新生儿遗传性疾病的检测、遗传疾病的诊断和某些常见病的辅助诊断。目前有 1 000 多种遗传性疾病可以通过基因检测技术做出诊断，如对遗传病、肿瘤、心脑血管疾病、病毒细菌寄生虫病和职业病等的诊断。

如果按照中国科学院院士杨焕明的观点，只有基因检测才是最准确的疾病检测。他说过这样一句话："对疾病研究来说，只有通过基因组研究才能真正揭示生命、病原的本质，这是 100% 肯定的，不管其他哪一种检测标准都是有问题的。"据此，我们对基因检测诊断疾病还是抱着极大的期待。

目前最先开展的是挑选运动员和对胎儿遗传病的检测。这两个方面对辅助选择优秀运动员和预防控制单基因遗传病还比较现实。

（3）基因检测查病早　一个最好的例子是美国发现的儿童癌症致病基因。费城儿童医院儿童期癌症研究中心的研究人员已经找到导致儿童时期致命癌症的一种遗传性变异基因，从而为一些高危家族的基因测试开辟了前景。这种基因也被认为与成人的淋巴癌和肺癌有关，因此旨在抑制其活动的实验性药物可以使携带这种基因的儿童受益。

成人神经细胞瘤攻击神经系统，虽然相对比较少见，但它仍占到了所有儿童期癌症的 7% 以及非成人期癌症导致死亡的 15%。这种疾病一直困扰着科学家，因为它会出现多种不同的结果：一些在婴儿期发病，但通常无须治疗就可自愈，而另一些在较大年龄儿童身上发病的种类则有可能迅速恶化。

这一发现使我们能够首次为那些有这种疾病遗传史的家庭提供基因测试。科学家对 10 个受这种疾病困扰的家庭进行了基因检测分析并最终找到了致病基因。这一成果使医生可以用简单的超声波或尿液检查出携带这种变异基因的儿童，并进行监测，从而能够在早期及时发现癌症征兆。

（4）新算法提升检测率　基因融合是指染色体上两个异位的基因嵌合在一起，形成一个嵌合基因的现象。这种现象一般是由于染色体发生易位、缺失或者倒置造成的，它们在癌症的发生上扮演着重要角色，并且可以作为诊断和治疗癌症的靶标。随着对基因融合的深入研究，科研人员发现，除血液系统肿瘤外，在实体瘤中也存在着基因融合现象。

传统基因融合研究方法存在通量低、操作复杂、不便于大规模样品筛查的缺点。而高通量 RNA 测序技术具有通量高、成本低、检测精度高和检测范围广的优点，其与全基因组测序相比，不仅能找到由于重排导致的基因融合，还能找到更多转录水平上的融合。

2013年，我国深圳华大基因公开了一种基因融合检测算法（SOAP-fuse）。根据模拟数据和真实验证数据的综合测评表明，该算法具有准确率高、敏感性强、精度高、资源消耗少等优点。

基因融合检测算法首先通过比对基因组和转录本中双末端（pair end）关系的序列寻找候选的基因融合，然后采用局部穷举算法和一系列精细的过滤策略，在尽量保留真实融合的情况下过滤掉其中假阳性的基因融合。同时，该算法还具有融合断点预测和可视化功能，这对临床分子分型和肿瘤新药的开发具有重要意义。

（5）早期诊治效果好　科学家首次功能性治愈艾滋病患儿。早期治疗或可降低母婴传染死亡率。

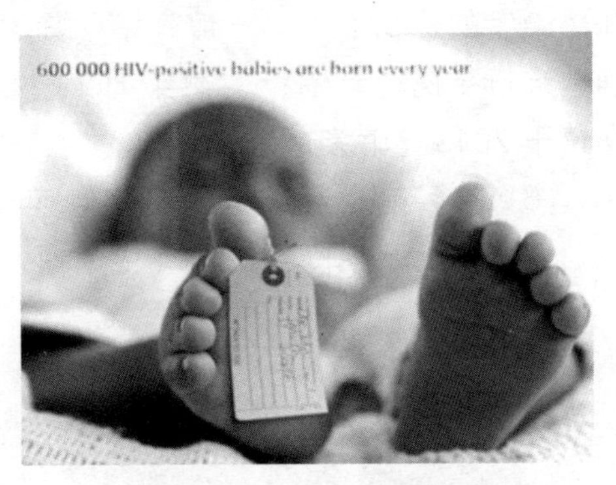

目前全世界艾滋病病毒母婴传染每天新增约1 700例

美国密西西比州乡村一个不幸被艾滋病病毒（HIV）感染的婴儿被“治愈”。这一“奇迹”的出现，很可能是因为医生在婴儿出生30小时后即开始了治疗。医生在2013年3月公布了同类疾病治疗的“第一个好的案例”。美国约翰斯·霍普金斯布隆伯格公共卫生学院深入研究了治愈儿童的血液样本，结果发现，早期治疗能够帮助这名密西西比2岁半的患者清除强劲的病毒感染做好准备。

2010年7月，一名婴儿在母亲分娩前被检测出HIV感染，医生决定将这名儿童移送至密西西比大学医学中心（UMMC）。转入2天后，医生开始采用艾滋病防护药和其他两种抗艾滋病毒的鸡尾酒疗法，进行组合式抗逆转录病毒治疗，并持续关注患者病情变化。在18个月时，这名婴儿的监护人决定停止治疗。而患者在21个月大时，又重新开始接受治疗。儿科医生并没有在标准测试中发现这个婴儿体内存在HIV抗体或病毒。于是，医生联系了马萨诸塞大学医学院寻求帮助，又转而咨询了其他专家研究小组，帮助检查患者血液样本中是否留有HIV。研究小组使用了一系列超灵敏测试寻找患者血液中的HIV，结果只在其血浆中发现了一个HIV RNA的单独副本。这样的遗传证据通常代表了有缺陷的病毒版本，这些病毒无法进行复制。研究小组将其血液与未受到感染的CD4细胞——HIV的主要攻击靶点——进行混合，以观察它们是否会制造出新的病毒，结果为没有。在该婴儿 26 个月大时，研究人员再次进行了实验，结果找到了微量 HIV 遗传痕迹，但是，它们似乎没有与细胞结合，只是进行了自我复制。研究证明“对新生儿进行抗逆转录病毒治疗后，可以阻止体内藏匿的 HIV 感染宿主细胞。该疗法能够清除、抑制 HIV 病毒，在非终身治疗的情况下实现‘功能性治愈’”。就是说，感染者体内的 HIV 被完全抑制，机体免疫功能正常，即使不接受治疗，用常规方法也难以在患儿血液中检测出病毒。研究人员指出，根除 HIV，即“根本性治愈”艾滋病当前难以实现。现在针对 HIV 婴儿感染者的药物治疗，一般开始于其出生后 3～4 个月之间，因此尽早、准确地进行抗逆转录治疗对感染 HIV 的婴儿意义重大，遗憾的是这个婴儿的病情于 2013 年底复发了。

（6）基因筛查治未病　许多患有遗传病的患者在婴幼儿时期不易被发现。但在新生儿期间早筛查、早干预，是预防和治疗聋儿的好办法。

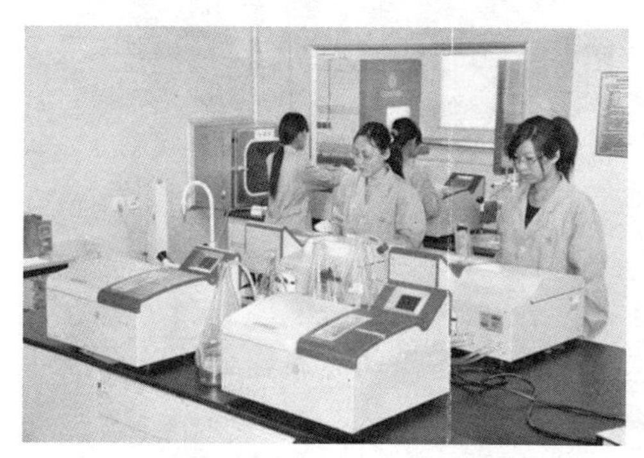
耳聋基因芯片筛查实验室

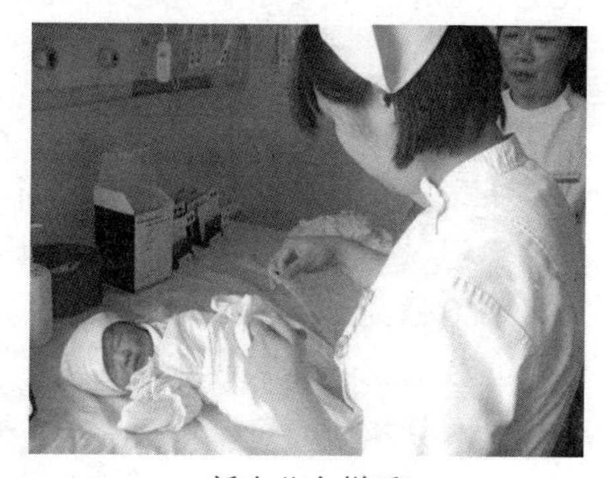
新生儿血样采

耳聋是最常见的出生缺陷之一。为改进新生儿听力筛查技术，提高检出率，减少耳聋残疾发生，提高人口素质意义重大。

《2012 年中国出生缺陷防治报告》数据显示，听力障碍已成为我国第二大出生缺陷疾病。我国现有残疾人约 8 296 万，其中听力残疾人 2 780 万，居各类残疾之首（33%），耳聋已经成为最常见的出生缺陷之一。研究表明，在所有致聋原因中遗传是导致聋儿出生的主要原因，比例高达 60%；另外在大量的迟发性听力下降患者中，亦有许多患者是由自身的基因缺陷致病，或由于基因缺陷和多态性造成对致聋环境因素易感性增加而致病。在听力残疾者当中，0～6 岁听力障碍儿童有 80 万，我国每年仍有 3 万左右听障儿童出生。如果加上迟发性耳聋及药物性耳聋患者，每年新增的听障儿童超过6万。由此可见，每年新增聋儿中约有50%没有在新生儿听力筛查中被检测出来，他们多为迟发性耳聋和药物性耳聋。我国累计约有30万对已生聋儿的育龄夫妇面临再次生育选择和生育另一个聋儿的风险。他们需要知道发生耳聋的准确病因，并需要相应的产前诊断技术来确保再次生育成功。对有听力障碍的夫妇进行基因诊断并结合产前诊断，能有效提高遗传性耳聋患儿的检出率，早期发现、早期诊断、早期干预具有聋病易感基因的听力障碍儿童，防止遗传性耳聋患儿的出生，实现在遗传性耳聋家庭不再出生聋儿的目标。同时，新生儿耳聋基因筛查还可以指导临床、提供耳聋防治预警，为正常夫妇提供优生优育指导。由于迟发性耳聋具有隐蔽性，传统的检查方法难免会有所遗漏。而耳聋基因检测则可以明确遗传病因，预防迟发性耳聋的发生，保护残留听力，避免听力损伤加重；同时耳聋基因检测还可以在孕前、孕期、新生儿时期等多个时间段对迟发性耳聋进行干预。并且在青少年聋人中进行相应的基因筛查和诊断，使他们了解自己的致病原因，能够有效地避免和因相同耳聋基因突变致聋异性的结合，从而前瞻性地预防聋—聋传递悲剧的重复发生。

抗生素滥用已成为社会关注的一大热点问题。我国7岁以下儿童，因为不合理使用抗生素造成耳聋的数量多达30万，占总体聋哑儿童的比例高达30%～40%。其中，绝大多数的聋儿都是因为在小时候注射链霉素而“一针致聋”，永久失去了听力。中国聋人群体中4.4%的个体携带线粒体基因突变，在使用以链霉素为代表的氨基糖甙类药物后会引发听力下降，如不能及时获得正确的医学指导，其家人也可能因为使用药物而致聋。有研究发现，线粒体基因A1555G的突变，虽临床表现为药物应用后所致的重度以上的神经性耳聋，但是调查患者的家族必定会发现一个以母系遗传为特点的突变携带群，而且没有接触耳毒性药物的携带者多为正常。

“一针致聋”是完全可以避免的。2011年北京市某医院在接诊样本量不太多的条件下，成功发现1例药物性耳聋基因突变的携带者，随访这例患者后发现其母亲和母系家族中存在更多的药物性耳聋易感人群，后来在该院的帮助下，使他们远离了“一针致聋”的危险。

国内外科学家通过大量研究发现，大多数遗传性耳聋属于单基因病，自1986年以来，已有60多个耳聋基因被克隆。解放军总医院聋病分子诊断中心自2004年起在国内率先进行了全国性聋病分子流行病学调查，结果显示GJB2基因、SLC26A4基因、线粒体基因是导致中国大部分非综合征性遗传性耳聋的3个最常见的致病基因，通过对以上基因进行检测，可以诊断近80%的遗传性耳聋。这一研究成果也成为在中国开展新生儿聋病易感基因筛查的理论基础。

2009年，我国历时3年研制出了世界上第一个遗传性耳聋基因检测芯片，具有高精度、高效率、高通量、低成本等特点，可同时检测针对重度先天性耳聋、药物性耳聋和大前庭水管综合征的4个基因中的9个突变位点，一次检测只需5小时。2009年，晶芯九项遗传性耳聋基因检测试剂盒（微阵列芯片法）获得国家食品药品监督管理局颁发的医疗器械注册证书，成为世界上首个经政府权威部门批准用于临床的遗传性耳聋基因检测芯片。芯片问世以来，对GJB2基因、SLC26A4（PDS）基因、12S rRNA基因和GJB3基因上的9个遗传性耳聋的突变位点同时进行检测，其标本采集简便、操作快速、结果准确可靠等特点受到各方高度认可。

耳聋基因筛查可用较少的成本和投入获得较好效果。2012年，对20万新生儿耳聋基因筛查进行的成本效果和成本效益分析显示，筛查投入约1亿元，可避免损失1 971.27个健康寿命年，可多挽救19 928.34个劳动年，可为社会减少经济损失9.4亿元（94 171.12万元）。如不筛查，挽救一个劳动年需付出5.45万元，而筛查只需支付0.48万元。从成本效益角度分析，筛查的效益成本比率为7.27∶1，即投入1元，可获得7.27元的收益。说明耳聋基因筛查具有较高的成本效益。筛查可以减少本代儿童和母系家族成员发生耳聋的风险，并可避免其后代耳聋。2013年在北京约22万的新生儿中，预计将筛查出580名药物性耳聋易感新生儿，通过对这些新生儿和其母系家族成员开展用药指导和预警，可避免这些儿童因用药不当导致耳聋，还可减少来自其母系家族成员中的800多人发病。同时，在筛查出的8 000多名GJB2和PDS基因突变携带者中，可避免其后代约200余人发生耳聋。

不仅耳聋患者，我国每年新增的出生缺陷婴儿约90万例。孕期胎儿的先天性心脏病、血友病、唇腭裂、唐氏综合征等残疾，如果提前得到基因检测复查，并对有缺陷的胎儿采取修复或中止妊娠等措施，就会大大减少先天患儿的出生。

2. 基因病因溯本源

传统医学认为，遗传类疾病可分为罕见的孟德尔遗传病和较常见的复杂疾病。孟德尔遗传病往往由单基因控制，在人群中的发病率很低，表现出很强的家族聚集性，如镰刀型贫血、白化病、舞蹈病、色盲、血友病、唐氏综合征等。这些病是由单个基因位点变异所致，识别容易。复杂疾病往往受多个基因控制，在人群中发病率高，如癌症、高血压、糖尿病、心脏病等，其遗传模式复杂，单个基因变异的效应很弱，大多是许多基因综合影响的结果，这就增加了确认的难度。

对最新的遗传类疾病基因数据库分析发现，孟德尔遗传病基因和复杂疾病基因并不像通常的分类那样界限分明。相反，两类疾病基因存在大量的重叠，即与两类疾病共同关联的基因（双联基因），比基于统计学随机假设的预期数目多出8倍。

基因病的基本检测过程首先是分离、扩增待测的DNA片断，之后区分或鉴定DNA的异常。检测标准：正确扩增靶基因；准确区分单个碱基的差别；本底或噪声低，不干扰DNA的鉴定；便于完全自动化操作，能够适合大面积、大人群普查。

（1）基因诊断两病例

①心脏致病多基因。常见病比如心脏病，是典型的多基因病。最近，医务工作者研究了近1.6万名志愿者的基因组和心电图，分析了每个基因组上的约250万个位点，结果发现有10种基因突变会造成心脏收缩时间在Q-T间期出现扰乱，说明了导致心脏病的多基因性。美国马萨诸塞州总医院对1.3万多名求诊者进行了研究，也得出了类似结果。

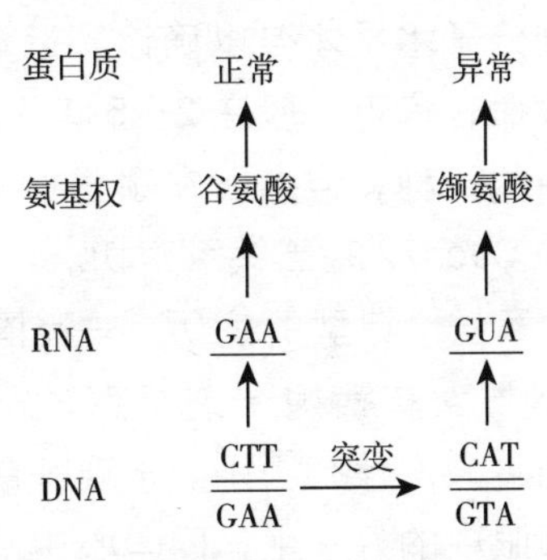

镰刀型细胞贫血症病因的图解

专家指出，正常心电图上有数个波形，分别用英文字母P至U表示，Q-T间期是指从Q波开始到T波末端的时间。Q-T间期异常与心衰、冠状动脉供血不足、心肌炎等心脏病有关，其中一些病在严重发作时有可能导致猝死。

有一些心脏病患者的胆固醇水平并不高，也不肥胖，因此分析其基因状况可能有助于了解其心脏病成因。但研究人员也指出，上述10种基因中的某一个发生突变不一定使患心脏病的风险加大。今后，专家们将致力于分析上述10种基因变异能在多大程度上加重心脏病，甚至引发猝死。

心脏病与RNA片断减少与缺失有关。2013年初，德国科学家公布了一项新的研究结果——心脏病不但与脱氧核糖核酸（DNA）的片断——基因有关，而且与核糖核酸（RNA）的片断有关。法兰克福的研究人员认为，衰老导致的心脏细胞减少和心脏功能减退是引发心血管疾病的重要原因，而一个被称为“miR-34a”的短RNA片段在这一过程中起着重要作用。如果这种短RNA片段受抑制，或是由于遗传因素缺少这种片段，由衰老引起的心脏细胞死亡数量会减少，且心脏病发作后的心脏机能恢复也更快。研究还揭示了该短RNA片段与心脏衰老之间的深层关系，即这种短RNA片段会抑制一种名为PNUTS的蛋白质，而该蛋白质在保护心脏细胞免受损伤、减少程序性细胞死亡等方面都发挥着重要作用。

根据以上机理，就能开发防治心血管疾病的新方法。心血管疾病包括冠心病、高血压、风湿性心脏病、先天性心脏病和心衰竭等，是人类第一杀手。全世界每年有1 730万人死于此类疾病，占死亡总人数的30%。世界卫生组织预计，到2030年每年将有约2 360万人死于心血管疾病。

②运动神经疾病之基因。有一些怪病以前找不到病因，直到医学发展到分子水平才得以确诊。运动神经元病是一种慢性进行性变性疾病，十分致命，病患一般在2～5年内即会死亡。人们熟知的渐冻人症即是该类疾病中的一种，但病因在哪里过去不太清楚。经研究，这种病与9号染色体上的C9orf72基因关系密切。

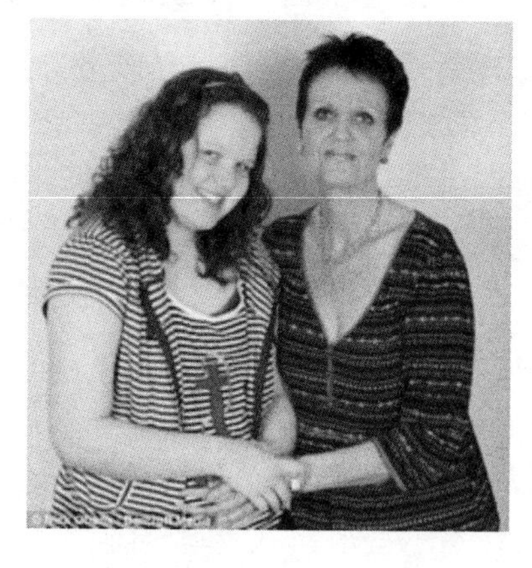

一个典型的病历——英国伦敦西部的13岁女孩西妮·纳莫克，外表上看她和同龄人没什么区别。乐观开朗的她，是老师眼中的好学生，同学心中的好朋友。然而，这样一个乖巧的女孩却患有一种罕见的疾病——进行性肌肉骨化症。这种目前还无药可治的病，会慢慢将她“吞噬”。西妮的手臂关节已经被“锁定”在腰部位置，弯曲的手臂也无法自由移动。脖子和后背肌肉逐渐变得僵硬，并开始转化为骨骼。专家称，西妮身体的其他部位很可能也在发生这种无法遏制的病变。

2008年，西妮因玩蹦床受伤，到医院接受诊治时才被诊断出患有这种怪病。但后来疼痛症状没有消失，于是母亲玛丽亚带她到另外一家医院再次查验，医生通过核磁共振成像扫描和其他测试，发现西妮患上了罕见的进行性肌肉骨化症。

2009年9月，一个由英美等国科学家组成的国际研究小组找到了一个与运动神经元疾病（MND）相关的新基因，有近40%的运动神经元疾病是由该基因变异引起的。该研究小组对来自芬兰的MND患者和英国威尔士的一个家庭进行了基因诊断。这个家庭有着多年的遗传病史，家庭中多人死于早发性MND和神经退行性变疾病——额颞叶痴呆（FTD，也称皮克病）。研究人员通过DNA样本分析后发现，两组人群在9号染色体上存在着一个同样的基因变异，他们的C9orf72基因中的DNA重复序列多达数百个，而正常人的C9orf72基因中只有20个DNA重复序列。虽然C9orf72基因中这种“重复扩增”的确切作用目前还不清楚，但研究人员认为，有可能是这一活动打乱了运动神经细胞的多种机制，最终导致其功能衰竭和死亡。通过进一步研究，研究人员在北美、德国和意大利有该种遗传病史的人身上找到了同样的基因变异。他们发现，有38%的遗传MND与此变异有关。

（2）基因致病机理深。基因病是综合性概念，基因病的致病类型并不一致。有的是基因变异，有的是基因缺失，有的是基因移位，有的是基因功能丧失或者是休眠、沉默，也或者是相反情况，基因没有变异，却激活了沉默的致病基因，有时致病完全是基因编码的重复增加或片段缩短，等等。其原因就更复杂，有的是自身原因，有的是细胞核或细胞质、细胞器变化，有的是整个肌体的变化甚至是生物整体的变化如致毒、菌侵袭等。

科学家发现动物基因组中都存在转位（座）子，这是一种有特定功能的基因片段，它可以自我复制并在基因序列中四处移动。转位子的移动在许多情况下会造成基因组损伤，进而引发各种疾病，因此，生物体内存在抑制转位子的机制。

此前的研究显示，一种由约30个核苷酸组成的小核糖核酸PiRNA能保护基因组不被转位子损伤，确保生殖细胞中的遗传信息能正确地传递给后代。piRNA是由一条长链RNA演变而来的，但是究竟是如何形成的尚不明确。

东京大学研究人员以果蝇和小鼠为实验对象，注意到一种名为Zuc的蛋白质拥有可切断单链RNA的分子结构。而生化学分析显示，这种蛋白质切断RNA是piRNA的形成以及抑制转位子的表达所必需的。果蝇和小鼠体内指导Zuc蛋白质合成的基因如果发生变异，果蝇和小鼠就可能不孕。这项研究成果将有助于解开不孕症发病的机制。

还有一些情况，如有的疾病并非基因结构发生变化，而是有些生物酶的活性、基因的开闭状态决定病症的发生变化。有的致病基因沉默，会使病症减轻或消失，有的致病基因启动了凋亡的机制也会使疾病痊愈。相反，有此已沉默的致病基因开关的启动，又会使疾病重犯或加剧。这些机制的判断更为复杂，这要牵涉到对基因功能的识别和掌握。目前，在这方面人们的认识还比较肤浅。

3．基因治疗显身手

什么钥匙开什么锁。不同的病就要不同的治法。基因病就要用基因疗法。

在医学发展到分子治疗水平以前，无论是中医还是西医都是在机体的整体水平和器官病变的水平上对症治疗。医药的目标最多是在造成病变的细菌、病毒和生理功能的层面进行，所用的中药、西药都是针对这些病原施治。这种医疗水平的局限性较大，有多达4 000多种遗传性疾病依靠传统医学不能获得有效的治疗。据统计，每100名婴儿中就有1名具有某种先天性遗传缺陷。大多数遗传疾病发生在肝脏（肝脏中有许多重要的酶类在体内复杂的代谢过程中起催化作用）和造血器官（骨髓）。目前，上述遗传疾病大多还没有根治的方法，而且对于此类疾病的治疗也多为对症治疗，另外有一些先天性疾病可以通过外科手术进行治疗。对症治疗的效果仅在26种遗传病中算得上完全的成功（只占总数的40%），在其他疾病治疗方面基本无效，并且还存在医疗费用高，治疗周期长，大多需要终生治疗，输血过程中感染的风险大，等等。对于地中海贫血患者而言，反复输血会带来高铁体质的副作用，因此对这类疾病就需要进行基因治疗。

所谓基因疗法，也称“基因治疗”，是美国科学家迈克尔·布莱泽在1968年首次提出的。基因疗法是指利用健康的基因来填补或替代基因疾病中某些缺失或病变的基因。疾病以及某些异常情况可以通过使用正常遗传物质替换病人的缺陷基因、器官的方法进行治疗。因为对基因的研究还比较初步，所以许多基因疗法还处于实验阶段，少有大规模临床。各个国家对于一些基因疗法还没有具体的规范。下面介绍的内容都是基于这样一个现实。

在大部分基因疗法研究中，研究人员让病毒载体装载正常基因后侵染靶细胞。病毒载体进入靶细胞后，释放治疗性基因，这个治疗性基因所编码的蛋白产物可以帮助靶细胞恢复正常功能。运载基因进入机体的分子被称为载体，它的作用是将治疗性基因送入靶细胞。目前，研究人员最常用的载体是一种经过改造的病毒，它能有效地运载正常的人类DNA。科学家有时还采用病毒基因组来敲除致病基因，并同时插入治疗性基因。

(1) 使用基因药物　基因疗法与常规治疗的相同之处是先用药物。关于基因药物还没有一个统一定义。我理解应该有两类药物可称基因药物：一类是用转基因的方法制取，并且治疗相关病的药物，如干扰素之类；另一类是专门治疗基因病或基因缺陷的药物，有的是启闭某些基因开关。

基因药物研制是世界药业和科研部门的一个热点。但是成熟的基因药却不多。一些基因药物还打着保健食品的招牌进行所谓的“治疗”，效果却大打折扣。基因药物的研发比较困难，这主要是因为对基因特别是致病基因的认识还有待于深化。基因治疗的临床试验始自1990年，是将目的基因放进特定载体中，导入人体细胞，达到治病的目的。迄今在基因治疗领域全球已有近百家专业化公司，基因治疗临床方案达700多个。再一类是20世纪70年代的单细胞抗体技术，美国历史最久的生物技术公司Genentech 2002年获得了28亿美元的销售收入，主要来源于这项技术的应用。这项技术被称为是“伟大的”，当然也具有巨大的商业应用价值。但此前世界范围内极少有安全有效的基因治疗药物被批准成为新药。

①p53病毒注射液。值得国人称道的是我国有一个世界水平的基因药，此药有自主知识产权，名为重组人p53腺病毒注射液，并已获得国家食品药品监督管理局的批准。这个药的重大价值在于，它标志着世界首个基因治疗药物“诞生”，也标志着我国具有世界上第一个得到国家批准的基因治疗药物并正式上市。这是高技术生物产业发展的里程碑，将带动整个基因治疗研究和产业的发展，将为人类的健康事业做出贡献。重组人p53腺病毒制品在抗肿瘤上呈现出广谱性，通过肿瘤局部注射、静脉注射、介入给药、胸腹腔灌注等方式，对头颈部鳞癌、乳腺癌、食道癌等数十种肿瘤的治疗有效果。与传统的放化疗联合应用呈现明显协同效应，对鼻咽癌等头颈部鳞癌的疗效显著。在深圳已建立了通过国家GMP认证的基因治疗产品生产线和厂房。

许多疑难病症的治愈希望寄托在基因药物上，特别是各种癌症的治疗。基因治疗只为肿瘤治疗开创了一种有效的方法，人类攻克肿瘤的路还很长，仍需多方努力。

②植物制出抗艾药。迄今为止，使用非蛋白杀毒剂对抗艾滋病的临床试验结果均令人失望。美英科学家联合利用改良的烟草花叶病毒，向本氏烟草中引入了新基因，从而使其能够产生一种名为 griffithsin（GRFT）的蛋白。研究显示，GRFT 能够有效抵御 HIV，它能绑定到 HIV 表面并阻止其感染健康细胞。科学家用这种技术很容易进行病毒遗传修改，并且这种植物能够在温室里进行高密度种植。医学家认为，"这是一个里程碑式的研究，因为它第一次显示了可大量制造蛋白的能力，所以它恢复了制造蛋白杀毒剂的可能性。"

③人工酶可"剪断"病毒 DNA。这也应算做是一种有治疗意义的基因药。日本合成的一种人工酶，可以切断致宫颈癌的人乳头瘤病毒的 DNA，遏制癌症的漫延。

宫颈癌是女性最常见的恶性肿瘤，人乳头瘤病毒是引发宫颈癌的主要原因。人乳头瘤病毒是一种球形 DNA 病毒，广泛存在于人、脊椎动物、昆虫体内以及多种传代细胞系中，它无法单独繁殖，必须寄生在活细胞内。

2013 年初，日本冈山大学的研究人员成功地合成出一种"限制性核酸内切酶"，利用这种人工酶作为"剪刀"，将糖分子与磷酸之间的键结"剪断"，切断引发宫颈癌的人乳头瘤病毒的 DNA，从而遏制了其增殖，让病毒的增殖水平降低到正常水平的 4% 左右。这一技术有望应用于治疗由 DNA 病毒引起的疾病。即使病毒侵入人体，只要不增殖就不会发病。使用这种人工酶，即使是新型病毒，只要弄清 DNA 排列的一部分，就可以将其切断，从而容易作为抗病毒药物使用。因此，这种酶也可看作是一种基因药物。

④靶向给药疗效高。传统的药物和医疗比如化疗、放疗，在治疗过程中副作用都比较大。有些治癌药物和疗法，在杀死癌细胞的同时也会伤及健康细胞，在清除病变时也会累及无辜肌体。

1989 年，美国南加州大学科学家威廉姆·安德森进行了首例人体基因治疗临床试验研究。在医疗临床试验和病理研究中发现，就是在同类癌症病人的体内，与病有关的酶也有明显的个体和遗传差异。所以，基因药物的靶向治疗十分必要。分子诊断和靶向药物同步研发是一项成功的研发策略，具有科学和应用价值。2011 年，美国 FDA 批准上市了两个同步研发的新抗癌药物和生物标示物诊断监测试剂。另外，罗氏开发的新药 Zelboral 和 BRAF 基因 V600E 突变检测试剂获得批准，用于晚期黑色素瘤；辉瑞开发的新药 Xalkori 和诊断监测试剂也取得成功，用于治疗间变型淋巴瘤激酶

（ALK）阳性的病人。

基因组测序成本的降低，医生对利用测序技术诊断日感兴趣，并被更多患者所接受，更重要的是药物治疗的疗效也越发现实。确定某些患者适合某种特定药物研发方向后，要重视对每种药物的靶向治疗靶点、使用对象的精准诊断、个性差异研究，促使医生和更多使用特定的分子诊断和个性化医疗。如要获得更为及时、精准和经济的疾病诊断，还需开发和推广更多即时诊断类产品。

⑤基因治疗阿尔茨海默氏症。治疗阿尔茨海默氏症（俗称老年痴呆症）的药物研发方向主要是以淀粉样-β（Aβ）脑斑——神经退行性疾病的典型特征——为靶点。美国科学家的一项新研究结果强调了，脑源性神经营养因子（BDNF）在不同阿尔茨海默氏症模型中都有显著疗效。

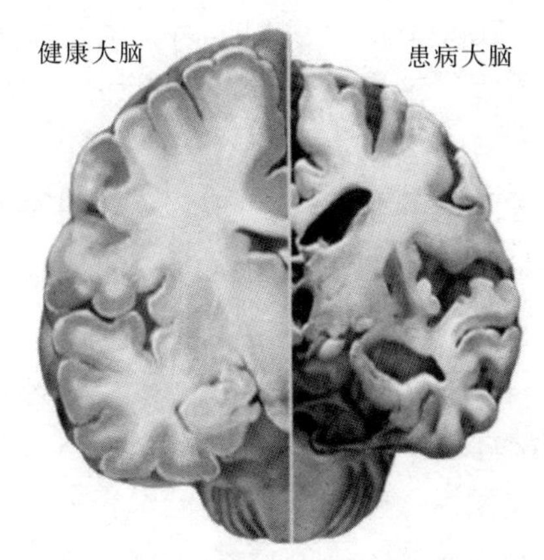

脑源性神经营养因子治疗
阿尔茨海默氏症疗效显著

在阿尔茨海默氏症中，大脑内嗅皮质的深度神经细胞功能紊乱能够造成短期记忆的过早丧失，在这个区域施加基因疗法能够有效治疗阿尔茨海默氏症。

美国加利福尼亚大学圣地亚哥分校的专家首先在转基因阿尔茨海默氏症小鼠模型和年老的大鼠中评估了治疗效果。结果显示，注射脑源性神经营养因子能够恢复啮齿动物的空间记忆缺陷。脑源性神经营养因子治疗还能够使与阿尔茨海默氏症有关的基因表达（在小鼠模型中）和与老化有关的基因表达（在大鼠模型中）部分正常化。脑源性神经营养因子同时在生物体外防止了由Aβ引发的内嗅皮质神经细胞死亡，以及由穿缘通路——将内嗅皮质与海马状突起连接在一起——损伤而在大鼠体内导致的内嗅皮质神经细胞死亡。

研究人员随后在猴子的穿缘通路实施双侧射频损伤研究，从而建立了一个内嗅皮质神经细胞死亡的非人类灵长类模型。脑源性神经营养因子注射则在这一模型中防止了神经细胞的死亡。在一些认知能力已然退化的年老猴子中，治疗能够显著改善它们的视觉空间和识别能力。

这些研究无疑使脑源性神经营养因子为阿尔茨海默氏症的潜在疗法提供了依据。使用神经营养因子治疗神经退行性疾病的尝试能够成功地推广到人类的治疗当中去。

（2）高技术修饰基因

①补充缺失基因。基因治疗的另一种方法是向有功能缺陷的细胞补充相应的功能基因，以纠正或补偿其基因的缺陷，达到治疗的目的。如对缺乏免疫基因或先天缺少视觉基因的患者补充相应基因治疗疾病。这需要精准治疗、靶向治疗，缺什么补什么，哪里有毛病就对准哪里。这些方面已经有了可喜的尝试。

2000 年，法国巴黎内克尔儿童医院利用基因治疗使数名有免疫缺陷的婴儿恢复了正常免疫功能，标志着人类基因治疗实现了从实验室到临床的突破。

美国也在这方面有经验。2012 年，美国宾夕法尼亚大学医学院费城儿童医院的科学家们对 3 名先天性失明患者的基因治疗试验获得令人鼓舞的实验结果。他们利用腺相关病毒（AAV）载体将 RPE65 基因注入患者体内，初期数据表明基因治疗不仅安全，而且显示了良好的治疗效果。

美国 3 名患者罹患的是一种称为莱伯氏先天性黑蒙症的遗传性致盲眼病。这是一种遗传性视网膜病变，出生时或出生一年内双眼锥杆细胞功能完全丧失，导致婴幼儿先天失明。这种病多呈常染色体隐性遗传，临床上以眼球震颤、固视障碍、畏光、指压眼球为特征。在接受基因治疗后，患者的生活质量得到了明显改善。他们能够在夜晚出来散步、购物以及识别面孔——这在以前对于他们是根本不可能做到的事情。同时，研究者还通过客观检测证实患者的光敏感度、旁视野及其他视觉功能均获得了提高。此外，通过 fMRI* 检测，表明患者两眼的脑响应能力也得到了极大地提高，研究人员认为其部分原因可能是两只眼睛注视物体时能相互协调所致。

为了确定二次治疗的安全性，他们还将对患者开展更长期的随访研究，并在其他受试者身上重复检测。就当前的试验结果来看，表明二次治疗或将获得更好的结果。这一研究工作为用相似的基因治疗策略治疗其他视网膜疾病带来了新希望。

②修复变异基因。基因修复主要是针对基因组出现损伤采取的措施。DNA 损伤实际上即基因突变。基因突变可能会造成机体的两种结果：一是可能导致复制或转录障碍，如胸腺嘧啶二聚体 DNA 骨架中产生切口或断裂；二是可能复制后基因突变，如胞嘧啶自发脱氨转变为尿嘧啶，使 DNA 序列

---

* fMRI：功能磁共振成像，一种脑成像技术。

发生永久改变。解决办法是增强肌体免疫力，使DNA序列识别这种要发生的损伤，以维持正常代谢，更必要的是对损伤加以修复，使其恢复正常状态。这是一种对已发生分子改变的补偿措施。

基因修复，阻止儿童早衰。2009年，我国科学家开始利用iPSc研究儿童早衰症。2010年他们在国际上率先修复了早衰症中的致病基因突变，成功阻止了患病儿童血管平滑肌细胞的过早老化，这项成果得到世界学术界的肯定。

地中海贫血症是DNA在复制中，位于11号染色体上的Hb与βHbδ顺序和距离错配，导致了疾病的发生。我国国家重大科学研究计划“非整合人诱导性多能干细胞及相关技术用于β地中海贫血治疗的研究”项目已在广州正式启动。来自基础研究、临床治疗等领域的科学家将组成一个项目组，计划在5年内，寻找治疗单基因遗传病——地中海贫血的新方法。

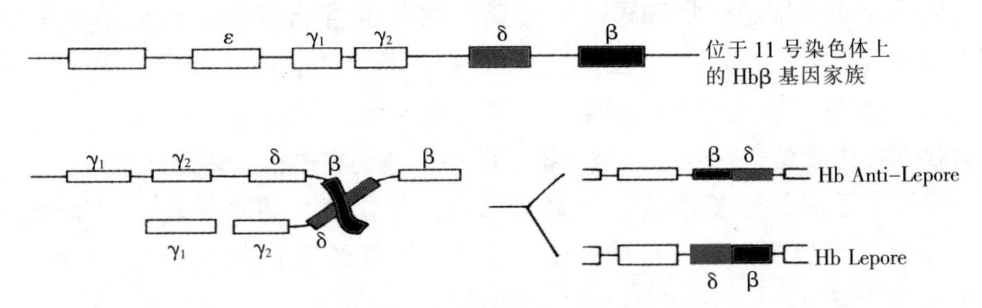

两种地中海贫血症的基因错配示意图

项目组也将考虑把病人皮肤细胞等体细胞诱导成多能干细胞系，然后通过致病基因的原位修复，进一步分化成有功能的血液干细胞，最终用于移植治疗，从而根治地中海贫血病。

英国科学家在2011年就精确修正了一个肝病患者干细胞内的基因变异。经过修正的干细胞表现正常。科学家们表示，最新研究朝个性化疗法更近了一步。英国桑格研究所和剑桥大学的研究团队发现，α_1-抗胰蛋白酶内的一个变异会导致一个缺陷。α_1-抗胰蛋白酶是在肝脏内非常活跃的一个基因，负责制造一种能抵抗过多炎症的蛋白。如果α_1-抗胰蛋白酶发生变异，会让人罹患肝硬化和肺气肿，这是肝脏和肺最常见的遗传紊乱。

研究人员修正了这个对肝硬化和肺气肿负责的基因变异。此前，剑桥大学的科学家们也曾成功将取自遗传性肝病患者的一小块皮肤样本变成人体诱导多能干细胞，随后再将干细胞变成肝细胞，成功地修正了一个含有该变异的α_1-抗胰蛋白酶基因。

科学家们首先使用“分子剪刀”在正确的地方将该基因的基因组剪断，并用名为转座子的DNA“运输机”将正确版本的基因插入其中，再将该转座子序列从细胞中剔除，使人体诱导多能干细胞能转化为肝脏细胞，而在修正点没有出现任何DNA被破坏的“蛛丝马迹”。随后，科学家们通过在试管和老鼠实验中观察正常α_1-抗胰蛋白酶蛋白的活动，证明这种经过修正的基因在他们制造出的肝脏细胞中非常活跃。

他们还直接从一个具有α_1-抗胰蛋白酶蛋白缺陷的病人体内提取出其干细胞进行上述实验，结果精确地修正了该变异，而且经过修正的干细胞产生了正常的α_1-抗胰蛋白酶蛋白。科学家认为“这套新系统能有效地修正病人细胞中的基因缺陷。尽管这项研究还处于初期阶段，但如果将其用于临床试验，会让病人大大受益。”

剑桥大学干细胞生物和再生医学研究中心的首席科学家卢多维奇·瓦利尔表示：“该研究表明，对肝脏遗传疾病进行个性化细胞治疗迈出了第一步。”剑桥大学呼吸生物学教授戴维·洛马斯表示：“我们的研究对于为肝病患者找到疗法或延长其寿命非常关键。随后，我们将进行人体临床试验。”

对损伤基因的修复形式，有直接修复、光修复、切除修复、重组修复和SOS修复等措施。目的是把突变的基因，恢复到正常的结构形式和顺序，以便使肌体康复。

③敲除基因产生细菌自卫新机制。中国科学院上海有机化学研究所在抗肿瘤抗生素谷田霉素的生物合成研究中，发现了一类独特的糖基水解酶。谷田霉素是一类高活性的DNA烷基化试剂，其生物活性源于分子与DNA双螺旋的小沟中富含AT区域的识别，进而三元环活性中心对腺嘌呤A碱基发生DNA烷基化修饰引起DNA链断裂。研究表明，该家族化合物不仅可对游离的DNA双螺旋发生烷基化修饰，还可高效地对核小体颗粒中的DNA进行烷基化修饰，甚至是几乎全部被组蛋白包围的DNA。因此，这类化合物的产生菌如何保护自身的DNA、如何避免烷基化损伤一直是研究的重点。

此次研究人员通过体内基因敲除、互补、异源表达及体外生化研究，发现了第一例来源于微生物次级代谢的糖基水解酶参与的碱基剪切修复机制。其生理功能是参与谷田霉素的自身抗性机制，从而保护产生菌免受这一高活性DNA烷基化剂自身的伤害。

同时，研究人员通过计算机同源建模方法模拟了酶—化合物—DNA的三元复合物结构，并对参与识别的关键氨基酸残基进行了研究，揭示了参与产物释放的关键疏水空腔对酶功能的影响。

专家表示，发现新的自抗性机制对于理解自然界微生物与抗生素间相生相克的本质、抗性的进化与获得以及发现新的抗生素均有积极意义。

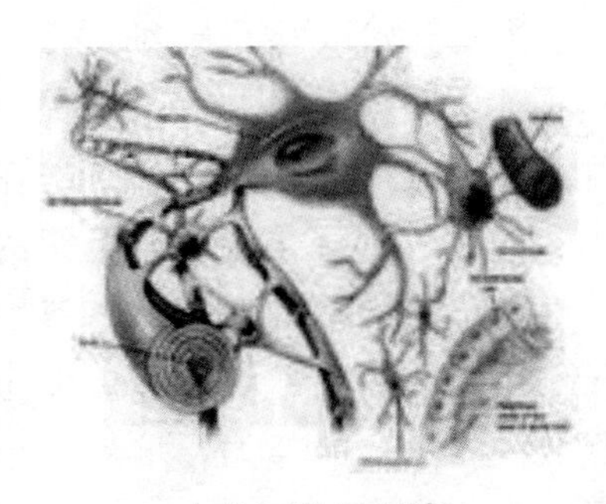

人体胚胎干细胞

(3) 干细胞治疗显神通　干细胞是一类具有自我复制能力（self-renewing）的多潜能细胞，在一定条件下，它可以分化成多种功能细胞。

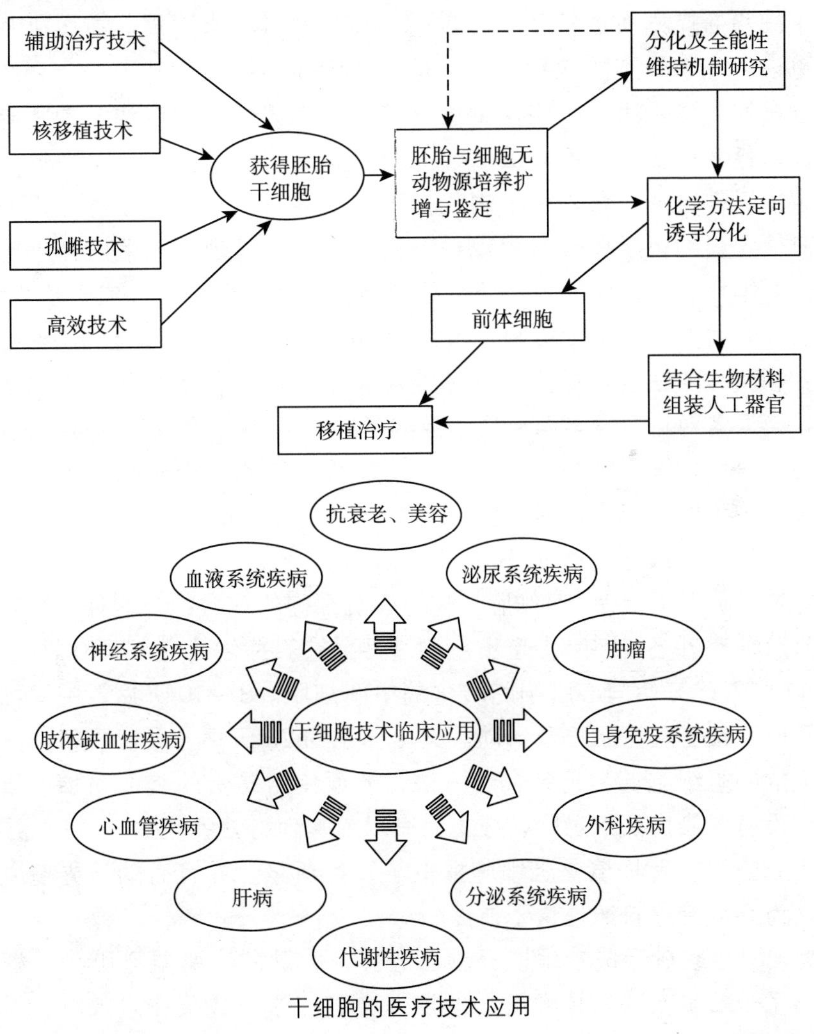

干细胞的医疗技术应用

人们开始试验用干细胞治疗时，医务人员只能在胚胎中提取干细胞。这种方法因为涉及胚胎，而提取胚胎干细胞会损伤新的生命，所以被人权主义者所诟病和反对。后来，在脊髓中发现了干细胞具有无限自我更新能力，同时也可分化成特定组织的细胞。干细胞是在动物胚胎和成体组织中一直能进行自我更新、保持未分化状态，是具有分裂能力的未分化细胞。干细胞包括胚胎干细胞和成体干细胞两大类。体细胞诱导的多功能干细胞经我国科学家的努力，培养出小鼠，说明诱导的细胞与自然形成的干细胞具有同等的功能。

干细胞治疗是基因疗法的重要疗法。因为干细胞的分化万能性，所以在用干细胞治疗方面进行了多种实验，大多取得可喜进展。前面讲基因修复时也说到了干细胞的应用，那只是一个侧面。这一节则进一步介绍干细胞经过培养克隆，达到一定数量后直接注入病人体内，生成各种需要的体细胞，以代替病变的细胞和器官，或恢复病器官的功能，或是在体外培养成一定的器官雏形，移入病体内代替有病的器官。但是提取脊髓干细胞对供体有一定影响，所以难于大规模应用。科学家发现了人的成体细胞 DNA 经过重新编程，可以诱导出与胚胎干细胞、脊髓干细胞一样的多功能细胞，被称为人体诱导多功能干细胞，简称 iPS 细胞。研究实验用干细胞治疗疾病的研究和实验才在全球如火如荼地开展起来。下面是通过几个成功案例的介绍，让读者对这个领域有一些大致的了解。

①干细胞制作心肌细胞。近年来，京都大学的一个研究小组开发出一种新技术，可以利用人体诱导多功能干细胞（iPS 细胞）高效安全地制作心肌细胞，转化率最高可达 98%。

首先，研制出促使 iPS 细胞分化为心肌细胞的化合物。这种化合物约有 1 万种。研究小组从中遴选出一种效果较好的化合物“KY02111”。把 KY0211 加入已开始向心肌细胞转化的中间细胞。8～10 天后，中间细胞发育成了心肌细胞，开始出现搏动。又培养了约 20 天后，就出现了成熟的接近成人的心肌细胞。利用这个新方法，无须使用昂贵的其他动物血清和蛋白质，没有感染病菌的风险，成本只有以前其他方法费用的 1/20。这种新方法为心脏病患者移植心肌细胞提供了一条新路，并且有助于弄清心脏病病理，为开发治疗新药提供了前提。

美国科学家最近成功地以一颗已经停止跳动的实验鼠心脏为“框架”，培育出了一颗重新开始怦怦跳动的活体心脏。这一成果在未来将有望实现

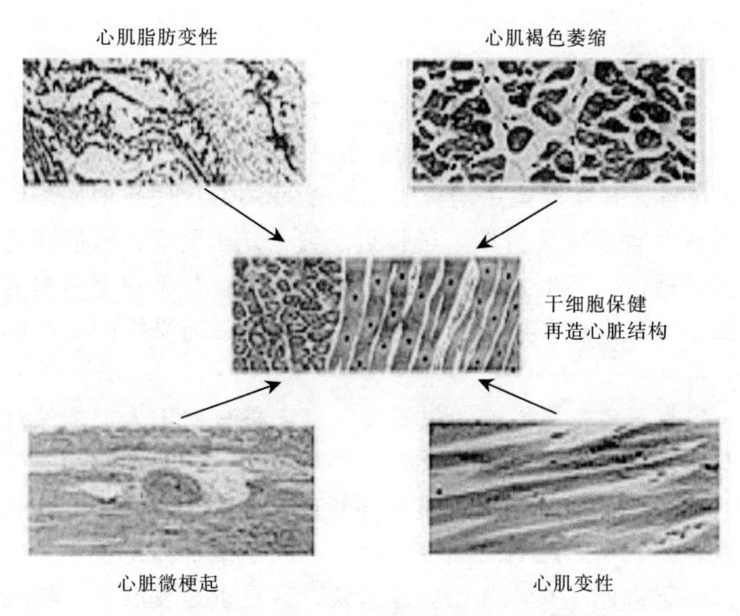

自体干细胞保健治疗再造修复衰老心脏图示

“定制器官”的梦想，不仅解决移植器官的来源问题，更有望免除排斥反应。

美国明尼苏达大学的科学家在研究中首先从一只死亡的实验鼠体内取出一颗完整的心脏，利用一种名为“去细胞”的方法去除了其中不需要的细胞，并完整地保留了心脏基本的胶原结构。之后，科学家向其中注入从新生鼠体内提取的未完全发育的心脏细胞，并供给营养，让其在实验室中生长，4 天之后，这颗心脏开始出现微弱的收缩。科学家们随即用起搏器对其收缩进行调控，并接上一个小型的泵，模拟血液流通和血压的情形。大约 8 天之后，这颗心脏开始如同正常心脏一样重新怦怦跳动。

根据科学家们的设想，据此成果，把一颗心脏原有的细胞去除后，植入待接受移植者的干细胞，再把长出的新心脏植入移植者体内，这样就能大幅降低排异反应，同时解决可移植心脏紧缺的问题。类似方法还有望推广到其他器官。

研究负责人说：“我知道这听起来还像是科幻小说，但我们打开了一扇极有希望的大门，终有一天我们能为需要移植器官的患者提供新的选择。”

据悉，这是首次在生物体外用组织培养出完整器官，科学界普遍认为研究具有重要意义。不过，另有科学家对此表示审慎的乐观，称还需对新心脏的功能进行观察和检验。研究人员承认，要把这种技术应用于临床还为时尚早，“我们还有很长的路”。

②胚胎干细胞造血管。以色列的科学家利用重新编码的胚胎干细胞首次培育出新的血管，对治疗因中风和心脏病导致的血管损伤有较好地疗效。

研究人员首先在实验室中培养出了大量可供治疗使用的周皮细胞，周皮细胞是形成血管的重要组件。在胚胎干细胞分化期间，他们利用细胞膜进行生物特征标记。当他们将这些细胞注射到血管几乎完全堵塞的实验鼠腿部肌肉后，不仅形成了新的血管，而且使因缺氧而受损的肌肉细胞恢复了功能。

这是一项有着多方面影响的重要突破，它将有助于人们加深对血管生长过程的理解及研发治疗因血液堵塞导致血管受损的新方法。

2010 年 6 月，意大利研究人员在《新英格兰医学杂志》上发表的一项研究报告说，几十名因溅到腐蚀性化学品而失明或视力严重受损的病人在移植了自己的干细胞后重获光明。专家说，这是迅速发展中的细胞治疗取得的一项惊人的成就。不过，这个方法不适合黄斑病等病变引起的失明。

③再造器官供移植。人造器官除了在生物技术在农业中的应用一节中所提到的在家畜和其他动物身上采取转基因方法异体、异种获取外，最好的方法就是利用干细胞再造器官。最可行的办法是 iPS 细胞的应用。虽然诱导干细胞的技术还不是十分成熟，价格不菲，成功率也尚低，但这是一条行得通的途径。从现已掌握的技术看，也比较成功。

日本科学家最早用皮肤细胞诱导出多功能干细胞，但能够用这种诱导干细胞克隆出下一代小鼠个体的却是中国的科学家。目前用家畜培养供体移植器官的动物和用干细胞培育新器官的实验在全球都是热门课题。这方面日本、美国、中国都取得了进展。

④iPS 细胞再造新肾脏。肾脏结构十分复杂，一旦受损就很难恢复。日本的科学家研究试制用 iPS 细胞成功再造肾脏。他们的方法是把人的诱导干细胞定向培育出肾细胞后输入小鼠，取得人工肾脏，离真正的人类肾脏还有一段距离。这一成果给肾功能障碍和糖尿病患者带来福音。

肾脏组织的大部分是以一种被称为间介中胚层的细胞群为主而形成的。研究人员将多种物质加入人工诱导干细胞中进行培植，11 天后制成了 90% 以上高比例的间介中胚层。研究人员将这种间介中胚层与白鼠幼胎的肾脏细胞一起培植，成功制成了肾尿细管管状结构的一部分。由于管状结构中出现了尿细管中特有的蛋白质（LTL），因此可以断定制成了尿细管。今后将对制成的尿细管的功能进行测试，同时还将制作肾脏中的其他组织。

⑤人工膀胱已实用。

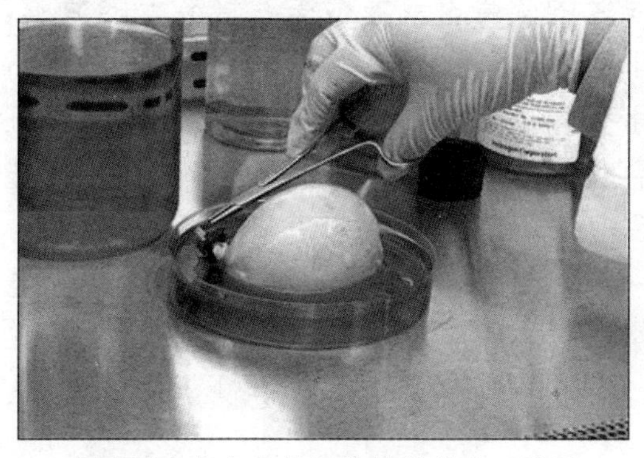
中国用病人自身体细胞培养的人工膀胱

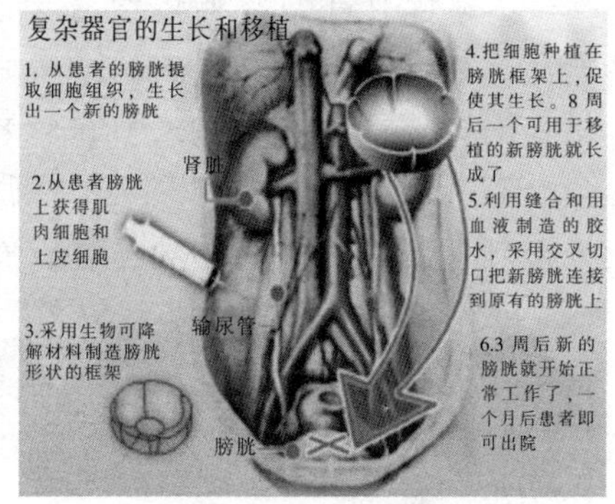

美国培育的人工膀胱

在美国培育的人工膀胱，已有 7 个病人移植了该人造器官。

⑥iPS 细胞治眼疾。日本神户先端医疗中心于 2013 年开始实施临床方面研究，对象为目前难以治愈的眼疾患者。iPS 细胞临床应用在世界上尚属首例，这可能会使起源于日本的 iPS 细胞研究最终付诸于实际应用。2010 年 11 月，日本厚生劳动省就 iPS 细胞制定了相关的实施指南。据日本神户先端医疗中心眼科副主任医师平见恭彦（Yasuhiko Hirami）介绍，此次的研究对象为 5 位由于向大脑传输光信号的视网膜异常而导致视力低下的“年龄相关性黄斑变性”眼疾患者。先将来自患者自身的皮肤细胞制作成 iPS 细胞，通过培养后将其变成视网膜细胞，然后用来替换患者视网膜的中央部分（直径约 3 毫米）。

图中黑色部分为日本培育出的眼睛角膜。这个角膜与采自人体的角膜一样

手术后将观察 2 年治疗效果。iPS 细胞临床研究于 2013 年秋季提交先端医疗中心伦理委员会申请。

⑦膝盖软骨再重造。美国约翰·霍普金斯大学医学院，开发出一种新

型水凝胶生物材料，在软骨修复手术中将其注入骨骼小洞，能帮助刺激病人骨髓产生干细胞，长出新的软骨。新生软骨覆盖率达到86%，大大减轻术后疼痛。

人体关节骨的两端都有一层很薄的软骨，就像覆盖在骨头上的薄膜，外伤、磨损、疾病或基因缺陷都可能伤害软骨，软骨一旦受损是不会自行生长的。微骨折术也叫关节镜软骨手术，是在缺少软骨覆盖的骨头上钻几个小洞，刺激骨髓细胞产生干细胞生成软骨。但手术未必都能成功，可能无法刺激新的软骨生长，或者新长出的软骨不如原来的坚硬。

理论上，干细胞需要附着在一种营养支架上才能更好生长。约翰·霍普金斯大学医学院转化组织工程中心（TTEC）主任珍妮弗·埃里希夫说，“水凝胶”支架在愈合过程中能为细胞提供“营养”，促进健康组织生长，加速伤口愈合。

研究显示，植入的生物材料在患者体内和在实验室里一样表现良好，该方法有望成为护理与促进愈合的一种常规措施。研究小组正在开发下一代移植材料，水凝胶和黏合剂就是其中之一，二者将被整合为一种材料。此外，他们还在研究关节润滑和减少发炎的技术。

⑧用干细胞培养新耳蜗。德国法兰克福大学医院与美国斯坦福大学研究人员历时10年，以老鼠为实验对象，利用干细胞培养出与人类耳蜗内毛细胞相似的细胞，从而向利用再生医疗方式治疗失聪迈出了重要一步。人类耳蜗中大约有1.5万个对听觉和平衡感非常重要的耳蜗内毛细胞，它们能够将振动转换成声音信号传导到脑中。然而这些细胞无法再生，如果它们因为噪音、药物或者自然衰老等原因死亡，将造成患者失聪。传统治疗方法包括使用助听器和移植耳蜗等。

德美研究人员利用干细胞培育出与人类耳蜗内毛细胞非常相似的细胞，而且显微镜观察发现，这种细胞也能传导声音振动。

研究人员下一步将利用人类细胞进行实验。如果这一方法获得成功，将有望以更自然的方式恢复失聪患者的听觉，从而代替使用助听器和移植耳蜗等传统治疗方法，这对失聪患者将是一大福音。

⑨干细胞提纯有新法。干细胞以及再生医学正逐渐成为生命科学与医学界的一场重大革命。但是如果连获得最纯净的实验样本都无法实现的话，美好的愿景也只能成为海市蜃楼。

干细胞疗法的前提是要提纯，而提纯干细胞是一大难题。如用人工诱导干细胞治疗，一般是先诱导干细胞分化成特定的细胞类型（如神经细胞），然后再将分化细胞注入人体，用其修复损伤。然而，这种方法获得的分化细胞往往会混杂一些未被分化的多能态细胞，如果这些多能态细胞与已分化细胞一同注入病人体内，就会在病人体内发育成肿瘤，带来巨大的安全隐患。因此有效地将未分化干细胞从混合细胞中分离出来就变得至关重要。然而提纯方法大多专注于研发动物性抗体，这不仅很昂贵，还会在治疗时产生安全问题。

针对这种情况，美国斯克利普斯研究所的发育神经生物学家詹妮·洛宁领导的科研团队和日本科学家首次使用植物产生的名为凝集素的蛋白阵列进行试验，结果发现，干细胞上名为糖朊的蛋白会可靠地与某些凝集素结合。随后，他们找出了与干细胞结合得最好的凝集素，然后把这种凝集素制成微珠，对来自于几个实验室的多种胚胎干细胞和诱导多能干细胞系和非干细胞混合。结果发现，每次实验中，干细胞都会很好地依附于微珠上，几乎所有的非干细胞都会被冲走，这意味着，凝集素的区分功能很高超。在进行实验或治疗时，区分、提纯这两种细胞有了可靠的工具。凝集素提纯法成本低、可靠性高，由植物产生，不仅比其他办法便宜百多倍，而且不会引发安全问题。这种植物凝集素提纯法，本身就成为一个重大发现。这种方法克服了干细胞疗法和研究中因为干细胞不纯引发并发症这一巨大难题。

新方法应用范围更广、更安全且更便宜。这种提纯法已经超出了方法和工具意义上的范畴。可用于很多目前正在研制的干细胞疗法中，不仅让研究者可以获得纯度更高的实验对象进而保证研究结果的可信性，也为未来在该领域继续深入地探索，开拓出一条性价比高、安全可靠性强的路径。

我国有一些较高水平的医院用干细胞治疗心脏病等方面也取得许多成果，有的治疗效果非常理想。

（4）基因调控更理想

①激发功能促再生。自然界中比两栖动物高级的动物就没有断肢后重生的本事，所以高等动物的残疾率很高。人当然也不例外。特别是疾病致残致缺后，不得不移植解决。器官移植是一个根治病患的外科方法。但供体来源稀缺，大大地制约了这种疗法的开展。即使使用 iPS 细胞技术培养供体，有了充足的供体来源，手术切除与更换器官，毕竟是一种技术复杂的外科手术，创面大，不易恢复，有风险，或有排异性，需终生服药。

有一种更理想的方法正在引起科学家的关注：能否让失去或切除的器官再重新长出来？这似乎是异想天开，但是，如果破译有些两栖动物断尾再生的基因奥秘，弄清机制，理想也许就会变成现实。这个思路是受一些生物的特殊再生能力启发而产生的。且不说蚯蚓能够体断再生，爬行动物蜥蜴在危急关头，为逃生而断尾，过一段时间也可以生出新的尾巴。最奇的是娃娃鱼不仅断尾重生，还能断肢重生。近来中国的科技工作者见识了娃娃鱼的这种功能。

陕西省动物研究所饲养的娃娃鱼出现“断足再生”现象。娃娃鱼学名为大鲵，是现存最大的两栖动物，分布于亚洲，大鲵因叫声像婴儿啼哭得娃娃鱼的俗名。2012 年 9 月，研究所从河南商城引种 21 条娃娃鱼进行学术研究。10 月 11 日晚上，一尾大鲵的右后足被另一尾娃娃鱼吃掉，露出白色的断足截面（见上图中间的娃娃鱼）。11 月初，人们发现这条大鲵在无任何外加条件下伤组织处生出小肉芽。至 2013 年 1 月 25 日，这条断足大鲵的后足完全长成，只是比其他 3 足小许多。

两栖爬行有尾目类动物，如壁虎、蝾螈等，均可“断尾再生”。在 2012 年 4 月，他们曾发现大鲵尾巴断了又再长出来的现象。而此次大鲵居然“断足再生”，这一奇妙遗传生物学特性则有待进一步研究。如果能够在基因水平上破译其机制，把这种机制应用于医疗，会让外伤弄丢肢体的人再生，或让因病切除的病体器官重长，则可以造福人类。在基因组学发展到今天的情况下，这绝不仅仅是幻想。

②关闭基因控表达。为了更好地干预致病基因，恢复肌体健康，科学家最近找到了关闭致病基因的更精确的方法。关闭基因可以更多了解细胞运作机制，揭开生物正常生长和疾病发展的生化途径以及各种相互作用的谜底；也是治疗癌症和一些疾病的重要目标。这种新技术叫做 CRISPR 干预，是一种在染色体层面上选择性地干扰遗传表达的一种简单方法。这种技术能很好地搜索基因组中的任何 DNA 序列，并控制该序列的遗传表达。这项技术能够更容易和更准确地追踪基因激活的模式和细胞内部发生的各种事件的系列化链条，并帮助科学家识别正常情况下控制这些事件，而在

疾病情况下可能出错的重要蛋白质。

说这种方法更精确，是与此前发现的RNA干预方法相比较。通过RNA干预来开关基因是十多年前形成的技术，其干预的是推动蛋白质制造RNA。新的CRISPR干预是一种关闭蛋白质制造的流行策略，是对细胞蛋白质制造程序中更早的一个步骤起作用。在RNA干预中，RNA信息已经得到转录。而这项新干预技术能够防止该信息被转写。这项技术是美国科学家发明的。

③激活机制控凋亡。为了维持肌体的正常新陈代谢，生物体内有一种让细胞自行凋亡的机制。利用这种机制，有的细胞表现得很有“自我牺牲精神”，能够自行凋亡。科学家近年来发现了可以激活细胞凋亡通路的新机制。这对今后能够启动癌细胞的凋亡机制，达到治疗癌症的目的打开一条新的思路。

由BcL－2蛋白家族所构成的复杂蛋白间互作网络，既能抑制也能促使细胞凋亡的发生。这取决于其中各种不同蛋白的激活状态。癌细胞群能够疯狂复制，是因各种蛋白构成的激活平衡被打破，从而促使癌细胞存活机制活跃，癌细胞迅速增生。科学家因此得到启发，如果利用该蛋白家族能抑制存活的蛋白活动机制，可能会促进癌细胞的凋亡，那样的话，癌症就会自愈。研究已经发现，其中一种被称为Bax的蛋白就足够具有激活细胞凋亡通路的能力。

科学家还发现，一种名为BAM7的小分子可以通过触发Bax蛋白中的构象变化，有选择地激活细胞，促使细胞凋亡。

但是，因为正常细胞和癌细胞都能表达Bax，所以该发现能否有效应用于抗癌治疗，还需要进一步的研究，但BAM7的发现以及其作为Bax的选择性激活物这一特点，意味着一种杀死癌细胞的新方法诞生。这无疑也是人类攻克癌症道路上的一个进展。

④调控端粒抗衰老。端粒DNA与人类衰老和疾病的发生密切相关，是目前生物学、化学和药学等领域的研究热点。端粒是染色体两端的一段重复组成的基因。端粒就好像鞋带两端的铁皮或塑料箍，能保护鞋带不轻易耗损变短。但端粒与鞋带两头的箍不同的是，随着生命的延续，细胞分裂次数的增加，端粒逐渐变短，引起加速衰老，端粒的长短是细胞老化程度的标志。每种生物的染色体在一生中的分裂次数是一定的，控制端粒的变短就能延长寿命。碳纳米管作为一种新型纳米材料，在基因治疗、膜分离及药物载体等方面具有广泛应用前景，有调控端粒的功能。

研究人员在美国匹兹堡做实验，数据分析发现，白细胞端粒较短的人接触感冒病毒后的感染风险要高于端粒较长者。值得注意的是，随着成年人年龄增加，白细胞端粒长度“预测感冒”的能力就越强。其中，一种特定类型的白细胞——CD8CD28－T 细胞的端粒长度“预测感冒”的能力最强。

这类白细胞的一个重要作用就是清除已感染病毒的细胞，但它们的端粒与其他类型的白细胞相比，缩短得更快。此前就有研究发现，这类白细胞端粒缩短与免疫系统标记物减少有关。他们推测，感冒病毒来袭时，端粒较短的 T 细胞无法像端粒较长的 T 细胞那样增殖迅速，因此难以高效清除受感染的细胞。这项研究为研制预防感冒的方法提供了依据。

如何保持端粒的长度，防止其缩短，科学家正在寻找对策。我国的科研人员在这方面已有进展。长春应用化学所研究员曲晓刚领导的生物无机化学/化学生物学研究团队在端粒、端粒酶功能调控、稀土手性化合物对特殊核酸识别与阿尔茨海默氏症抑制剂筛选及作用机制等方面取得重要进展。这些研究成果得到了国际生命新材料方面的肯定。

研究人员把单壁碳纳米管（SWNTs）作为稳定人端粒 i-motif 结构的配体研究，第一次取得可抑制端粒酶活性并干扰端粒功能的成果。研究团队利用构建的细胞筛选抑制剂体系，发现具有锌指结构的两个三螺旋金属超分子化合物能够有效地抑制 Aβ 聚集，可改善小鼠的空间记忆障碍，并降低脑内不溶性 Aβ 的水平。同时，该化合物还能解聚已经形成的 Aβ 聚集体。这表明金属超分子化合物不仅可以预防早期阿尔茨海默氏症的发生，还具有缓解症状的作用。为发展阿尔茨海默氏症的基因药物的设计合成、筛选及有效释放提供新思路。

(5) 保健养生促健康　有病再治，无论多好的医术也是有缺陷的。最好的健康措施是预防，是保健养生。中国的老祖宗所主张的“不治已病治未病”就是这种观点最好的阐释。而要治未病，有许多好方法，如中医的养生、导引、按摩和锻炼，西医的接种疫苗、精神卫生等。本节主要介绍两种与基因科学和生物技术有关的保健预防方法，一是研制接种疫苗防病，一是按摩激活痊愈基因。

①新疫苗预防多种病。接种疫苗不是新技术，如种牛痘已经有上百年历史。新中国成立后我国开展的种卡介苗预防结核病、服用预防小儿麻痹症的糖丸等已经成为制度。疫苗对预防天花、结核病等效果很好。近年来

的流感疫苗等新疫苗不断面市。较有前途而又令人期待的是制造对人威胁最大的癌症疫苗，和采用基因工程培育的新疫苗突破。这方面可以说在全世界都是方兴未艾。

现在许多病，包括癌症在内都有疫苗防治的措施。疫苗在防病保健方面日益成为健康产业的一个支柱。

②以色列研制成癌症疫苗。以色列沃克希勒生物技术公司和特拉维夫大学联合研究组2012年6月宣布，其研制成的癌症疫苗能阻止90%的癌症。试验表明，患者接受2～4剂量疫苗后便有明显免疫反应。10名多发性骨髓瘤血癌患者接受疫苗治疗后，7人免疫力大幅提升，3人癌细胞消失。该疫苗能对抗淋巴、血、胰腺、肠、乳腺、卵巢、前列腺癌等90%以上癌及肺结核等重症有效果。专家介绍，癌患者免疫系统低下是疾病和治疗共同导致，增强免疫系统是治癌的关键。这个突破性进展还需更多临床试验，如进展顺利，预计癌症疫苗6年内将上市。

③日本癌症治疗疫苗获进展。日本北海道大学开发的一种癌症治疗疫苗在临床试验中取得一定效果，尤其对大肠癌和乳腺癌有效。这一癌症疫苗的核心技术是人工合成的一种肽，这种肽可激活作为调节免疫能力指挥部的“T辅助细胞”，而目前开发的癌症治疗疫苗通常只具有能够让直接攻击癌细胞的“T杀伤细胞”增殖的效果。2009年开始，进行临床试验，确认6名患者中有4人抗癌免疫力增强，其中一例大肠癌患者转移到肺部的病灶不再增大。与此同时，位于大阪府的近畿大学医院为一位化疗和放疗均无效的乳腺癌患者注射了这种疫苗，结果显示，这位患者的癌转移病灶已完全消失。虽然这一疫苗现在还处于安全性试验阶段，但已获得良好效果。今后准备与制药公司合作，进一步推广开发。

④按摩激活痊愈基因。按摩是中医传统的保健医疗方法。人们常说，“累了就去揉一揉”，放松一下，缓解疲劳。对其保健医疗机制，过去仅从中医舒经活络的角度来解释，总以为这种方法只能缓解磕磕碰碰小来小去的病或者腰腿痛一类的小毛病，治不了大病。尽管按摩

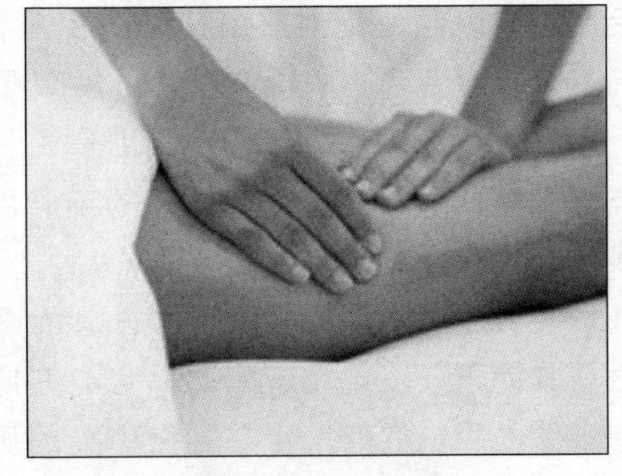
按摩能够激活促进康复的基因并同时抑制炎症

在世界各地广泛流行，但大医院一般不屑为之。

而加拿大汉密尔顿市麦克马斯特大学的一项新研究首次揭示了揉捏按摩法的科学依据。按摩可以激活痊愈基因，可以通过关闭与炎症有关的基因，来减轻肌肉疼痛。这一发现否定了时下流行的一种说法，即按摩将乳酸或废物从疲倦的肌肉中排出。同时为医疗实践带来新的医学可信度。

测试结果显示，按摩可以促使肌体给肌肉细胞发出减少炎症反应的信号，这一信号还能提高肌肉细胞制造新线粒体——作为“发动机”，它能够将细胞的营养转化为能量——的能力。按摩疗法有助于肌肉损伤加速康复，改善肌肉骨骼问题及慢性炎症性疾病患者的痊愈过程。

据有的科研人员实验得出的证据，做气功、瑜伽或其他的静坐锻炼，也可以提高免疫系统的活力，改善健康状况。

⑤通过药物助力保健。科研人员通过改造一种微生物的基因，来制造新的流行性酶，其产生的物质可引导抗癌药物放过健康组织只杀死肿瘤细胞。科学家在美国纽约大学举办的普通微生物学学会秋季会议上表示，土壤中非常常见的梭状芽孢杆菌可激活抗癌药物，让抗癌药物在体内发挥作用，杀死肿瘤细胞，临床试验有望于近年进行，将梭状芽孢杆菌的芽孢注入人体后，其只会在实体肿瘤内生存，并于肿瘤内产生一种酶。随后，人们再单独将一种抗癌药注入病人体内，当抗癌药物到达肿瘤所在之处时，这种细菌酶会激活药物，允许药物只杀死其邻近范围内的肿瘤细胞，而让健康细胞毫发无损。因此，这种细菌有望成为新的抗癌卫士。

英国诺丁汉大学和荷兰马斯特里赫特大学的科学家通过基因改造，制造出了一种改良过的酶，并将得到的酶整合入梭状芽孢杆菌的 DNA 中。随后，肿瘤内会大量制造出这种改良酶，改良酶的数量远远多于以前的酶，而且其在激活药物的抗癌性方面效率更高。

对于任何新形式的癌症疗法来说，一个基本需求是该疗法能在有效杀死癌细胞的同时放过其他健康的细胞。该研究的领导者奈杰尔·明顿教授表示，最新疗法满足了这一需求。

梭状芽孢杆菌是一种非常古老的细菌，在地球上出现富含氧气的空气之前其就已经出现了，因此，它能在低氧环境下存活。当其芽孢进入癌症病人体内后，它们只会在肿瘤中央的厌氧环境下生存，这完全是一种天然现象，不需要任何修改，非常精巧且具有排他性，我们能利用这种排他性杀死肿瘤细胞，同时让正常健康的细胞毫发无损。这项简单安全的抗癌疗法将杀死所有的肿瘤细胞，其优于常规手术，对很多高危病人或肿瘤位置很难确定的病人来说更是如此。如果这种方法与其他传统方法能够协作，将大大增加人类在对抗癌症这场战役中的胜算。

⑥“唤醒克星”提高免疫力。生命肌体的生命力是很强大的，尤甚是人体更有强大的免疫系统。有的人百病不染，但有的人抵抗力却较弱。如对可怕的艾滋病病毒，有的非洲人却具有天然的免疫力。这其中的原因很多，经基因组学的研究，不是基因多少的问题，而是有的人的免疫基因开关关闭，处于沉默状态。如果激活所有的抗病基因，人的免疫力就会大大提高。科学家对在这方面的研究有了新的进展。

奥地利科学家彼得·凯泽等人发现，名为“Stictin”的抗癌药物，能激活一种抑癌基因，从而有利于抗击癌症。蛋白质 p53 是一种重要的抑癌基因，又被称为癌变克星。它能促使受损的细胞自杀，防止产生癌变。但这个基因常常失效。凯泽等人利用计算机模拟和实验室检验发现，Stictin 能够部分激活癌细胞中处于休眠状态的蛋白质 p53，使其重新发挥作用。研究人员接下来将研究 Stictin 激活 p53 的具体机制，这个机制搞清楚了，未来就能开发治疗癌症的新方法，这为基因治疗提供了研究思路，若从体外导入 p53 基因药物将更安全、疗效更好。

生物基因的这一功能还有另一层深意。人的肌体和基因组都比我们想象的功能健全而强大。如果我们的所有“好基因”都充分发挥作用，应该是百病不侵的。但事实是人的有些“好”基因，如免疫基因等，因年龄和体内外条件的变化，菌、毒的袭击，甚至情绪的不良，使体内的“好”基因有的关闭、失灵，处于休眠状态，有的自我凋亡，失去功能，所以人们总是受到疾病的侵扰。分子生物学和生物技术特别是基因工程的进步，将来会有一天，只要用基因药物或者物理化学方法激活一些休眠的“好”基因，人们就能用自身力量杀死细菌病毒的侵犯，保证肌体正常运转、健康长寿。这在当前看来还是美丽的幻想。但基因科学、生物物理、生物化学及光电和精密机械的进展，做到自主调控基因，用人体自身的功能基因、抵抗、治疗疾病，保持健康，这一最理想的保健长寿方法，也不能说不会实现。

⑦转化衰老“长寿药”。“长生不老药”是神话，但长寿药确实存在。科学家分析，人的寿命基因遗传的因素占 30%。从对一些长寿家族的基因检测看出，这是有根据的。2013 年初发表在《细胞—报告》的一篇论文，给

长寿基因的存在提供了新的证据。这个“药”并非自然界出产，而是存在于人体细胞内，它的名字叫 SIRT3，是组蛋白去乙酰化酶（统称 sirtuins）的成员之一。

这个酶最早在酵母中被发现，称为沉默交配型信息调节 2（简称 Sir2）。小鼠中有 Sirt 1～7，人体中则有 SIRT 1～7。SIRT1、2、6、7 分布在细胞核；SIRT 1、2 分布在细胞质；SIRT 3、4、5 分布在线粒体。

人们对 Sir2 及 SIRT1 并不陌生，因为早就知道它们能被能量限制或白藜芦醇激活而延长酵母和小鼠寿命，素有“长寿基因”之称。同时，也了解到 SIRT1 在阿尔茨海默病、II 型糖尿病及衰老中的意义。

美国加州伯克利大学的科学家发现，当他们把 SIRT3 导入老龄小鼠造血干细胞后，其体内可产生大量新的血细胞，逆转了干细胞功能随衰老而下降的趋势，源于 SIRT3 促进抗氧化。这种处理让衰老干细胞“焕发青春”，被形象地称为“分子钟反转”，SIRT3 则获得“青春分子之泉”的美誉。

这是首次发现组蛋白去乙酰化酶可以逆转衰老性退化现象，由此可能打开一扇通往医治老年退行性疾病的大门。SIRT3 还具有肿瘤抑制功能，SIRT3 的高表达并不会致癌。更重要的是，人们从此将不再认为衰老是一种不可控的随机过程，而是完全可以人为操纵，至少可以延缓衰老、增加寿命。

（6）优生优育有新术

①试管婴儿治不育。生物技术对人的不育症可助一臂之力。试管婴儿自 20 世纪 80 年代英国的布朗小姐诞生以来，已经有约 40 万试管婴儿来到世间。布朗已经通过自然生育有了下一代，试管婴儿在今天已成为常规技术。

试管婴儿技术是 20 世纪影响最为深远的科学发现之一。1978 年 7 月 25 日午夜，英国 Oldham 总医院第一个试管婴儿诞生。人类的生殖技术史进入了一个新的时代。作为试管婴儿之父，罗伯特·爱德华兹（Rbert G. Edwards）和帕特里克·斯台普托（Patrick Steptoe）既得到了崇高的赞誉，也饱受批评和攻击。

在英国，大约有 2% 的女性的输卵管是堵塞的，也就是说，即使她们体内的卵子在卵巢内发育成熟，也无法接触到精子形成受精卵。在很少的情况下，通过手术可以疏通输卵管。对于大部分输卵管堵塞的女性，她们此生注定无法怀孕。

爱德华兹想，既然这些病人可以产生成熟的卵子，也有正常的子宫，那么如果想办法把卵子提取出来，让它们在体外和精子结合，然后再把受精卵发育成胚胎并且植入子宫，就可以绕过和输卵管有关的步骤，让女性正常怀孕。

1968年初，爱德华兹利用剑桥的研究生 Barry Bavister 自己发现的特殊培养液，成功地让仓鼠的精子和卵子在培养皿里结合。3月，爱德华兹用相同的培养液也完成了人类的体外受精。原来人类的精子并不需要子宫的分泌物“激活”，只需要适合的溶液提供足够的营养和能量，以及适当的环境就可以了。

在确定体外受精可行后，斯台普托开始寻找愿意提供卵子的志愿者。爱德华兹则设计了一个吸取卵母细胞的装置，利用这个装置以及腹腔镜，斯台普托就能从志愿者的输卵管里直接提取卵子了。这一次他们选择提取已经成熟的卵子，在适当的培养条件下，受精卵开始分裂，1变2，2变4，4变8。那是人类首次直接观察人类胚胎的早期发育情况。

1971年底，爱德华兹和斯台普托开始试着把发育中的胚胎移植回志愿者的子宫里。他们给志愿者注射促进排卵的药物，然后斯台普托用腹腔镜技术提取发育好的卵子，爱德华兹为卵子在体外受精以后，让受精卵发育几天，成为早期胚胎。最后斯台普托把早期胚胎植入志愿者的子宫里，希望她能怀孕。两人尝试了好几年，失败了100多次，毫无结果。

终于，在1975年的夏天，一位志愿者怀孕了。得到消息后，整个研究团队都很兴奋，这是4年来的首次成功。

利用这种方法，爱德华兹和斯台普托让3位志愿者成功怀孕。其中一位志愿者来自英国的布里斯托，她叫莱斯利·布朗。莱斯利两侧的输卵管都发生了堵塞，这很可能是因为一次感染造成的。莱斯利和她的丈夫约翰·布朗尝试了9年也没能怀孕，绝望之余，他们找到了爱德华兹和斯台普托。问题不在布朗这边，他和前妻有一个女儿，所以他的精子是正常的。

1977年11月10日，黄体化激素的检测结果显示莱斯利进入了排卵期。于是斯台普托从她的身上试着提取卵子，过程很不顺利，斯台普托很难找到那颗唯一的卵子，于是他仅仅提取了一些液体，希望卵子就在里面。不过很幸运，爱德华兹在显微镜下发现了那枚卵子。在完成体外受精后，11月12日，斯台普托把包含了8个细胞的早期胚胎植入莱斯利的子宫里。

几天后，布朗夫妇出院并回到布里斯托的家，所有人都开始了焦急的等待。23 天后，爱德华兹给莱斯利做了检测，发现她怀孕了。经过了无数失败，爱德华兹和斯台普托希望能够保密，尤其不希望媒体得到任何消息。

怀孕 7 个月以后，莱斯利的情况突然恶化，她的血压开始升高，身体开始红肿。经过检查，她得了妊娠毒血症。大约 10% 的孕妇会得妊娠毒血症，病人的情况变得非常不稳定，血压可能会毫无预兆地突然升高，危及母亲和孩子的生命。

莱斯利・布朗秘密地住进了 Oldham 总医院，这样她可以得到更好的照顾。但还是有人得到了情报。无数记者试图侵入 Oldham 总医院，他们打扮成清洁工和修理工试图进入医院。甚至有人向医院报告存在炸弹的威胁，Oldham 的警察花了两小时才确认这是一个假消息，不过是某个记者希望趁乱拍一张照片而已。

在此期间，莱斯利的毒血症一直没有消退，但是检测发现胎儿的发育似乎赶上了进度。于是斯台普托决定以剖腹产的方法为第一个试管婴儿接生。

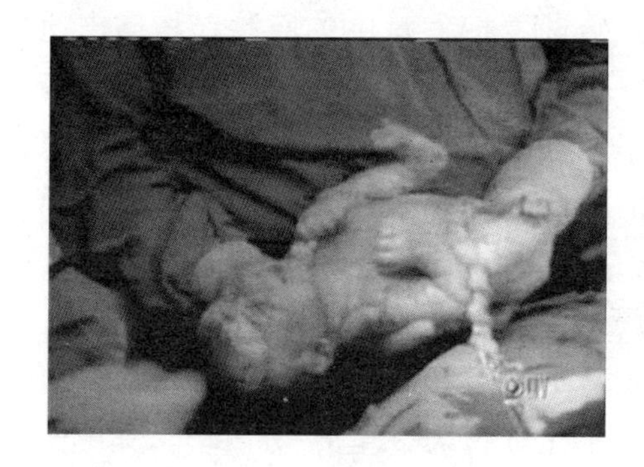

布　朗

1978 年 7 月 25 日下午 4 点，斯台普托得到了胎儿发育的检测结果。晚上 11：47，世界上第一位试管婴儿诞生了，她的名字叫露易丝・布朗(Louise Brown)。手术成功不久，斯台普托和爱德华兹开了全球第一家人工授精诊所，在这个诊所里，诞生了超过 6 000 个试管婴儿。

爱德华兹和斯台普托持续合作，改进试管婴儿技术，直到 1988 年斯台普托去世。临终前，露易丝・布朗一直陪在他身边。

②胚胎检测，矫正畸形儿。为了保证孕育胎儿的正常和健康，产前的检查和基因检测，可以发现一些遗传疾病，通过中止妊娠或进行基因矫正可以保证所生婴儿的正常和健康。当然这项工作在科学界、宗教界有不同

的声音。有人把产前诊断后所做的基因矫正看做违反自然而加以反对。有的主张基因技术可以根据愿望定制具有特定基因的孩子，有的认为这不符合人类生育伦理。但是对于矫正缺陷基因的胎儿还是属于正常的医疗范围。至于目前出现的借腹生子、买卖精子卵子是应该禁止的行为，这不属于优生优育和解决不育问题的正当办法。特别是定制婴儿，会使一个孩子带有父母以外的第三或更多人的基因。这是当前社会伦理所不能接受的问题。

③定做婴儿成可能。世界第一个“设计婴儿”2011 年 6 月初在美国降生。2012 年 10 月 30 日，世界首对孪生“设计婴儿”在英国降生了。我们暂且不谈由“设计婴儿”引发的道德争议和伦理问题，单从医疗不孕、矫正胎儿畸形的角度，定做婴儿也许将来会得到应用，因为这会使畸形婴儿带来的家庭、社会问题得到缓解。

据法国媒体报道，从 2000 年开始，通过受精卵分选工作，6 名“无癌宝宝”在法国接连诞生，这 6 名宝宝的癌症发病概率接近为零。在 2000—2007 年间，科学家共进行了 22 例去除可诱发癌症基因的胚胎细胞手术，其中 6 例获得成功。法国媒体称，由于法国法律禁止进行操纵细胞的行为，因此这种手术多数都在暗地里进行。

世界首对“设计”孪生的“设计婴儿”

英国一家研究所于 1 个月前成功让一名女婴在去除可诱发乳癌的基因后出生。这一女婴的曾祖母、祖母、姑姑等都因乳癌而死亡。

（四）生物环保利持续

生物环保，是指主要用生物技术开展环境保护和生产建设。生态环境是地球 40 多亿年演化形成的大气圈、水圈、生物圈的环境现状及动态的总和。

在地球这个大的生态系统中，人只是这个上千百万种生物的大系统中的一个小分支。按动物学分类的术语，人属于动物界、脊索动物门、哺乳纲、灵长目、人科、人属、智人种，是生物界这棵参天大树高处的“细枝末节”，虽然人处在生态食物链中的较高端。地球的生态系统天天都有物种灭绝，同时也有新的物种不断诞生。一个物种的缺失虽然存在潜在风险，但不至于影响生态大系统，但哪一个物种都不能离开生存环境；人类也是一样，对氧气、水等物质须臾不可离开。在人类进化到现代文明人的漫长历史长河中，人与其他动物一样，是物竞天择、适者生存的结果。任何现存的生物只是顺应了环境才得以生存至今。因此，环境保护是维护生态平衡的巨大任务，是全人类面临的一项共同工程。生物环保是这个大工程中的一个决定成败的重要环节。

人类干预自然生态环境，影响、改变和损害生态环境不过1万年左右的时间。人对生态环境的影响始自农业社会。为了农牧业而焚烧森林、开荒种地、开辟牧场等，形成了对自然界的第一波干预。因生产能力的局限，这一时期对生态环境破坏不大，自给自足的分散小生产，再加上千百年的总结摸索，实行的是低水平的循环经济。作物提供人吃马喂的粮食，秸秆做燃料和饲料，人畜生产生活的废弃物又作为肥料和微生物的生产对象，分解后回到田地原野。这样一个循环，基本上与大自然相安无事。

当300多年前，人类进入工业社会以后，生产方式是机器大生产，空前巨大的生产力比过去上万年人类所创造生产力的总和还要多。人类能移山填海，毁灭森林、草地，广泛地改变了地球的外貌，特别是发达地区的地表被改变得与自然状况面目全非。田园诗般的农耕环境再也不见。人类生产、生活中所排出的大量废水、废气、废料改变了环境，破坏了自然生态。特别是温室气体排放危害很大。许多有识之士预言，照这样发展下去，将超出地球生态的承载能力，地球可能就不再有鸟语花香，不再有万物葳蕤，甚至一片死寂。那种可怕的结局被美国科普环保作家蕾切尔·卡逊写成一本书，名为《寂静的春天》。这本书曾震惊世界，尽管有些观点存在争议，但它却推动了世界所有成员联动，开展节能减排、节约资源、规模庞大的维护自然环境和生存环境的活动，开始关注生态的建设。联合国已召开16届全世界的气候环境大会以商讨对策。

蕾切尔·卡逊

保护环境，目前最急迫的是减少“三废”的排放，而治本的方法是改变工业化社会造成的过度依赖化石资源和只为利润不顾长远环境的线性生产模式，所造成的是资源浪费。转变生产方式、节能减排和治理生产环节的

“三废”污染为害，根本出路是改变以化石资源为主的生产、生活方式，转变为以生物基资源为主，再生资源为主，开发新能源，发展循环经济，建设生态文明。利用生物技术改变资源结构，节约资源、永续利用，修复自然生态。

在这一节里，主要介绍的生物工程有生物能源和生物降解，用生物技术吸附有害气体，消解各种垃圾污染，抵抗风沙干旱、盐碱、酸化、虫病等灾害之类的相关知识。前面在讲到生物技术应用于工、农、医各领域时已介绍过的部分内容，不再重复。重点介绍的也不是一般物理、化学的产业化环保措施，而是对生态建设具有方向性、前瞻性、探索性，将来有极大潜力的生物技术和生物工程措施，重点是生物能源问题。

1. 生物能源最环保

前几年，世界上生物燃料发展特别快。有一种方法是用玉米等粮食生产酒精。美国带头，产量猛增，带来的却是粮价飙升，全世界粮食紧张。同时还暴露出这种方法的另一弊端，即碳排放并没有因此而减少。从改变化石原料的角度，此法似乎是可持续的，从价格上看也可行。但是，如果加上生产粮食过程中的耕种机械能耗、水肥农药能耗，其碳排不是减少而是加大。因此被世人所诟病。特别是不能在粮食不足的发展中国家和地区推广。用水利资源来发电虽然看起来不排放二氧化碳，但是筑坝蓄水的水库，却占用了大量耕地，掩没森林、草地，产生大量沼气污染环境，并且可能引发泥石流等环境灾害。风力发电、太阳能发电不产生三废，似乎是理想的能源，可是生产风机和转化太阳能的光电器材、设备却是耗能巨大。核能，很洁净，却有核泄露风险，切尔诺贝利核泄漏、日本大地震造成的东电核泄露，世人惊魂未定。正常情况下，处理发电的核废料也是大问题。而原子聚合反应虽基本无污染，目前却不能做到常温、常压下的可控。将氢的同位素氘、氚等进行可控制的聚合反应，还有很长的路要走。

用各种形式的生物质做能源，比较现实又潜力巨大，是发展清洁能源、循环利用资源的现实可行之路。

生物质能是指直接或间接通过植物光合作用，将太阳能以化学能的形式贮存在生物质体内的一种能量形式，作为生物质能载体的生物质资源极其丰富，而且其利用过程零碳排放、可再生。地球上每年通过植物光合作用固定的碳元素达2 000亿吨。据估算，中国生物质资源生产潜力可达650亿吨/年，折合33亿吨标准煤，相当于每年化石资源消耗总量的3倍以上。如果利用得好，可以既解决废弃物的利用又能提供用之不竭的能源，利用生物质能源可谓一举两得。

利用生物质做能源是祖先的发明。不过老祖宗是在自给自足的小生产方式下进行的，不适应今天的工业化、产业化的生产方式。以化石为资源的工业化经济，把诸多生物质资源当垃圾，实在是一个对自然循环的逆动，也是人类在作茧自缚。现在以工业化方式开发生物质能源，实质上是一种循环经济的回归，而且是一种对小生产循环经济的否定之否定或谓螺旋式升华。

目前的生物质能源有3种形式：一是生物质固化成型；二是生物质液化为燃油；三是生物质燃气，包括秸秆在内的农林牧生产废弃物，养殖场的排泄物，城市生活垃圾都是优质资源。另外，用生物基材料代替金属或化工材料，也是对化石能源的节约。

到2010年底，全球生物质发电装机容量超过6 000万千瓦。欧洲的生物质热电联产已很普遍，能源利用效率高，生物质成型燃料的技术已基本成熟。全世界生物质成型燃料产量超过1 500万吨，规模化利用主要集中在欧洲和北美地区，主要用途是作为供热燃料。在瑞典的供热能源中，生物质成型燃料占70%左右。

生物液体燃料已成为替代石油燃料的重要方向。目前，以甘蔗、玉米和薯类作物为原料的燃料乙醇和以植物油脂为原料的生物柴油已实现较大规模应用。2010年全球生物液体燃料使用量约8 000万吨，其中燃料乙醇6 800多万吨。生物气体燃料，是生物质发酵后变成沼气、氢气或其他燃气。生物质能及相关资源化利用的种类将继续增多。

美国提出到2020年生物燃料占交通燃料的20%，欧盟提出到2020年生物燃料占交通燃料的10%。瑞典的目标是到2020年交通实现基本不再使用石油燃料。

我国的生物质能源的开发利用也进展很快，许多地方和企业的工业化生产生物质燃料已经形成数十万吨乃至百万吨级的规模。目前我国经济活动排放的二氧化碳约为70亿吨，至2015年将超过100亿吨。按照我国政府向世界宣布的碳减排目标承诺，到2020年单位GDP二氧化碳排放减少40%～45%的话，我们得减少28亿～31.5亿吨绝对碳排放。这是压力也是动力，很大一部分要靠发展生物质能源解决。

我国的农作物秸秆及农产品加工剩余物。作物秸秆理论资源量每年8.2亿吨，可收集资源量每年约6.9亿吨。目前已利用生物质资源约2 200万吨标准煤，还有约4亿～5亿吨可作为能源利用。这类生物燃料理论上是对大气零排放的燃料。随着我国经济社会发展、生态文明建设和农林业的进一步发展，生物质能源利用潜力将进一步增大。这类燃料的比重增加就意味着碳排放的减少。所以发展生物燃料对生态环境建设意义巨大。

固体化生物质燃料和直接燃烧发电因为不涉及基因工程和分子技术，所以不在此展开介绍。

下面分项介绍生物技术加工的生物质能源的研发和利用情况。

用植物炼油有3种情况：第一种是含油料的植物种子提炼燃油，如棉籽、麻疯树以及油棕、小桐子、光皮树、文冠果、黄连木、乌桕等含油植物提取、加工成液体燃油，这方面有很大进展；第二种是把含淀粉、糖、纤维素的作物块根、秸秆如木薯、甜高粱秆等用化工方法加工成燃料油；第三种情况是用生物技术选取、改造细菌分解、转化成燃料油的新途径。

（1）麻疯树炼柴油　这种方法是扶贫和能源相结合的产物。如在海南、四川等地进行的麻疯籽炼油。发展生物质能源产业首先必须解决原料供应问题。海南自然条件优越，发展林油一体化产业可达到绿色减贫和发展新型能源产业的两大目标。目前已经建立了试验基地。该基地位于海南临高县博厚镇，由中海新能源产业开发有限公司投资种植、管理。现有1 200多亩*约24万多株麻疯树，已普遍长至30厘米高。此外，海南还正在培育大量麻疯树幼苗。

麻疯树是世界上公认的生物能源树，具有很高的经济利用价值，每千克麻疯果可榨取约0.3千克柴油，10亩麻疯树约产3吨种子，3吨种子方能提炼出1吨生物柴油。麻疯树开发利用周期长达30年左右。麻疯树还具有水土保持和绿化等功能。麻疯树的基因十分丰富，具有遗传多样性的特征，有利于进一步开发新品种。这条路一举多得，只是产量太小。

（2）棉籽油转柴油　新能源企业公司2005年取得棉籽油、甲醇转化为生物柴油的专有技术。我国棉籽资源丰富。0号普通柴油目前市场售价9 000元/吨，而利用棉籽油转化出的生物柴油市场售价每吨6 000多元，

---

* 亩为非法定计量单位。1亩＝1/15公顷。

便宜 2 000 多元。每年 20 万吨生物柴油利润可以达到 4 亿元，棉籽油转化的生物柴油售价相比普通柴油便宜 10% 左右。

还有一种“生物柴油”是运用煤基烯烃工程技术，把煤渣和劣质煤经过高新科技处理后，变成甲醇、聚丙烯等转化新能源产品，用以替代汽油、柴油。作为一种新型的能源，“生物柴油”具有可再生、清洁和安全 3 大优势。目前海南正和生物能源公司、四川古杉油脂化工公司和福建卓越新能源发展公司都已开发出拥有自主知识产业权的技术，相继建成了规模超过万吨的生产厂，这种“生物柴油”技术已取得重大成果。

2. 细菌分解无弃物

这一种方法是利用化工的热分解和适当的合成法，利用农林废弃物生产燃油。秸秆生产燃油的产业形成后就会变废为宝。与传统化石燃料相比，该生物质燃油可循环再生，而且没有重金属、硫、磷、砷等杂质，燃烧后只产生水和二氧化碳，不会造成尾气污染。

(1) 万吨级生物质燃油生产线　阳光凯迪新能源集团自 2004 年起，投入 5 亿多元研发费用，依托生物质热化学技术国家重点实验室，自主研发生物质能化学热分解与费托合成技术，用秸秆、树枝、谷壳等农林业废弃物进行加工转化，生产高清洁、高品质的航空煤油、汽油、柴油，每年生产 1 万吨油。这是全球第一条投入生产的万吨级生物质燃油生产线。

在 8 年多的时间里，凯迪从年产百吨级液体燃料的小型试验和千吨级的数值模拟实验，再到万吨级的商业化示范项目建成，取得了超过 200 项专利和 3 000 多项专用技术，2012 年底，万吨级生物质燃油生产线在湖北武汉正式投产。

秸秆、枯枝、建材等有机废料也能转化成汽油、柴油。武汉市东湖新技术开发区未来科技城内，万吨级非粮生物质燃油商业化示范生产线在 2013 年初成功运行，生产出 3 种生物质燃油：生物质轻质油、生物质蜡油和生物质柴油。经过进一步提炼分离，这些生物质燃油能变成汽油、柴油、航空煤油。山东滨州也已建成年产 1 万吨的生物柴油企业。

(2) 产烷生物，转沼气储电能　这是一种简单的直接利用沼气作燃料的技术。

生物质燃气，是应用了多年的生物质能源。用秸秆和人畜粪便、生活垃圾来生产沼气，目前已经大规模地推广。目前这方面需要解决的主要问题是如何高产和在严寒条件下产气的技术问题；如何方便使用更新填料，以提高出气率和质量问题，如筛选高效转化的新菌种，或利用海藻净化废气，并把废气转化成生物燃料。中国、美国、日本等国家都在努力，并取得了较大的研发进展。

另一种是综合性利用生物技术进行能源储备和转化的技术，这种技术介绍的是用微生物把电能转化成沼气的方法。这种沼气可代替来自化石的能源。

把电能转化为沼气的微生物将能够成为重要的可再生能源来源。美国研究人员培养了一种被称为“产烷生物”的微生物群落，它们在将电能转化为纯净沼气方面有着卓越的能力。科学家的目标是，建造大型微生物工厂，将来自太阳能、风能与核能的清洁电能转化为可再生的沼气能源以及其他重要工业化合物。

现在大部分沼气来自天然气或有机物的发酵，工业上所用的很多重要的有机分子来自石油。用这种有机物的方法将使人们无需再使用化石资源。尽管沼气本身是可怕的温室气体，比二氧化碳的威力大 20 倍，但微生物生产的沼气却可以安全获得并储存，将其向大气中的泄漏减少到最小。且用沼气做燃料是最经济的。整个微生物过程中都不含外加的碳，燃烧过程释放的所有碳都来自于大气，而制造沼气所使用的所有电能都来自可再生能源或核能，都不含二氧化碳。

另一个重要用途是大规模储存电能的重要方法。储电是大规模储存可再生能源问题的一个难点。若可将光伏电站和风力发电产生的多余电能储存起来，可有效缓解晚间、节假日用电高峰时的“电流”问题。但一直没有找到转化储存电能的经济的方法，是制约新能源发展的一个瓶颈。而某些产烷生物可直接通过电流制造沼气，这是解决储电的好方法，是一条低碳的新系统之一。使电能代谢成沼气形式的化学能，并得以储存。若完全破解和掌握这种代谢过程，能让产烷生物大规模制造沼气，将大大改变能源发展的局面。

(3) 开发细菌燃料电池 哈佛医学院的怀斯研究所构建了一种反向的细菌燃料电池。用细菌的作用把化学能转变成电能，并以电池的形式储存起来。有的专家依靠从电极向微生物直接传导电子以获得电能燃料，制造微生物燃料电池。

(4) 改造细菌，糖类发酵炼燃油 用秸秆、草木、糖渣等纤维素类材料，在细菌的作用下，生产更为“绿色”的生物燃料。这些原料被称为“非粮原料”。因为这些原料不与人争粮，不与粮争地，在进行粮棉油等资料的生产时，生生不息。要使纤维素类生物质变成工业燃料，就需要研制出大规模的高效生产的新技术。这方面在世界各地都有突破性进展。

(5) 生物质醇、酸、酯新燃料 科研人员很早就注意到梭菌（Clostridium）可产异丙醇和正丁醇，这是两种比乙醇都优秀的燃料。异丙醇的能量密度可以达到23.9兆焦/升，而正丁醇的能量密度甚至可以达到29.2兆焦/升，这已经相当接近汽油的能量密度32兆焦/升了。比起乙醇来，丁醇和辛烷的燃烧值也更高。它们可以与现有的汽油燃料以任意比例调配。更重要的是，正丁醇具有很强的疏水性，不容易与水混在一起。这种燃料看起来跟汽油几乎一样，所以完全可以利用现有的设施来生产正丁醇。每升梭菌培养液中可积累的正丁醇能达到19.6克。梭菌看起来就是一个完美的新兴生物能源生产器。但梭菌的生长非常缓慢，一般情况下，梭菌繁殖一代大概需要约8个小时，与大肠杆菌约20分钟一代的繁殖速度相比就显得步履蹒跚了。

解决的办法就是将正丁醇的生产线搬到繁殖快、易培养的细菌中去，大肠杆菌就是这样的一种细菌。另外，经过数十年的研究，科学家已经把大肠杆菌的细胞结构和基因组成了解得一清二楚，这就相当于为我们提供了一个良好的多功能厂房，只要安装上合适的“生产线”就可以产出我们想要的产品。目前，研究人员已经把合成丁醇的相关基因导入大肠杆菌的基因组里面去了，并且能够较为顺畅的运作。通过不同基因（酶）的协同作用，将葡萄糖转化为丁醇。

(6) 没药烯做燃料 这是另一种新燃料。2013年，美国能源部下属的联合生物能源研究所的科学家宣布，他们通过改造大肠杆菌和酿酒酵母的基因，制造出了没药烷的前体物没药烯。只要将没药烯进行简单的催化加氢反应，就可以制成一种“绿色”的生物燃料——没药烷。这种高能量密度、低污染的新燃料完全有可能替代 D2 柴油。这无疑是寻找高质量生物燃料道路上的坚实一步。

(7) 生物法制取丁二酸　利用丰富的农林生废弃物等可再生生物质资源作为主要原料，不受石油资源限制和价格波动的影响。这种方法可以减少石油、煤等不可再生资源的消耗。

依托现有装置及公用工程配套设施，采用生物发酵法合成丁二酸的技术，改制为绿色低碳的装置生产能力为每年 1 000 吨，该装置建设运行是中国石化关于生物质资源替代化石资源技术开发的重要项目，每年它提供了一种新型的可持续发展的工业模式——生物炼制。

(8) 转基因细菌野草变燃油　野草可通过一种细菌的作用按人的意志转化为燃油。美国研究人员通过转基因工程，首次制造出了能消化柳枝稷生物质的大肠杆菌（Escherichia coli），能将其中的纤维转化为汽油、柴油和航空煤油 3 种运输燃料。这是一种先进的生物质能源，而且无需添加任何酶。

美国开发出用野草生产生物燃料

正常的埃希氏菌无法在柳枝稷上生长，但研究人员通过基因重组改造了这种细菌，使其能表达多种酶，由此能消化纤维素或半纤维素。分解纤维素和半纤维素的埃希氏菌还可以在柳枝稷上共同培养，进一步设计成 3 条代谢路径，让它们能产出燃料替代品或适合于汽油、柴油及航空发动机的前期燃油分子。这是第一次演示了埃希氏菌能产生这 3 种形式的运输燃料实验。

由于植物中的纤维素、半纤维素很难提取，实验中研究人员用了一种熔化的盐离子液，以预处理的方法使生物质溶解，然后让埃希氏菌消化溶解后的生物质，产出具有石油燃料性能的碳氢化合物。

研究小组还在进一步研究如何提高合成燃料的产量。现在已经有了燃料产品路径，能获得比目前所演示的更高的产量。科学家还需要找到一种由埃希氏菌分泌的酶，同时还能消化更多经离子液处理后的生物质，或改良离子液预处理步骤，让其更容易被消化。

(9) 藻类能源　世界各地报道的海洋微藻超过4 000种，具有光合作用效率高、产量高、繁殖快、生长周期短（倍增时间约3～5天）等特点，易于加工，不产生无用物量，不占用耕地。工程小环藻的脂质含量超过60%，照此推算，每亩年产1～2.5吨柴油。利用20万公顷的沙漠培养微藻，每年可生产75亿加仑生物柴油，美国利用15%的索诺拉沙漠面积即可生产出足够的生物柴油来满足美国交通业的需求。

宾夕法尼亚州立大学的研究人员用红细菌构建通用的微生物平台生产燃料。具体方法是将来自产油藻类的基因插入耗氢的红细菌中，使它可以利用电能生产汽油。下图就是实验中油藻产生的细菌。

科学家研制出一种新型细菌，可吃进蔗糖并吐出汽油。经过基因改造的大肠杆菌可将蔗糖转化为汽油。

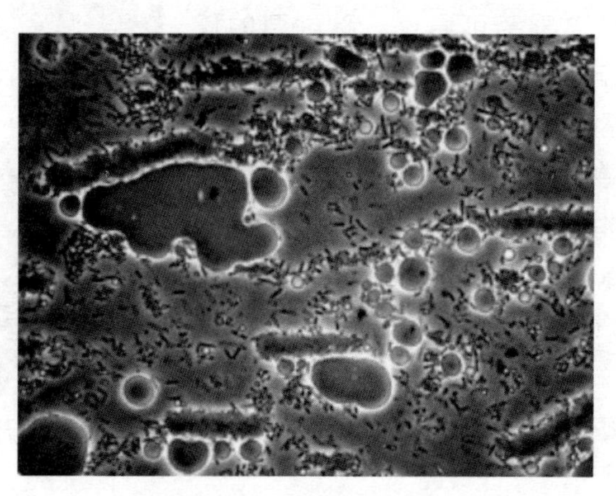
微生物作用下产生的汽油气泡

随着生物技术的发展，生物学家可以“创造”出某些特定的、以前从未存在过的生物体。科学家已经通过基因改造方法设计并造出一种独特的大肠杆菌，能够将蔗糖转化为汽油或是柴油，供机动车或是飞行器使用，几乎和我们现在使用的燃料没有任何区别。

从显微镜下看，被改造过的大肠杆菌“生产”汽油的过程就像是人们从空中俯瞰一处大油田：细长管道将一小圈一小圈液态汽油逐渐抽出、集中到一起。有所不同的是，这个油田是由大肠杆菌组成的，这些细长形的细菌正在“制造”出一小滴一小滴的汽油。

以海带为代表的大型藻类可以制造燃料乙醇。目前以海带为原料，通过微生物发酵，已建立起海带生产乙醇的工艺流程。大型海藻生物质能源开发的优势：产量高，不占用土地与淡水资源，可以有效吸收富营养化元素，抑制赤潮发生，木质素含量少，容易被破碎，可以进行综合利用。按每亩2.5吨（干重）的大型海藻、微藻产量计算，1吨（干重）海藻理论上可产0.69吨乙醇。利用我国1%的海域培养大型海藻就可以生产1.3亿吨乙醇，可以替代20%的现有石油需求，减少5.5%的二氧化碳排放；利用11%左右的海域，可以满足全部现有石油的需求，并减少1/4以上的二氧化碳排放。

微藻热解所得生物质燃油热值高，生产的能源不含硫，燃烧时不排放有毒有害气体，不污染环境。产油率高，微藻含有较高的脂类（20%～70%）、可溶性多糖等，可用于生产生物柴油或乙醇。

（10）纤维乙醇取得重大技术突破　河南某集团公司结合自主创新，对国内外先进技术进行系统集成，分别建设完成了纤维乙醇300吨/年的中试生产线和1万吨/年的产业化示范线。2006年，就建设国际上首个规模5 000吨/年秸秆乙醇产业化示范线，标志着企业在秸秆乙醇产业化上迈出了重要的一步。目前已将该示范线平衡改造为1万吨/年标准化模块，通过示范运行，为将来产业化推广提供技术支持。

此外，玉米秸秆、麦秸秆、稻草三大秸秆原料预处理工艺都已基本成熟。他们采用低成本、无污染的预处理技术，可以有效地提高原料的水解效果和发酵效果。纤维质原料糖化所用多种酶的活性大幅提高，成本降低，基本适应规模化生产。通常，纤维素酶成本占据秸秆乙醇生产成本中的较大部分，是国内外研究和开发的重点。目前国际上每吨乙醇所需商品纤维素酶售价高达15 000元。为降低秸秆乙醇生产成本，该集团配套建设了纤维素酶生产线，研发生产高活性、低成本的纤维素酶。目前已与国际生产的酶产品价格持平，基本适应了产业化生产。实现了纯生物质乙醇生产工艺，初步解决了传统乙醇生产离不开化石能源的技术框架。每生产1吨秸秆乙醇的废渣，可生产蒸汽13～14吨，发电900～1 000度，供乙醇生产自用，同时产出硝灰（钾肥）500～600千克，产沼气21立方米。收到了秸秆乙醇、秸秆发电、秸秆还田“三位一体”的综合效益。已实现清洁生产。固渣作为锅炉燃料，锅炉灰渣作为肥料，废水经厌氧好氧处理达标排放，二氧化碳可回收利用，无其他废气排放。

集团依托生物能源发展生物化工，探索企业内的循环经济，研制二氧化碳全降解塑料、碳酸二甲酯、1,3-丙二醇、PTT聚酯、生物乙烯、木质素等。集团规划到“十二五”末期，生物能源形成198万吨/年生产能力，生物质化工形成49万吨/年生产能力。

（11）汽车不用纯汽油的国家　巴西盛产蔗糖，用取糖后的甘蔗渣制造乙醇作为汽车燃料，价格便宜，利于低碳和环保。这种方法不仅节约粮食，比单纯用汽油减少大约90%的二氧化碳排放。行人走在巴西街道上，哪怕是汽车密集的闹市区，也绝不会闻到浓烈刺鼻的尾气味道。巴西的燃料乙醇，价格要比汽油便宜一半。巴西成为了目前世界上唯一不用纯汽油做汽车燃料的国家，也是世界上最早通过立法手段强制推广乙醇汽油的国家。

3. 生物材料可降解

塑料大大方便了人类的生活及某些生产，如暖棚塑料薄膜及各种方便袋、包装皮。但缺点是这些塑料作废后又形成白色污染，并且难降解，污环境，是环境保护的一大祸害。生产能降解的塑料，是解决这个矛盾的方法。以生物质做原料生产可降解塑料是比较理想的途径。生物降解的用途是包装塑料薄膜、一次性塑料袋、餐具和农用薄膜。

生物可降解塑料可分为完全生物降解和破坏性生物降解两类。前者主要是由天然高分子如淀粉、纤维素、甲壳质或农副产品经微生物发酵或合成具有降解性的高分子所得。如热塑性淀粉塑料、脂肪族聚酯、聚乳酸、乙烯醇等。后者主要包括淀粉改性或填充聚乙烯（PP）、聚氯乙烯（PVC）、聚苯乙烯（PS）等。生物降解已经成为塑料制品的最大卖点。据欧洲生物塑料协会统计，2010年全球生物塑料产量70万吨，2011年突破100万吨，预计到2015年全球产量将达到170万吨。据统计，2011年我国生物基材料及降解制品总产量约45万吨，比2010年增长约30%。如今，欧洲是全球生物降解塑料的主要市场，其次是美国。预计到2018年，欧洲将占全球生物降解塑料市场收入份额的36.8%。意大利从2011年开始禁止使用非降解的塑料购物袋；美国要求每一个联邦机构都必须制定使用生物降解塑料的计划；我国也出台了“限塑令”。

纽约州特洛伊的伦斯勒理工学院发明、生产了名为“生产摇篮”的环保塑料。这种塑料能完美地取代在包装中使用的聚苯乙烯，可以降解。这种材料在生产过程中几乎不消耗能源，每生产一个单位的“生产摇篮”，与相同单位或数量的聚苯乙烯相比，使用的能源只有1/10，排放的二氧化碳只有1/8。目前，聚苯乙烯在包装行业中占主导地位。在美国的垃圾填埋场中，30%都是聚苯乙烯。“生产摇篮”在接触到水或潮气时会自行降解，并且能作为植物的天然肥料，对环境有积极影响。

“生产摇篮”这种新产品是将棉籽壳、荞麦壳和稻谷壳等与一种做黏结剂作用的丝状真菌——菌丝体——相混合，放入模子，促其生长。菌丝体分泌出一种作用强大的酶，能分解棉籽壳等有机物。在室温和无光条件下放置7天后，会产生一种质地紧密、具有可塑性并且能抗800℃高温的超轻可用于包装的材料。生产成本与聚苯乙烯差不多。

经测算，如果用生物分解塑料替代100万吨传统塑料，可减少200万吨的石化资源，可减少二氧化碳排放量300万吨以上。

4. 真菌除污益处多

德国研究人员正在研究如何借助真菌中的漆酶净化土壤和水中的污染物。漆酶既可以分解树木中的木质素，加速木质腐烂，也能与碳氢化合物、二噁英等环境污染物质反应，或将有毒物质转变为水和二氧化碳等，再或改变其化学键，使其转化为更易被细菌分解的状态。

研究人员表示，除了本身具有的除污能力，真菌深入地下、长达数米的菌丝也有助于一些可分解有毒物质的细菌直达“病灶”。例如，仙环菌的菌丝可以长达数米，地表看上去一个个分开的仙环菌在地下可能已经连成一片，这种特性使它们与除污细菌成为“天生一对”。

5. 低碳饲养酵素床

联合国粮农组织（FAD）统计，农牧业释放出大量的温室气体，种植养殖加工过程中产生的温室气体，超过全球人为温室气体排放总量的30%，相当150亿吨二氧化碳，传统畜禽养殖方式产生的温室气体占全球温室气体排放量的18%，其中氧化亚氮和甲烷占总量的50%～80%，二氧化碳占20%，氧化亚氮和甲烷的温度效应当量，分别是二氧化碳的310倍和21倍，中国一年畜禽养殖业的废水排放量达100多亿吨，已超过生活废水和工业废水排放量的总合。处理禽畜排泄物已成一个大课题。

酵素发酵床养殖，创造了一个全新的低碳排放的养殖模式。酵素床养殖是用好氧菌让床子上的铺垫物与牲畜的粪便共同发酵，把铺垫的植物纤维及粪尿分解成二氧化碳，合成菌体蛋白及微量酵素。发酵物成为猪的“饲料”，基本上又能做到不产生氧化亚氮和甲烷，减少厌氧发酵造成的氮化物的比例，消除粪便产生的臭味，是处理粪尿的全新模式。这种模式减少了养猪的总废弃物，降低成本，提高了商品猪的产出效率，实现“绿色”养殖。这一技术在辽宁、吉林、黑龙江、河北、山东等省已推广使用。

6. “微”修复土壤除毒

微生物修复是一项复杂的系统工程。我国的微生物修复水平还处于发展的初级阶段，技术在实际应用中仍然存在许多的“不确定性”。

从“看得见”的大气污染和水污染，扩展到“看不见”的土壤污染，微生物修复技术正逐渐成为整个环境修复过程中的核心。土壤毒化有大量使用化肥和农药的原因，更有工业废弃物毒化土壤等问题，修复、除毒土壤是环保新课题。

2012年底，河南省地矿局地质环境调查院承担的石油污染土壤修复技术研究项目获得成功。经过微生物修复试验，濮阳市40余亩石油污染区石油污染物降解率达85%，含盐量降低85%，治理后的土地基本恢复耕地功能。

微生物修复技术在应对石油、化工、重金属、农药等对土壤的污染方面，有着不可比拟的优越性。一般来讲，土壤污染浓度较低，给微生物创造一个“宜居”环境，使微生物在高活性状态下降解污染物，达到彻底清除污染物、修复污染环境的效果。生物修复不产生二次污染，比物理化学方法的环境修复技术法具有优越性。传统的物理化学手段，只能算作“治理”。微生物最终的代谢产物是二氧化碳和水，不会引起二次污染，才算真正实现了“修复”。

天津大港油田开展的高盐碱石油污染土地的微生物修复与治理技术的研究，也成功实现了生态恢复，成为国内一个示范工程。

现阶段微生物修复技术常常与其他修复技术联用共同发挥作用。如生化修复技术、植物—微生物修复技术、动物—微生物修复技术等，都具有很好的前景。

实际地下水或土壤污染场地中，有的地方污染物浓度含量高，但大部分污染物浓度较低。理化方法先把污染物浓度高的地方降下来，然后通过注射生物制剂和药剂，改善土著菌的生存环境以提高它们的活性，从而达到利用微生物降解污染物的目的。

微生物修复技术的推广仍面临一系列待解的难题。土壤和地下水的修复在我国属于新兴产业，无论是技术储备、技术设备的可获得性或者现场实施硬件都还比较缺乏，现在处于一个从无到有的阶段。借助微生物修复相比其他手段，成本更低，但是需要的时间周期更长。尽管有的微生物降解污染物的速度比较快，但要治理一个被污染了的环境，至少是要以年为单位计算。据环保部2006—2010年组织开展的土壤污染调查结果显示，在珠三角、长三角、环渤海等发达地区污染严重的区域，依靠自然恢复需要几十年甚至上百年，而通过种植植物和投放微生物等的增强型原位修复，也需要至少数年的时间。由于微生物种群对生存环境的敏感，以及人为对微生物种群生长条件的控制中的不确定性因素，往往导致微生物修复方法在实际环境中的表现，与前期开展的小试甚至中试的结果有巨大差异。

7．适应环境育新种

(1) 抗旱基因作物保增收　阿根廷近年研制出抗旱大豆。阿根廷研究人员拉克尔·詹与他的团队，先是分离出了一种抗干旱的向日葵HAHB4基因，并将其嫁接到了大豆中。该团队已经在大豆、小麦和玉米作物上展开了试验。HAHB4基因被植入大豆、小麦或玉米作物之后，产量的增幅可达到10%～100%。这项技术的支持者称，生产效率的提高可能意味着每年增加多达100亿美元的利润。

(2) 新种小麦抗真菌　有几个国家的科学家组成的一个国际研究小组，从一类小麦品系中筛选出一种能让小麦抵抗常见真菌疾病的基因，从而有望培育出抗病能力更强的小麦品种。这项研究由瑞士苏黎世大学植物生物学研究所、澳大利亚联邦科学与工业研究组织等机构的研究人员完成。研究人员说，他们筛选出名为Lr34的基因能使小麦植株抵抗3种破坏力最强的小麦真菌病，即小麦叶锈病、条锈病和白粉病，但其中具体作用机制尚不清楚。

研究人员解释说，由于病原体经常发生变异，一般的抗病基因通常只能帮助植物短期内抵抗疾病，而Lr34却能长期发挥作用。

研究人员说，真菌疾病是世界各地小麦和其他谷类作物的一个主要威胁，他们的研究有望帮助解决这一问题。这种抗病小麦的成功，可以减少农药的运用，生产出有机小麦，既增加了产量，又利于环保。

(3) 抵抗盐碱利生态　生态环境的恶化使树木及绿色植被锐减，大片盐碱地对农作物造成制约。要改变盐碱地，增加植被，一个重要问题是培育抗盐碱的树种和作物品种。

现在各地都培育了一批这类的新品种。如上海的速生国槐、东方杉、抗盐碱速生白榆等，补充了传统的胡杨等老的抗盐碱树种。这些树种的培育有利于在盐碱、沙漠等条件下植树造林。

黑龙江省引进培育的龙谷，抗盐碱、抗干旱，提高产量11%～70%。晋北、河南等地培育出抗盐碱的小麦。吉林省由东北地理所大安碱地生态试验站、盐渍土生态与改良学科组培育出抗盐碱的东稻4号，具有耐盐碱、耐肥、抗倒伏、抗稻瘟病、抗冷、早生快发、活秆成熟等特点，尤其适合于吉林省白城和松原地区盐碱地种植，是一个综合性状优良的超高产水稻抗逆新品种，具有重要的推广价值和应用前景。

更令人寄予期望的是基因育种的兴起，我国已经有一批科学家在分子水平上瞄准恶劣环境下的作物品种的培育。2012年以来，中国农业大学的科研人员已经组成攻关组，以水稻、小麦、拟南芥等为材料，从分子水平上，找出耐盐碱的基因并克隆，同时找出能过智能化调控机制，以设计、培养新的耐盐碱作物。这是从根本上解决盐碱化土地种植农作物的问题。既增加了生产，又保护了环境、改善了生态。这是利用现代生物技术促进农业发展和生态建设的根本措施。

长期以来，科学家对研究植物耐盐的分子、生理及遗传调控机制进行了不懈的努力。然而，到目前为止，揭示植物耐盐性的分子及生理机制都是以双子叶植物拟南芥为研究材料，而拟南芥是真正的甜土植物。利用该植物为研究材料，存在很大的局限。而与拟南芥同属的十字花科小盐芥，也具有作为模式植物的一系列良好特征：个体较小、生活周期短、自花授粉、种子量大、基因组较小，易于遗传转化，容易在实验室操控，并能耐受每升500毫摩尔高盐（海水一般在300～400毫摩尔每升盐浓度），同时能耐干旱和零下15℃低温，因而成为科学家们研究植物耐受非生物胁迫逆境机理的理想材料。最近几年，得到了生物学家的垂青，成为全球近百个生物实验室竞相研究的对象。2012年7月9日，《美国科学院院刊》刊登标题为《小盐芥基因组研究揭示其耐逆奥妙》的文章，公布了其基因的全序列数据。小盐芥全基因序列的揭秘，是由中外7个科研团队历经近3年时间才完成的论文，结果揭示了非常有价值的植物抗逆机制。相比拟南芥，小盐芥存在更多的“应激响应”基因。这些“应激响应”基因，通过大片段基因加倍和基因串联加倍，得到的许多加倍基因使小盐芥获得了良好的高耐盐性，使人们对植物耐盐性机制的理解迈出了一大步，在理解小盐芥在极端环境下生存的遗传机制方面进行了探索，开展了深入研究的序幕。

（4）耐旱、碱、盐地的超级水稻　据科学网 2014 年 3 月报道，科学家首次培育出了一种可同时抗干旱、盐碱地和化肥不足“三重压力”的超级水稻。这种水稻由位于美国加利福尼亚州戴维斯的阿卡迪亚生物科技公司研发。超级水稻的耐盐碱基因来自拟南芥；耐旱基因来自根癌农杆菌；提升水稻的氮利用率，从而减少化肥需求的基因来自大麦。与未改良的亲本水稻相比，这种水稻增加了不少优良性质：在不同的干旱条件下，这种转基因水稻的产量比水稻亲本高 12%～17%；在低化肥水平下，前者的产量比后者高出 13%～18%；当同时存在上述两种压力时，前者的产量比后者高 15%；在不同盐碱环境下，前者的产量超出后者多达 42%。

（五）社会应用范围广

生物技术不只服务于农业、生物制造、医疗保健、军事武器，而且可以应用于社会的方方面面。从前面几部分的介绍我们已经知道，人类的基因 99% 都是一样的，但是这不同的 1% 决定着每个人都有独一无二的基因组，这可以通过对照基因图谱用计算机识别出来。用不着查 3 万多个基因，更无需逐一读出 30 亿个碱基对，只要检测 20 个左右的位点基因，最多查 156 个位点就能大致找出各自同位基因的不同特点。这不同的基因就能决定人的外貌、指纹、虹膜、血型、体质和许多不同特点。同时也能看出人们的血缘关系。现在的计算机软件分析能够读取相关数据并加以判定人的身份。DNA 的这些用途在确定人的身份、关系，协助破案、助力执法，选拔人才，促进环保等看似完全无关的领域，都可一显身手。下面从几个比较运用成熟的社会工作侧面做些介绍。

1. 破案高手 DNA

DNA 检测技术是破案工具的新锐。用 DNA 技术破杀人、强奸、盗窃等刑事案件，现在已成为不可或缺的常规技术。DNA检验可弥补血清学方法的不足，故受到了法医物证学工作者的高度关注，近几年来，人类基因组研究的进展日新月异，而分子生物学技术也不断完善。随着基因组研究向各学科的不断渗透，这些学科的进展达到了前所未有的高度。在法医学上，STR位点和单核苷酸（SNP）位点检测分别是第二代、第三代DNA分析技术的核心，是继RFLPs（限制性片段长度多态性）、VNTRs（可变数量串联重复序列多态性）研究而发展起来的检测技术。作为最前沿的刑事生物技术，DNA分析为法医物证检验提供了科学、可靠和快捷的手段，使物证鉴定从个体排除过渡到了可以作同一认定的水平。DNA检测能直接认定盗窃、凶杀、强奸、伤害、碎尸、强奸致孕等重大疑难案件的侦破。DNA标志系统的检测已成为破案的重要手段，下面是几个例子。

人类历史上第一次使用DNA破案是在英国。英国现在的国家DNA数据库收录了500万个人的DNA信息，其中主要是记录在案的罪犯和一些嫌疑犯，警方将主要从人身伤害、强奸和盗窃3类犯罪嫌疑分子身上采用其DNA样本，存入数据库。英国警方的目标是逐步在所有案件的侦破中都引入DNA检查这一步骤。建这样一个数据库是因为英国警察最先尝到了DNA破案的甜头。

1983年11月一个星期二的早上，有人在英格兰莱斯特附近的纳伯勒村外发现了15岁的女学生曼恩的尸体。她生前曾遭到强奸，但这个案子一直未破。3年后，再次发生此类命案。1986年8月的一个星期六，同样是15岁的艾施沃斯的尸体，在纳伯勒村外的小径上被发现。警方初步调查后起诉了一名17岁的厨房助手。这名嫌犯承认杀死了艾施沃斯，但是否认涉及3年前曼恩的案子。警方向遗传学家杰弗里求助，希望杰弗里证实嫌犯厨房助手是杀死两个少女的凶手。杰弗里在少女尸体上取到了罪犯的精液，提取出了DNA进行了指纹分析，证实了两个少女是一人所杀，但否定了厨房助手是杀人凶手，嫌犯获释。后来，对当地17～34岁之间的3 600多名男子自愿提供的自身血样进行检测，仍一无所获。因凶手以“害怕抽血”为名求朋友代验，躲过筛查。3年后，当那个朋友酒后吐真言才披露了代人验血的实情，使凶手皮契霍克暴露，真凶才被缉拿归案。这就是人类史上DNA破获的第一个曲折而离奇的案子。

中国首次利用DNA鉴定技术破案是在辽宁，案子发生在喀左县。喀左县有家人丢了个女孩，一直没有找到，后来一个放羊的人在山里发现了这个女孩的尸体。家人不明白这个孩子为什么无缘无故就失了踪，而且怎么就会死了。为了解开谜团，法医对女孩尸体进行解剖，发现女孩怀孕了。于是警方在调查后划定了几名疑犯，在某一天把疑犯都找来进行DNA鉴定，终于找出了女孩肚子里孩子的父亲。铁证如山，在审讯中，那名疑犯承认了自己就是杀人凶手。

此后，由于DNA破案的神奇功能，英美等国开始把DNA指纹检测列为诉讼程序可以采信的证据手段。目前全世界都用DNA指纹技术破案。

DNA检测分析应用于法医学鉴定，目前发现的多态位点越来越多。DNA芯片和计算机功能越来越强大，分析技术也越来越精巧、简便、快速、经济、实用。世界上有120多个国家和地区已应用DNA分析技术办案，除帮助破获强奸、凶杀、碎尸等刑事案件，还对亲子鉴定、性别鉴定、交通事故鉴定等民事案件，以及追查尸体身源，包括战争及大型灾难中落难者的个人识别等，发挥着认定率极高的优势。

在国外，警方利用DNA技术侦破疑难命案，还发展到了开始使用一种名为家族性DNA的技术搜寻凶手。2010年7月，美国加州的犯罪学科学家就利用家族性DNA搜寻法，终于将一名与过去20多年中发生在洛杉矶的至少10起命案和一起谋杀未遂案有关的连环杀手逮捕归案。

2. 亲子检测助安定

在生殖细胞形成前DNA双链的互换和组合有随机成分，所以世界上没有任何两个人具有完全相同的基因组，这就决定了人的遗传多态性。尽管遗传多态性的存在，但每一个人的染色体必然也只能来自其父母，这就是DNA亲子鉴定的理论基础。

传统的血清方法能检测红细胞血型、白细胞血型、血清型和红细胞酶型等，这些遗传学标志为蛋白质（包括糖蛋白）或多肽，容易失活而导致检测材料得不到理想的检验结果。而遗传标志均为基因编码的产物，多态信息含量（PIC）有限，不能反映DNA编码区的多态性，且这些遗传标志存在生理性、病理性变异（如A型、O型血的人受大肠杆菌感染后，B抗原可能呈阳性）因此，其应用价值有限。

DNA指纹技术的运用除刑事案件，查证罪犯，另一个重大作用是亲子鉴定，为财产继承，打击拐卖儿童，帮助骨肉团聚提供服务。

1991 年，一起长达数年、由离婚而引起的抚养案件，破例采用当时仅限于刑事技术鉴定的“DNA 指纹检测”去确定一对父子有无血缘关系，从而首开“亲子鉴定”的先河。

1985 年，一个来自加纳的男孩要移民英国，他声称他的母亲已经是英国公民。传统的法医血清学检查对此无能为力。也是在 1985 年第一个提出 DNA 指纹检测技术的英国科学家 Alec Jeffreys 利用该技术证实了两者的血缘关系，并为当地法庭所采信，这是 DNA 鉴定技术首次应用于司法办案。

海地发生七级大地震后，女婴詹妮因为被深埋在地震废墟下数天仍然存活而被称为“奇迹婴儿”，在她被当做孤儿送往美国两个月后，经过 DNA 检测，终得以与在地震中失散的父母重聚。

2011 年日本发生九级大地震后，引发的海啸吞噬掉无数生命，尸体不好辨认，也是通过 DNA 检测，遗体才得以被亲属们领走而得到妥善安置。2008 年在我国汶川发生的大地震中，DNA 检测技术也在罹难者的身份鉴定上发挥了不小的作用。

近期最著名的例子是助力鉴定头号恐怖头子拉登身份。2011 年美国在巴基斯坦击毙的男子是否是拉登，一度疑窦丛生。确知这具头部中弹的尸体就是世界头号通缉犯拉登的证据，是 DNA 检测结论。美国“9·11”事件确认几千人的无名尸体也是利用 DNA 检测技术。

3. 代替血型检更准

亲子鉴定中，常用的是检验血型，孩子的染色体一半来自父亲，一半来自母亲，开始知道的血型是 A、B、AB 和 O 型，孩子不是随父就是随母，就算变化一般也不出这几种型号。但后来发现，血型不止几种，而且有所谓“RH 阴性”或“RH 阳性”等所谓“熊猫型”稀有血型，而且多达十几个。特别是有一种 ABO 多态血型，在鉴定家族成员血缘关系时，ABO 异常血型挑战经典规律，无助破案。血型在亲子鉴定中只能排除某人是亲生父亲的可能性，但无法确定某人就是亲生父亲。

A、B、AB、O 血型是人类最早发现的血型系统，其如下表所示。这个血型系统是亲权鉴定中使用最早、最多、最经典的多态性遗传标记。

ABO 血型出现的概率表

父亲的血型	母亲的血型	孩子可能的血型					孩子不可能的血型		
O	A	O				A	B	AB	
O	B	O				B	A	AB	
O	AB	A				B	O	AB	
O	O	O					A	B	AB
A	B	AB	A	B	O				
A	A	A	O				AB	B	
A	AB	A				B	O		
B	B	B	O				A	AB	
B	AB	A	B	AB			O		
AB	AB	A	B	AB			O		

在亲子关系鉴定的案件中，DNA 多态性分析结果显示不能排除或肯定其亲子关系的数个家系，ABO 血型与孟德尔遗传规律出现了矛盾，即出现了表中相矛盾的情况，这引起了大家对经典遗传规律的质疑。经过血型工作者对 ABO 血型的分子遗传背景深入研究，已能从基因水平解释此异常现象。

AB 型与 O 型的生物学父亲/母亲和生物学母亲/父亲生育出 AB 型的孩子。对此现象的解释有两种情况：一是其父亲/母亲 ABO 基因位点是一个同时具有 A 和 B 糖基转移酶活性的基因——CisAB 或 B（A）型，而不是两个单独的等位基因，孩子从父亲/母亲中遗传到 AB 等位基因，从双亲的另一方遗传到 O 等位基因，从而孩子的血型在血清学上表现为 AB 型。还有一种解释是杂合基因 R102 的存在，它是 A 和 O 等位基因的重组，交换点在第 6 内含子，造成了这个等位基因在与 O 等位基因共同出现时表现为 O 型，而与 B 等位基因共同出现时基因加强表现为 A 型，等位基因的顺反式影响了 A 或 B 抗原的表达。重组基因由于基因加强作用而使得在家系调查中 ABO 表现型异常的案例在瑞典、韩国也还各有一个家系的报道。

还有两例分别发生在中国与日本的案件，母亲的血型为 O 型，父亲的血型为 B 型，小孩为 A 型。对此现象的解释是父亲的 B 和母亲的 O 等位基因发生了整段重组，即 B 等位基因的外显子和 O 基因的外显子 7 所组成一个杂合基因，而糖基转移酶的特异性主要由第 7 外显子的碱基序列组成，故表达成 A 型。

ABO 血型历史悠久，分型标准化，群体数据详尽，是 ABO 血型系统的优点。在亲子鉴定中发现 ABO 与其他多态性标记发生矛盾时，就必须进行 ABO 系统的 DNA 分型，才能确定其遗传关系。医务工作者也不能单纯以 ABO 血型的血清学分型违反孟德尔遗传规律就下定排除亲生关系的结论。随着多态性 DNA 的应用以及对 ABO 血型基因分子生物学研究的进一步深入，相信司法鉴定工作者有可能会为更多 ABO 血型异常的案件释疑。

可以说这项技术为社会安定做出贡献。

孩子的 DNA 指纹要先和母亲的比对，如果孩子 DNA 出现母亲 DNA 所没有的 STR 重复片断，就可以确定这些遗传自父方。

值得一提的是，目前各国用 DNA 指纹时，对仪器要进行认证，以保证检测的质量。用 STR 标记后，检测方法和技术趋于稳定，同时也是为了区域标准化和国际标准化的要求，美国的 ABI 公司最先将用于法庭 DNA 检测的仪器进行了认证，包括仪器使用的耗材（如胶、buffer 等）以及不断推出不同位点的荧光标记试剂盒，都进行了认证，这样保证了使用单位的检测结果全球可以互相交换和使用。在中国，20 世纪 90 年代的时候，DNA 检测因为价格昂贵，操作复杂，仅仅应用于刑事案件中。2000 年以后，随着试剂仪器的标准化，操作的相对简便，价格相对比较稳定，才开始慢慢应用于民事案件的亲子鉴定。

4. 基因位点身份证

现在的身份证主要是借助数字编码。例如，在中国内地，根据每个人的所在地、出生年月日用 18 位数字给成年人一个号码，标示每个人的身份。这个方法有优点，看看这一组数字就大体知道每个人的居住地、年龄等。但是这种身份证不可克服的缺点是在同一地具有同一出生时间的人或不止一位。目前，国内外有些地方把基因指纹技术应用于身份证，提高了科技含量，理论上说，全球 70 亿人的身份证就具有唯一性，一般不会出现重复。

郑州市民李广利先生从河南省人民医院遗传研究所领取了一张属于自己的基因身份证。这是我国内地第一张采用国际通用的 18 位点制作的成人型基因身份证。在河南省诞生的这张身份证，与普通居民身份证大小一样，卡片上方显示持有者的姓名、性别、民族、血型、出生年月日、身份证编号和照片，下方是一排条形码，它集中了这张身份证的全部奥秘和价值。医生从持有者身上提取一滴血、一根带毛囊的毛发、口腔黏膜细胞或肌肉、皮肤等任何组织细胞，从中提取 DNA 进行基因型分析，把基因组 DNA 分子链上挑选出来的 18 个基因位点转化成防伪条码。遗传研究所的专家说，这样的身份证目前在河南的制成价格为 600 元左右。

此前，我国已有四五个省市制作过基因身份证，但大多为 8 个位点、10 个位点和 12 个位点的。在国外，18 个位点的基因身份证也比较罕见，美国刚刚开始试用这种特殊的身份证；我国的香港地区于 2002 年 6 月首期发放了 5 000 张这种类型的身份证。河南省人民医院遗传研究所的专家说，显示的位点越多，与他人一致的概率越小。18 个位点的组合能成功区别 100 亿的人口。换句话说，就是 100 亿人中有两个人的位点可能重合。但地球上到现在，不过 70 亿人。

专家们介绍，基因身份证在人体器官移植、输血、耐药基因的认定和干细胞移植方面都有非常大的作用。此外，还可以有效杜绝伪造身份证现象。

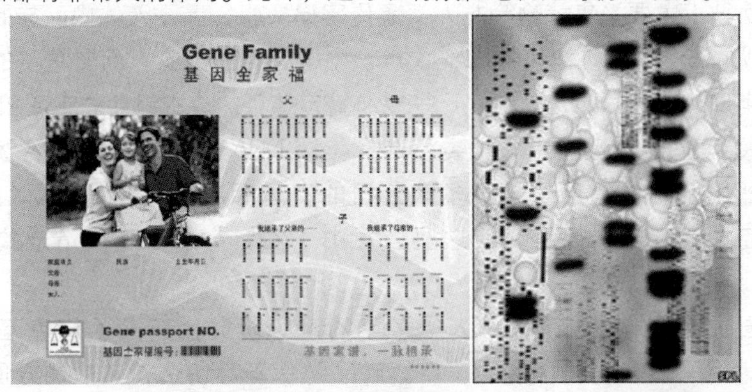

5. 防伪新秀基因码

据世界贸易组织等机构提供的资料，20 世纪初，全球的假冒伪劣产品只有 50 万美元，而到 21 世纪初已突破 1 000 亿美元。自 1990 年以来，全球假冒商品的贸易额增长速度是全球贸易额增长速度的 3.2 倍，假冒伪劣现象已成为“仅次于贩毒的世界第二大公害”。近年来，我国年均假冒伪劣产品的产值在 1 300 亿元左右，约占国民生产总值的 2%。每年由假冒伪劣产品造成的直接经济损失在 2 000 亿元左右，比全国两年的县级财政收入总和还多，国家因此年均损失只税收一项就达 250 多亿元。

美国商业部已确定将美国 DNA 应用科学公司所提供的 DNA 防伪技术，列为打击非法进口的 3 种方法之一。根据统计，平均每年约有 700 亿美元的纺织品合法进口至美国，美国海关估计另有 20 亿美元的纺织品以走私方式进口，纺织业则估计走私金额高达 80 亿至 100 亿美元。美国纺织品制造商协会表示，DNA 防伪技术主要采集植物等非人类遗传密码要素，置于液体中，与制造中或部分完成的布类混合，以手握扫描仪辨识附有卷标的成衣，而更精密的扫描仪则能解读 DNA，进一步辨识合法产地以及特定核可的成衣组件的制造加工厂。

2000 年悉尼奥运会中，组委会选择美国 DNA 技术公司提供的整套 DNA 防伪和甄别系统，运用于 100 多家公司的奥运标志授权商品上，包括从袜子到夹克衫等几千种商品，使这些公司由于假冒产品出现而造成的销售额下降的比例低于 1%。

我国防伪技术，经过科研人员多年的潜心研究，开发了 DNA 基因防伪技术，达到了较高的防伪水平。用做商品防伪不可仿造，其检测方便。DNA 多聚链式反应（PCR）创立后，超微量 DNA 的检测已成为常规的手段，难以仿冒。成本低廉，检测体系也非常容易做相应调整，使破解密码的种种可能被轻易化解，且应用隐蔽灵活——仿造者难以察觉。

DNA 做标志无毒无害，而用做密码标志的 DNA 化学量不超过 pg（10^{-12} 克）级，因而用于商品防伪不至于改变商品的物理或化学特性，甚至可以在商品的生产工艺流程中直接加至特定的商品之中，这是迄今绝大多数防伪技术所无法企及的。如饮料、化妆品、药品生产中掺入 DNA 标志等，这种隐蔽性是仿冒者难以察觉的。另外，DNA 密码标志也可以制成特定标志（如类似于激光防伪标志）粘贴于商品之外。

此外，DNA 密码标志处，在紫外灯下可以发出各色荧光，以辨识产品真伪。适用广泛，多重机制，DNA 防伪标志可整合其他数种防伪机制，为客户提供全方位防伪功效，如荧光印刷、防伪底纹等。

运用 DNA 商业密码于商品上，将大大提高防伪技术门槛，是企业的最佳选择。DNA 商业密码是撷取动、植物 DNA，经由萃取、剪接、合成等步骤，将 DNA 经由遗传工程技术处理后，再经特殊生产工艺，得以不同形态溶入、植入或印刷于产品上。使产品拥有独一无二，且无法复制的专属密码，作为产品身份辨识之用。

6．面孔识别拓新途

DNA 技术的应用不仅仅在于亲子鉴定、认定犯人、预测和治疗疾病，科学家还在推动功能学基因组学研究，赋予 DNA 技术更广阔的应用前景。面部识别软件用于鉴定死者的照片，电脑程序读取面部特征，例如，眼睛、鼻子、嘴唇的位置、比例和尺寸。面部识别程序对死者的面部几何学特征进行测绘，而后与照片进行比对。这是一个进步，有可能让警察笑得合不拢嘴。

荷兰鹿特丹市医学中心的遗传学家曼夫里德·凯赛尔（Manfred Kayser）和同事如今已经梳理出了 5 个控制人脸宽度的基因。尽管还有上百个与脸型有关的基因有待确定，但这一发现无疑向着用 DNA 重建人脸迈出了至关重要的第一步。研究人员在《科学公共图书馆——遗传学》杂志上报告了这一研究成果。这种方法不是仅仅依靠外形的尺寸，而是用系列基因作标记，用计算机识别“内在”与外形相结合的“面孔”。

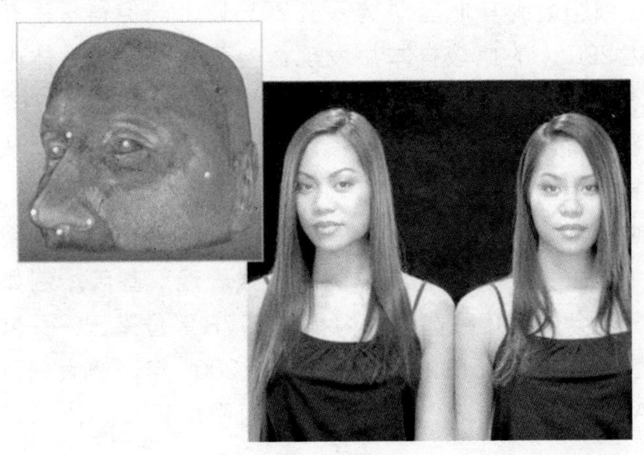

7. 定向取“才”看基因

选拔运动员，特别是在少年时期选拔，以前主要看骨龄、外表，测肌肉、看现状来预测发展。现在借助基因检测选拔，就比以前的挑选方法更有把握，对运动员将来的发展潜力预测得更科学、更准确一些。实践证明，有些运动员生理上确实具有某种天赋。某一特长世家涌现出特定运动员是有科学道理的，如姚明的父母都是篮球运动员。当然，运动员最终的成功与否，还是要靠自己的努力和机遇。但是人类基因组的研究证明，优秀运动员的确具有某一方面的优势基因。下面是一些典型的例证。

2012年8月7日，英国伦敦，海德公园上演了奥运会男子“铁人”争夺战，英国“铁人”布朗利兄弟以惊人的耐力和体能摘得金牌和铜牌。举重女子48千克级比赛，日本选手三宅宏实获得银牌，三宅来自日本举重世家，她的父亲三宅义行曾在奥运会上夺得铜牌，伯父三宅义信参加过4届奥运会，取得了2金1银的成绩，并6次获得世锦赛冠军。

这样的奥运“子弟兵”并不少见。有人以为或许这仅仅是巧合。但也有专家认为，运动选手身上看不见的特殊基因在竞技中发挥着不可小觑的作用。

目前，科学家们已经证实，20多种基因变异与运动能力有关。

1960年美国斯阔谷冬季奥运会上，芬兰运动员埃罗·门蒂兰塔获得金牌。号称拥有“运动员血液”的他参加过4届冬奥会，共获7块奥运奖牌。有趣的是，门蒂兰塔几次在赛后血液检查中都被怀疑使用违禁药品，因为他血液中的红细胞数比其他运动员多出20%以上。但科学家在调查了门蒂兰塔家族多达200人的血液样本后发现，门蒂兰塔出生时体内就已经存在着红细胞生成素受体（EPOR）基因突变，使得他的携氧能力提升了25%～50%。这就意味着他的血液能够携带比普通人更多的氧气，从而使他在滑雪比赛中速度更快、耐力更持久。

美国优越风险管理公司的主管指出，越来越多的证据表明，世界顶级运动员都或多或少携带有一些特殊的“增强表现”基因。例如，几乎每个接受测试的奥运会男性短跑选手体内都有577R等位基因——ACTN3基因的变体。这种基因存在于85%的非洲人体内。2005年，澳大利亚的一个研究小组发现，ACTN3基因与人体肌肉的爆发力密切相关。他们调查了737名运动员后发现，普通运动员拥有ACTN3基因的比例为30%左右，参加奥运会并取得顶级运动成绩的爆发力项目，如短跑项目的运动员ACTN3基因的携带比例高达95%，特别是需要爆发力项目的女运动员中，这个基因携带的比例高达100%。

另一种名为血管紧张素转换酶（ACE）的基因则在人体有氧耐力素质方面起到关键作用。陕西师范大学教授熊正英研究后得出结论，ACE基因主要影响人体的心肺功能，从而影响人体的有氧耐力素质。一项针对英国跑步运动员的研究发现，ACE基因变异在长跑运动员中最为普遍，更持久的耐力让他们有更好的成绩。

然而，优秀基因会对运动成绩产生怎样的影响？高水平运动员是由各种复杂因素“锻造”而成。也有专家认为，有两个关键因素限制高水平运动成绩：基因和环境。但是，奥运会胜利者和失败者之间的差异可能不能完全归因于生理的功能、生物化学的质量以及形态学的特征，那些超出生理学范畴的心理等因素，也会使运动员处于失败或胜利的边缘。毫无疑问，人类功能能力和生理过程与个体的基因型关系很大，何种程度的训练能够增加个体能力达到特定的水平，这一问题仍需要大量研究。

另一方面，随着科学家发现越来越多与运动能力有关的基因，奥运会组织者不得不全力应付可能带来的影响。自2003年起，国际奥委会就开始禁止使用基因兴奋剂。

未来的奥运会可能会出现不同变化：或继续成为那些天生拥有遗传优势的运动员的“舞台”，或利用让步赛来让那些天生并不具备优势基因的运动员获得更加公平的竞争机会，或通过基因疗法让那些天生并不携带某些基因的运动员“升级”——但这种医学实践目前被禁止使用。未来的取向还不得而知。但奥林匹克的传统一直在悄然变化，也许现在被视为不可思议的事情，将来会变得司空见惯。曾经，女运动员只允许参加网球、高尔夫球等几项有限的奥运会项目。20世纪70年代之前，职业运动员被禁止参加奥运会比赛，而如今，职业篮球运动员也在为争夺奖牌奋战。

8. 基因识别成产业

“生物识别”是生物特征识别的简称，指通过因人而异的生理特征和行为特征，如虹膜、人脸、指纹、声音、笔迹、步态等，准确鉴定个人身份信息。据悉，这些技术在当代全球安防方面已形成一个巨大产业，广泛应用于公共安全、安检通关、金融证券、社保福利、门禁考勤等方方面面。

为适应这种产业化发展趋势，我国政、产、学、研各界组成了“生物识别产业技术创新战略联盟”，由中国科学院自动化所牵头，联合相关政府部门、行业企业、科研院校等单位在杭州成立。

中国科学院自动化所模式识别国家重点实验室主任谭铁牛表示，这一产业涉及公共安全，表现出几个特征：政府主导才能规模化、相关技术竞争白热化、业务开展专业化，不仅发达国家大力推广使用，发展中国家亦步步紧跟。印度发布了UID身份识别项目，目前有5亿人注册虹膜、人脸和指纹。中国已将这一产业列入国家中长期发展规划，且该产业正以每年50%的速度增长。与此同时，中国生物识别产业也面临一些挑战，如相关单位互动不够、市场存在无序竞争等问题，因而迫切需要行业人士团结一致、协同创新。

联盟的成立预示着中国生物识别产业将从研发优势走向产业优势。联盟首批缔约方有25家，其中企业18家、科研机构3家、高校3家、政府部门1家。联盟计划建立行业标准，开展测评认证等一系列工作，打造中国生物识别领域政、产、学、研、用、资多赢的品牌产业平台。联盟单位将共享生物识别行业商业模式、技术研发、产品设计、系统应用、标准测评，共同推动产业健康、有序、快速发展。

第四篇 DISIPIAN

有待探索，生命未解之谜多

YOUDAI TANSUO，SHENGMING WEIJIE ZHIMI DUO

一、生命起源说纷纭

对于生命的起源，是科学界乃至地球上所有的人都关心的问题，小孩子都会问“我是哪里来的?”这个问题似乎不少科学家都回答过了，但是被所有人都认可的答案还没有产生。总体上讲，生命的起源还是处于“众说纷纭的阶段”。因为所据资料的局限性，难免有瞎子摸象般的偏颇。下面的观点不是定论，因为我没有这方面的专门研究，只是不同科学家的几种观点的综述性介绍，是对与遗传物质 DNA 有关的生命起源方面的知识做些解读，让读者对 DNA 与生命起源、进化的关系有所了解。

1．蛋、鸡谁先争不休

研究生物起源时，总会遇到先有蛋还是先有鸡这个悖论。因为在形式逻辑的范畴内，这是一个无法自圆其说的难题。你说先有鸡，那么鸡是哪来的？你说先有蛋，蛋是谁生的？这样追问下去，周而复始，原地踏步，终是无解。

在动物分类学上，鸡是鸟。鸟的出现，似乎是先有蛋，而后有鸟。因为鸟的前身是恐龙，而恐龙是卵生，有的科学家因此断言先有蛋，后有鸡。但恐龙毕竟不是鸟，恐龙蛋只应生恐龙不生鸡，所以还是不能证明先有蛋，而后有鸡。其实，这是一个无解题。从生物进化的过程看，先有蛋还是先有鸡的争论没有多大意义。只有追溯到决定遗传物质——核酸（RNA 和 DNA）的进化过程，发现两种核酸的功能和历史上的关系，这个问题才能说清楚一些。

2. RNA 主宰 10 亿年

很长时间里，科学家不明白遗传物质脱氧核糖核酸（DNA）的信息为什么要通过核糖核酸即 RNA 这个中介来“转译”，才能成为多肽系列进而产生蛋白质，而不是直接以自己的指令合成多肽。克里克在与沃森共同发现 DNA 的双螺旋结构后，进一步研究并提出一个假设：RNA 比 DNA 在地球上出现的时间要早一些。他设想生命进化的道路上曾经有过以 RNA 为基础的时代，就是说，RNA 也许曾经是第一个遗传分子。

这与今天我们熟悉的“DNA 中心说”不合。但在 DNA 出现前，地球上的生物的确是一个“RNA 世界”。克里克的猜想：RNA 由于骨架是核糖而非如现在的 DNA 骨架是脱氧核糖，所以 RNA 可能具有酶的催化性质，能够自我复制。而 DNA 想必是后来进化的产物。DNA 的出现进而代替 RNA 成为遗传物质，是因为 RNA 相对稳定性差，比 DNA 容易降解和突变，不利于长期而稳定地储存遗传数据。在这方面 DNA 比 RNA 有优势。克里克的这个假设到 1983 年得到了证实。美国科罗拉多大学的切赫和耶鲁大学的奥尔特曼分别证实 RNA 分子确有催化作用。10 年后，又出现了更确凿的证据，证明在 DNA 出现之前的 10 亿年间，生物遗传的载体确实是 RNA。那时，核糖体是蛋白质的合成地点，已知跟核糖体有关的蛋白质有 60 多种。这些发现解决了生命起源中“先有蛋还是先有鸡”的问题。

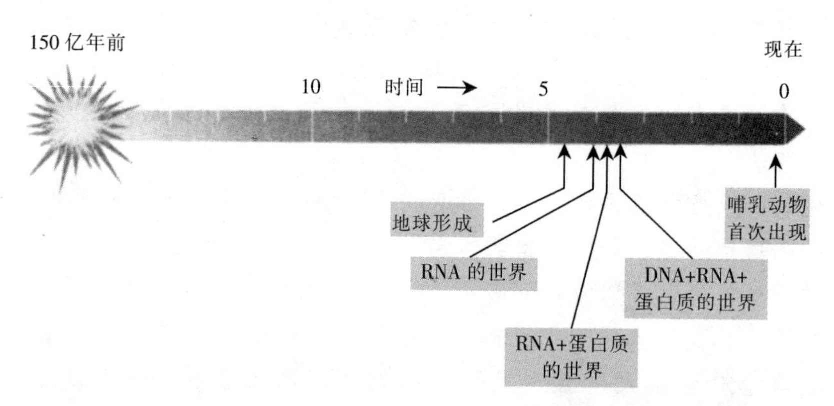

太初宇宙大爆炸后的生命进化。我们可能永远无法确定生命起源的精确时间，但是最早的生命形态很可能完全以 RNA 为基础

早先，许多生物学家认为最早的生命形式是由一个 DNA 分子所构成的。

但这个假设不能解释一个现实的矛盾：DNA无法自行聚合，它需要蛋白质的配合。而编码蛋白质必须由DNA发出指令后经RNA转译才能形成。这就出现究竟是先有蛋白质还是先有DNA的问题。因为若先有蛋白质，而蛋白质不具备复制信息的功能和方法；若是先有DNA，虽然它可以复制信息，但必须有蛋白质这个条件。这是个无解的问题：要有DNA就必须有蛋白质，要有蛋白质就必须有DNA。这是一个死结，与先有蛋还是先有鸡一样，无解。

但是RNA却可以提供答案。因为RNA确实有DNA的功能，能够储存与复制遗传信息，又能与蛋白质进行化学反应。事实上，在RNA的世界里，"先有鸡还是先有蛋"的问题根本不存在。那时，DNA还没有出现，RNA既是"鸡"又是"蛋"。RNA是珍贵的进化遗产。生物界的"自然选择"在解决了一个问题后，其解决方案往往会被继续沿用。一个过程之所以呈现某种特定的方式，可能只因为它最初是那样进化的，而不是因为那是最好的效率和最高的方式。

也因为这个原因，科学家对生命机器基本的运作方式有了进一步的认识，对于基因的调控方式有了新的理解。这为基因重组，调整DNA分子的能力有了可能。

"生命起源于核糖核酸"即RNA的说法不准确。但生物进化的历程中，RNA曾作为遗传物质的主要载体，DNA是后来进化形成，则是不争的事实。在自身亦蛋亦鸡的情况下，说谁先谁后没有意义。

3. 地球生命来天外

再往早期推逆，地球上比核酸形成早的生物质是哪里来的？

(1) 生命源于陨石坠　日本科学家实验模拟了地球诞生初期陨石高速坠入海洋时的情景，发现陨石坠海引发的化学反应可以合成地球生命不可缺少的氨基酸等有机物。科学家把水、铁、碳等无机物封入充满氮气的不锈钢圆筒，令一块厚2毫米的不锈钢板以每秒1公里的速度撞击这个直径和高度为3厘米的圆筒，使筒内的压

力瞬间升高到6 000兆帕，温度达到5 000～3 000开尔文（开尔文为热力学温标，热力学温度的零度为－273.15℃），再现了陨石坠入海洋时的场景。科学家之后分析发现，筒内反应生成了甘氨酸、羧酸和胺3种最简单的有机物。

人们认为，在大约46亿年前地球诞生之初，地球上只存在无机物，生命起源问题也一直是科学界的难解之谜。上述实验证明，地球的最初生成借助了天外来客的撞击产生的能量。

这个实验证明生命是借助陨石的撞击所产生的热能实现了地球上的有机物的合成。以此说明地球生命是间接飞来的。但这种观点不无牵强之处。

（2）早于地球小行星　另一种生物的天外说是说地球以外先于地球形成了生命物质，后来来到地球上。美国科学家在陨石中发现进化阶段不同的物质，更有力地说明生命可能来自天外。2011年6月，美国杰弗里·克卢格在《时代》周刊载文，说小行星可能是早于地球的生命温床。2000年1月18日，随着一团呼啸的火球砸向地面，它落在了不列颠哥伦比亚省群山中的塔吉什湖的冰面上，裂成了碎片。科学家们采集了直径4米左右的一块陨石碎片。最新研究令人瞠目结舌：生命在小行星上的形成可能要远远早于在地球上产生的时间。

科学家以前曾在陨石样本中观察到一些生命起源之前的物质。这一次，地质学家和矿物学家在塔吉什陨石样本中的发现出乎意料。他们看到了5个进化阶段的物质，从最简单的形式到复杂的不同发展阶段的有机物。这就好像科学家们不仅发现了蝴蝶，而且还发现了蛹和毛虫。

科学家认为，塔吉什陨石作为一种温床，飞越太空，产生了越来越复杂的有机化合物，不是自今日始。塔吉什陨石形成的方式与太阳系中所有小行星和陨石形成的方式一致：都源自最初的气体和尘埃旋涡，这种旋涡也产生了太阳和行星。旋涡中的氧气和氢气结合产生了水，而这种结合也发生在小行星母体中。陨石聚合产生的引力热量，加上陨石自带的放射性物质，保持了水的热度，在某种程度上也保持了水的波动，并遍布小行星。过段时间后，热量消失，这一过程结束，就会产生有机物质的不同阶段。这就是小行星可能是地球生命“温床”的依据。

这当然还不能意味着真正的生命起源于小行星。这只是意味着生物进化可能发生在太阳系的各个地方，一些早期化学物颗粒可能洒在了地球上，是地球生命的一个来源。

所以有的科学家还由此推论认为，有外星人存在——至少它们在一定程度上跟我们一样，也是可能的。

4．地球生命自地底

美国科罗拉多大学的地球科学家对巨大天体碰撞产生的热量——除了蒸发自身，还能够熔化撞击点的地壳——会导致什么样的后果进行了计算。在这项模拟中，巨大的天体碰撞并没有像之前推测的那样产生持续不变的热量。足够的水能够使地壳冷却下来。对生活在地表深处的现代微生物进行的研究显示，这些生命在地表下 4 千米的深处依然能够生存下来，这远远超过了撞击热量所能达到的范围。地球上的生命不但能够躲过最近的大撞击，它们甚至早在43亿年前便在地球上出现了——这一时间比根据地质记录得出的判断早了数亿年。这或许能够解释为什么现代生命最早的祖先被认为是喜热的有机体——两位科学家表示，这样一种生命形态可能依赖于比最近的大撞击早很多的由天体碰撞形成的温泉。

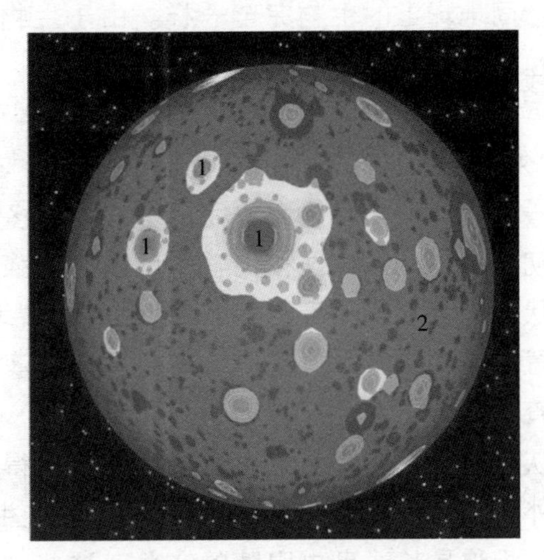

模拟显示，太古代大撞击（1 为天体碰撞加热区，2 为可供生命存活区）

进行过类似计算的美国加利福尼亚州斯坦福大学的地球物理学家认为：“‘地狱’是可以由生命居住的。”

2013 年初的发现，也许是对这个观点最好的证明。科学家在地壳内发现了不需要氧生活的大批厌氧菌。这些微生物的数量之多，可能是地球上生物圈中最大的群体。

5．外星生命何处寻

大量的地面模拟试验表明，自然界可以有很多提供能量的手段，使无机分子转变为不同的有机物。宇宙空间产生有机物质和原始生命的机会比我们原来想象的要大得多，而且，即使太阳系的其他天体上都不存在生命，也不表明宇宙间不存在生命。因为银河系中有亿万颗行星具有孕育生命的条件，还有其他行星上生命存在的形式和特征由于环境的不同，其结构、功能和反应等都可能不同。因此，很难假定在其他行星上生存的生物类型会同地球上的生物完全一样。由于生物进化过程中外界环境的影响，差别也可能更大。

（1）外星生命可能在世间　有的科学家提出新的“外星生命说”，主张“外星人”也许就生活在我们中间。这与生命来天外的一个学派的主张基本一致。这一学派认为，我们现在的许多物种就是天外来的。当地球形成之初，由于各种物理和化学的反应非常强烈，致使地球处在一种极其炽热的状态下，那里不可能有生命。后来随着地球的慢慢冷却和得天独厚的天文位置及结构，生命便悄悄地演化出来。澳大利亚研究员保罗·戴维斯教授和查尔斯·林维瓦在近期《天体生物学》刊物上提出了他们的新理论。他们认为，寻找外星生命的踪迹不一定非得跑到其他星球，我们身边就可能有外星生命形式存在，“外星人”也许就生活在我们中间，但你不要以为它们的相貌是长着臭虫眼睛的怪兽。这些“外星人”只是体内携带着外星生命的基因而已。来自外星球的微生物一起参与到地球生命演化过程中。研究人员要讨论的外星生命很可能是原始微生物，这些微生物在 40 亿年以前开始出现。这个证据来自于科学家在澳大利亚发现的 35 亿年前的蓝绿藻化石。那些蓝绿藻形成了叠层石，它们是生活在太古时期（40 亿～25 亿年前）早期浅海的群居性生物。

虽然太古时期的环境和现在大不相同，当时的蓝绿藻和现生的蓝绿藻长得却相差无几，蓝绿藻在这几十亿年中的演化速率相当缓慢，可是为何它们却能够在地球形成之后的短短 7 亿年中，快速地从简单的化合物演化成最原始的生命形式?

从格陵兰岛的石头上发现的化学证据显示出，生命可能在 38 亿年前就形成了。悉尼马奎尔大学澳大利亚太空生物学中心的戴维斯承认这种理论只是一种假说，但是他同时认为不能排除那个时候的某些微生物生存到现在的可能。

科学家日前表示，在这个地球上最为偏僻的一个地方——北极，也许就存在着这种外星生命的影子。科学家已经在北极的硫磺泉中找到 20 多种不同的微生物。而且那里与土卫二表面环境惊人相似，为探索土卫二提供了模型。科学家认为，土卫二应该是寻找外星生命证据的最佳地点，而北极的硫黄泉则是地球上的最佳土卫二模型。

加拿大卡尔加里大学北极环境研究所所长贝诺特·比彻姆表示，尽管这些微生物生活在地球上最偏僻的一个地方，但它们也许能够为我们寻找宇宙中最近的邻居，提供一把打开大门的宝贵钥匙。埃尔斯米尔岛到处是蜿蜒的冰山和蔓延的冰河，年平均气温在零下 20℃ 多。在这片人迹罕至的辽阔岛屿上，保存着一些自然界的奇迹，如在 2006 年早些时候刚刚发现的有脚的鱼化石。

行星科学家们发现，和埃尔斯米尔岛一样，土卫二上也存在着氧，而且科学家一直怀疑土卫二上也有硫黄。不仅如此，科学家还一直认为，在土卫二上也存在一个由水或是其他液体构成的海洋，表面的冰都漂浮在这个海洋上。综合所有这些因素，科学家认为土卫二应该是寻找外星生命证据的最佳地点。2014 年初发现，土卫二上有海洋。

美国火星车发回的照片显示火星上曾经存在的大河。现存的干河道长 1 500 千米、深 300 米、宽 7 000 米。说明火星上曾有大量水存在。水是生命存在的重要条件。火星上是否有生命，火星的地表下会否有微生物存在，非常值得期待。

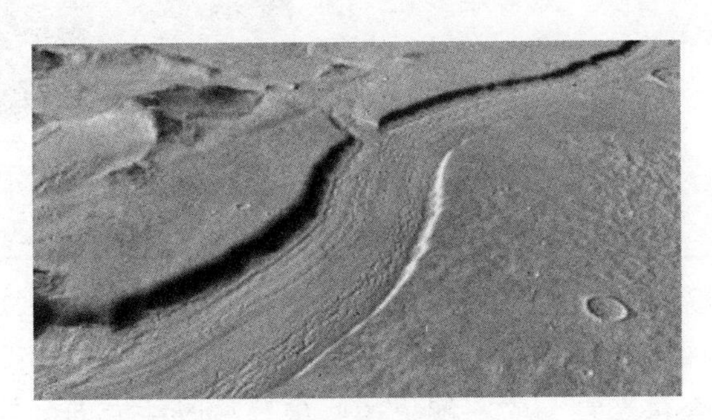

火星曾有大江河

（2）霍金预测外星人　霍金认为，宇宙有 1 000 亿个星系，每个星系含有数亿颗恒星。宇宙如此之大，地球不可能是唯一拥有生命的星球。他说：“我从数学的逻辑来思考，只是这些数字就可以极其合理地考虑外星人的存在。我们真正的挑战是弄清楚外星生命长什么样子。”霍金认为外星的少数生命形式可能是智能化的，但他们对人类是一种威胁，霍金相信，与这些生命进行接触对人类来说结果将是灾难性的。但也有天文学家不同意霍金的观点，认为假如有外星人，联系也无妨，只不过是探索人类的未来。

霍金想象中的外星生物

虽然最近天文学家在太阳系外发现了一批恒星，也有一些类地行星环绕，但根本没有探测到有文明存在的任何迹象。值得一提的是美国发射的探险者号最近发生的一件事。探险者号即将飞离太阳系，最近发回的信号令科学家大惑不解，这些信号与以往发回的不同，这一次的信号无人可懂。有人推论说，这兴许是被外星人俘获后探险者号发来的信号，此种说法已被科学家所否定。实际情况是，自 1975 年以来，探险者号所带的“名片”，把地球上的人类和生物形象用几种语言不断地发向宇宙，但至今根本就没有回应。

6. 定位病毒看进化

病毒有无生命？这又提出一个很尖锐的问题，也是一个争论不休的问题。本来是一类有机物的质粒，不能独立生活，要寄生才能获得能量进行增殖，但它又具有某些活性。当它们大肆施威时可杀死人畜的细胞和生命，因其毒性很大给其一个恶名曰“病毒”。因为病毒是由蛋白质和核酸构成的，已经具备了许多生物的特征，而比病毒还小、还要低等、原始一点的是类病毒和亚病毒，是没有核酸只有蛋白质的质粒，如朊病毒。在生物进化的链条中，病毒是一个很特殊的环节，它们似“生”非“生”。

现实中大多数病毒颗粒都由一个核酸芯子和一个蛋白质外衣，即衣壳所组成。核酸芯子只含一个DNA分子或一个RNA分子。从来没有两种核酸同时存在于一种病毒颗粒中的情况。这是病毒不同于所有其他生物的一个突出特征。DNA和RNA分子或为单链，或为双链，随不同的病毒而不同。组成核酸分子的碱基数目随不同病毒而异，少者几千个，多者可达250万个。特别是病毒可以增殖，可以遗传，可以感染侵入寄主，可以根据外界的变化而发生变异，如流感病毒、非典病毒、禽流感病毒、H7N9等一些传染性很强的病毒。它们在被一种药物降服后，很快就会出现变异型，对药物产生抗体。有生有灭也是生物体的一个特征。病毒有克星，干扰素就可以杀死病毒，而且病毒一旦离开寄主，生命力极其微弱。所以把病毒看成是简单的生命、是一种具备大部分生物本能的微生物也是可以的。

但另一部分人强调生命都有细胞，而病毒没有；生物应当有新陈代谢，自我生存能力，而病毒离不开寄主，也不具备生命的另一些基本能力，如排泄。因而不承认病毒是生物。还有的人以为病毒可能是一生物体解体后的细胞碎片，是不完整的、无生命的质粒，不能算作生物。这些说法都有理，但不全面、不准确。把病毒看成是生命从无到有的一个阶段比较合理。

我认为正是病毒介于生物和非生物之间，有一些生物的特征，又缺乏一些生命的机能，似生非生，介于二者，所以才认为病毒是生物的初级形式，是自然界的有机物在向生物进化的道路上发展的一个“节点”，是准生物阶段，而不能把病毒看作是一般有机颗粒或高级一些的生物碎片，更不能把病毒的存在看成是对遗传中心法则的否定。这个事实本身证明了生命由非生命进化而来，非生命的生物蛋白质由有机物、核苷酸进化而来，有机物由无机物合成。生命是由元素到分子、由无机物到有机物、由有机物到准生物、再发展到生物、到高级生物——人类这么一个路径。

病毒是生命，还有一个依据。国际病毒委员会已经以生物的分类体系予以分类。国际病毒分类委员会在1999年第7次报告，将所有已知的病毒根据含有核酸类型做了以下分类：DNA病毒——单股DNA病毒，DNA病毒——双股DNA病毒，DNA与RNA反转录病毒，RNA病毒——双股RNA病毒，RNA病毒——单链，单股RNA病毒，裸露RNA病毒，类病毒，等等。

此外，还增设“亚病毒因子”一类。这个报告认可的病毒约4 000种，设有3个病毒目，64个病毒科，9个病毒亚科，233个病毒属，其中29个病毒属为独立病毒属。亚病毒因子类群，不设科和属。包括卫星病毒和传染性蛋白质颗粒或朊病毒（prion）。一些属性不很明确的属称暂定病毒属。

病毒的蛋白质衣壳是由许多亚单位，即衣壳体按一定的规律排列而成。衣壳体亚单位有规律的排列使各病毒具有不同的形态。很多动物病毒在衣壳之外还有一层由类双分子层构成的外衣，即囊膜。囊膜实际来自寄主的细胞膜或核膜，其上有特异的糖蛋白分子，可和寄主细胞膜上的受体分子结合，使病毒粒进入细胞。这些特征，无异都是生命、有感觉的体现。

这说明，从分子生物学的角度看问题，生物与非生物之间的界限变得模糊不清。也说明，有生命的生物是由无生命的有机物演化而来。

7. 起源非洲有新证

关于人类的起源总体上有两种学说，一种是单一非洲起源说，这类学说原来是以在东非发现的化石露西为依据，后来以基因组研究为依据。后者的方法是比较世界各色人种，从线粒体到Y染色体的基因测序发现，人的起源是一元的——起源东非。

1987年，美国科学家通过对线粒体DNA研究提出了人类起源于非洲并向其他地方迁移的学说。1998年，北京、上海、湖南、云南等地的14位权威的遗传学家，利用微卫星探针系统研究了遍及中国的28个群体，以及五大洲民族群体间的遗传关系，发现亚洲人基因遗传物质的组成成分与非洲人相似，首次为中国人起源于非洲的学说提供了重要的遗传学基因证据。

此后，我国科学家和美国、英国、澳大利亚等国的多位科学家合作，通过对遍及东亚、东南亚、大洋洲等地的88个人群样本的Y染色体进行对比分析，再次证明了亚洲人类起源于非洲，并具体指出了亚洲东南部是人类走出非洲后大迁移的主要“驿站”，一部分非洲人从亚洲东南部往北迁移到达中国，越过长江进入华北和东北，成为现代中国人的祖先。

复旦大学遗传学研究所人类群体遗传学实验室的科研人员，通过对涵盖我国各省、直辖市、自治区的近10 000个男性的Y染色体进行检测，结果在所有的样本Y染色体上都发现了一个突变位点M168G，而这个突变位

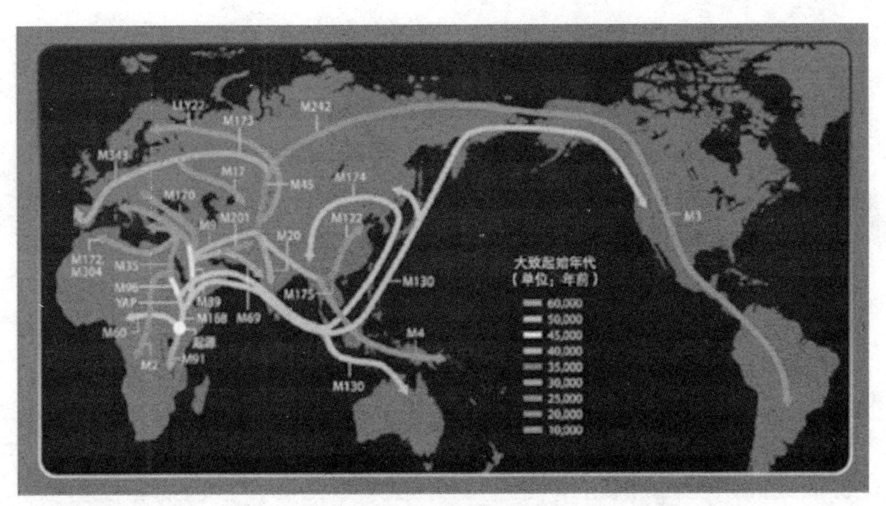

Y染色体上的证据

点大约在不早于7.9万年前产生于非洲，是一部分非洲人特有的遗传标记。

科研人员采取了排除法的研究方式，希望能在大范围的中国人群样本中寻找到没有M168G遗传标记的人，但迄今为止没有发现一例。复旦大学和国家人类基因组南方中心的专家认为：这是目前支持“中国人非洲起源说”最强有力的证据。这种学说认为，世界各地的现代人（包括中国人）大约在20万～10万年前起源于非洲，然后走出非洲迁往世界各地，成为现代人的祖先，而原来居住在世界各地的直立人，则对当地的现代人起源没有任何贡献。

8. 人类起源在亚洲

但是，另一大学派却认为亚洲而不是非洲是最早类人猿灵长目动物的起源地。这也有许多证据。这派学者不仅有中国人，也有许多外国人，包括美国科学家，该学派所依据的证据是化石。

一个国际研究小组宣布，在缅甸中部发现的一种新的灵长目动物化石Afrasia djijidae，揭示了早期类人猿——其中包括人类、猿和猴子——进化过程中的关键一步。3 700万岁高龄的Afrasia化石，与另一种类人猿化石Afrotarsius libycus非常相似，后者是最近在利比亚的撒哈拉沙漠一个年代相近的遗址中发现的。Afrasia和Afrotarsius之间如此相似，表明早期类人猿是在我们推定的这些动物的生活年代不久前迁徙到非洲的。早期类人猿定居非洲是灵长目动物和人类进化的关键一步，因为它为生活在那里的更高级的猿与人类的后期进化奠定了基础。这些化石的发现颠覆了非洲是类人猿灵长目动物进化起点的观念。

古生物学家对早期亚洲类人猿究竟是如何从亚洲迁徙到非洲的，发生在什么时候，存在分歧。这场迁徙应该非常困难，因为当时分割非洲与欧亚大陆的古地中海要比现代版本宽大得多。虽然 Afrasia 的发现并未解决早期类人猿迁徙到非洲的确切路线问题，但它的确表明，迁徙到非洲的发生年代相对较近，是在非洲化石记录中发现首个类人猿化石所显示年代的不久前。

Afrasia 化石和 Afrotarisius libycus 化石非常相近，两种动物的牙齿形状表明，它们或许以昆虫为食。从它们的牙齿大小上看，它们活着的时候，相当于现代眼镜猴的大小。

9. 始祖或为未见种

2012 年 3 月，美国《科学》杂志又登载了一个颇具戏剧性的新闻。由于南非一个山洞中的发现，科学家推断，人类是起源于一种前所未见的类人生物。

人类起源之所以神秘，是因为人类进化过程中获得的证据匮乏。此前的一种被多数人类学家所接受的人类的始祖是起源于东非的智人(Homo)，也就是以露西（Lucy）为代表的南方古猿。但是近年在南非约翰内斯堡西北部一处山洞中发现的化石可能颠覆这个假设。这种化石代表着一种前所未见的类人生物，它们拥有和更新纪灵长动物和早期人类的共有特征，很可能是真正的人类始祖。

在大约 300 万～200 万年前，非洲森林中生活着一种被认为是人类祖先的原始类人生物。他们比能够直立行走（后腿短而粗）、双手擅长爬树、高额脑小的南方古猿还早100多万年。但是他们的世界变化很快，并让他们分散出许多分支。其中一支进化出长腿、会制造工具的双手以及更大容量的大脑，也许这种古人类才是当时地球真正的统治者。

而本土古人类都去了哪里？从基因组角度认为人类起源非洲说的金力教授（现为中国科学院院士）研究团队，仔细研究中国出土的化石证据后发现，在古人类和现代人之间存在着断层，所有属于古人类的化石都有10万年以上的历史，而现代人类的化石都不到4万年（大多数在3万～1万年间），也就是说至今没有发现10万～5万年间的人类化石这一直接证据来支持多地区起源假说。金力及其团队分析后认为，这种化石上出现断层也并非偶然，因为东亚大陆在这一时期大多数的生物物种都已经灭绝了。

10万～5万年前的人类化石断层与第四纪冰川期在该地区存在的时间大致相符，由于第四纪冰川的存在，使得这一时期包括中国大陆在内的东亚，以及其他地区绝大多数生物种类难以存活，包括本土人类。而非洲，因为靠近赤道，温度相对较高，那里的古人得以繁衍存活。南京师范大学地理科学院的孔兴功认为，在冰川期，赤道地区的温度平均也就比现在下降约1～2℃，而越往两极，温度就下降得越多。

也许正是这个原因，使得生活在靠近赤道的这部分非洲人生存了下来，而其他大多数地区的古人都消失了。被誉为欧洲人起源的尼安德特人就被推断是在2万年前左右灭绝的，因为这时候正是冰川期的最盛期。

而非洲人正是在冰川期结束后，也就是大约6万年前由非洲开始往东南亚由南至北进入了中国大陆，从而取代了中国大陆上的冰川期前的古人类，成为现代中国人的祖先。

从金力教授的观点来看，似乎中国人起源于非洲是铁定的事情了。但人们对此还是有很多疑问，最大的疑问就在于，仅从几个遗传基因就能看出整个人类迁徙发展的过程了吗？所以还有一部分科学家对此持怀疑态度，他们认为，DNA遗传分子的说法不能完全排除本土人类也有遗留下来并繁衍后代的可能。

“独立起源说”则认为中国的现代人是由居住在中国的直立人进化而来的，四五十万年前的北京人是中国人的祖先。

人体共有23对染色体。其中，Y染色体是由父系遗传的一种性染色体，由于在人类遗传过程中不会出现重组，因此能稳守而丰富地记录人类遗传信息，通过对 Y 染色体的研究，能较为直接地揭示人类起源和演化的过程。

只研究了中国人群的 Y 染色体上的遗传标记，并不能完全排除中国人独立起源的可能性。随着人类基因研究工作的进展和新的遗传标记不断发现，科学家将继续对人体 22 对常染色体和女性的 X 性染色，以及线粒体 DNA 进行研究，以最终揭示中国人的起源之谜。

10．“建始人”非非洲后

2013 年初，湖北省文物考古研究所对外公布了在清江流域考古发掘中的一系列重大发现，其中的“建始人”化石、人类用火遗迹、鲢鱼山旧石器遗址等，不但证明了清江流域是人类的起源地之一，更对长期以来占据上风的人类非洲起源说提出了重大挑战。

清江是长江中游南岸最大的支流，发源于齐岳山麓，流经鄂西地区的恩施、建始等 9 县市。在建始县高坪镇麻札坪村，当地农民曾在洞中及附近挖出过很多巨猿的牙齿，因此这个洞也被叫做“巨猿洞”。

在对“巨猿洞”的发掘中，专家们发现了 3 枚牙齿化石。经初步认定，这 3 枚牙齿应属于人类而不是巨猿。

在对 3 枚牙齿化石进行科学鉴定后，专家一致认定：“建始人”的生活时代距今约为 215 万～195 万年，属于人类的早期成员。同时，考古专家们还在遗址的文化地层内发现了部分骨制器化石，化石上留有人工打击痕迹。这证明了 200 万年前，生活在巨猿洞中的是人而不是猿。与非洲古人“年龄”相当的 200 万岁的“建始人”证实非洲不是人类唯一起源地。

《圣经》中说，是上帝创造的亚当、夏娃繁衍了人类，而我们中国人则认为，女娲、伏羲才是人类的老祖宗。

此前，虽有专家提出过人类起源于亚洲的说法，并且我国也先后发现了北京人、元谋人、郧县人等直立人的化石，但与非洲发现的距今 200 万年以上的早期人类化石相比，都显得太“年轻”。由于缺乏强有力的化石、遗迹等作支撑，在非洲起源说面前，亚洲起源说显得苍白无力。但中国独立起源说一直存在。

早在 1957 年，在著名古人类学家贾兰坡主持、发掘下，清江流域的长阳地区就发现了距今近 20 万年的早期智人——“长阳人”化石。而此次考古中，长阳地区的伴峡小洞发现了距今 13 万年左右的旧石器及人类用火遗迹，鲢鱼山发现了距今 12 万～9 万年的人类用火遗迹，而伴峡榨洞则发现了距今 2.7 万年的旧石器和人类用火灰烬层。

非洲起源说认为，距今 10 万年前，人类从非洲走向欧、亚等地，灭绝当地土著人后繁衍形成现在的人，中国人的直系祖先源自非洲。此次长阳地区发现的一系列旧石器时代遗址、动物化石、石器和人类用火遗迹，完全可以证明中国现代人是由本土自身连续发展起来的，否定了中国人直系祖先在非洲这一说法。

我国现代人类发展有连续性。清江流域系列考古发现得到不少专家的认可，这些发现对于探讨人类“一元”、“二元”、“多元”起源论具有重要意义。

从“建始人”化石到“长阳人”化石，再到鲢鱼山、伴峡小洞遗址，以及伴峡榨洞遗址，这些发现足以证明现代人类在我国的发展具有连续性。

11. 澳洲古人非非裔

除清江考古发现外，澳大利亚专家也对非洲起源说提出了挑战。澳大利亚蒙戈湖附近出土了距今 6 万年的人类化石，在对从中提取的 DNA 进行分析后发现，它与所有被认为是源自非洲的早期现代人的 DNA 在遗传上没有联系。

专家据此认为，澳大利亚出现的早期现代人是独立于非洲古人类之外。

非洲起源说认为，现代人最早起源于非洲，大约 13 万年前走出非洲，扩散到亚洲、欧洲等地，并取代了当地的原住民。

综上所述，生命起源还是立足于地球。“天外”说除了外星人的观点，也是说地外来的只不过是微生物或者是生命出现前的蛋白质或者复杂有机物，生成今天的生命还是在地球上完成的。

至于人的起源，我倾向于多元起源说。从分子生物学的角度，似乎可形成定论，人是起源于非洲。但是从化石考古的情况看，人是起源于亚洲的证据也不少，近年来的考古发现，无论是中国还是泰国亦还是以色列的考古发现都证明人的起源是多元的。当然不能否定东非起源一元说，但是这一学说还不能推翻化石考古的实物证据。

二、基因功能待探究

1．疯牛病因疑窦生

“非驴非马是骡子”用这句话比喻介于生命与非生命间的朊病毒有几分相像。朊病毒是导致疯牛病的元凶，因其没有 DNA，却难说是名副其实的生命。虽非完整的生命形式，朊病毒却挑战了遗传学的“中心法则”。虽不合遗传中心法则但它却又能借助寄主、基于蛋白质自我复制，可迅速变异，逃避“追杀”，表现为“生物智能”，并且可残暴地致死牛和人类，危及社会，为害巨大。20 世纪末，疯牛病肆虐欧美，曾闹得世界风声鹤唳，有 10 万头牛死于非命。这个小小的蛋白颗粒的确不简单。为确定朊病毒为何物，难倒了多少科学大家啊！

这个“小东西”的存在说明，基因组待探究的奥秘太多太多，人类对生命现象的认识极端初步。对许多事物包括基因的认识还处于若隐若现的状态。好比小学生面对数学王冠上的明珠——哥德巴赫猜想：任意大于 2 的偶数都可写成两个质数之和。粗粗一看，证明此猜想相当容易，随便举出一大串例子都能证明这个猜想的正确。但举例不能代替严密的数学推导和求证得出的公式。实际上初等数学对此难题的求证，就如数学家所评论的，那是“骑着自行车登月球”，根本不可能。目前生物学家虽完成了人类基因组测序，绘出人的基因图谱，测出了主要农作物和不少动物、微生物的基因组，最近还绘出了比人的基因组大几倍的小麦 A、D 基因组。但对生物基因组的认识、人类基因组这部天书的解读，弄清所有基因的复杂功能及关联，还差得很远很远。以数学来类比的话，人类最多才达到小学加减法的水平。

说生物世纪来临，生物技术大有作为仅仅是对前景的预期。由于对基因组认识的局限，再加上生物技术本身还难以驾驭，手段还需研发，因此生命科学的发展和生物技术的应用道路崎岖、雄关漫道。同时，生物技术应用也是一把双刃剑。生物技术的后果，所带给人类和自然界的并不都是玫瑰花，有时可能是一片荆棘，甚至会带来不可预料的严重后果，有的也许是灾难。所以这一节拟侧重从生命科学和生物技术面临的困境、歧义、难点、争议做一些介绍，以让读者有个全面的了解，以促进生命科学的普及、生物技术的应用。趋利避害，择善而从。

（1）朊病毒挑战遗传律　英国自 1985 年发现疯牛病到 1996 年，数以万计的牛被扑杀、焚烧、处理，使英国蒙受巨大的经济损失，并牵连欧洲其他国家。特别是英国连续出现 12 个青年患新型克雅氏病（new variant creutzfeldt-Jakob Disease nvCJD），科学家怀疑该病是食用患疯牛病的牛肉所致，在欧洲引起了极大的恐慌，疯牛病一时成为欧洲严重的经济和政治问题，事过几年难以平息。

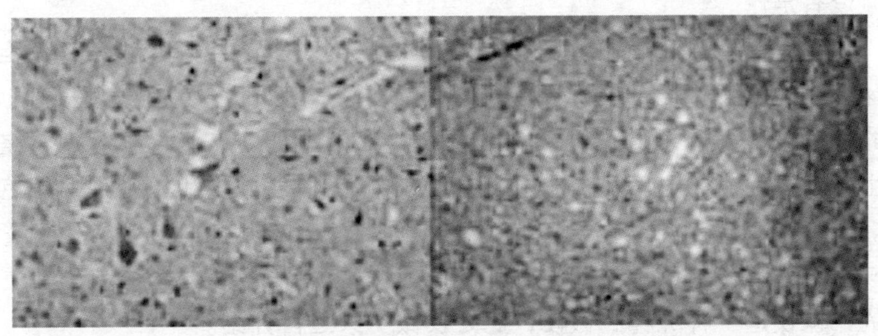

电镜下患疯牛病的牛脑切片（左侧空洞明显）

疯牛病为牛海绵状脑病（bovine spongiform encephalopathy，BSE），是由朊病毒引起的一种可传递性海绵状脑病（transmissible spongiform encephalopathy，TSE）。1982 年普鲁西内尔（Prusiner）确认为它不同于细菌、真菌、寄生虫、病毒和类病毒，是一种新型蛋白因子。

构成朊病毒的蛋白质有两种形式：一种是正常的细胞型，属蛋白酶敏感型，即容易被蛋白酶分解；另一种是异常的致病型，具有一定的抗蛋白酶消化特性。这两种蛋白质具有相同的氨基酸顺序，由同一核苷酸编码，但三维结构却差异很大，因此这种病原引起的疾病称为构象病。

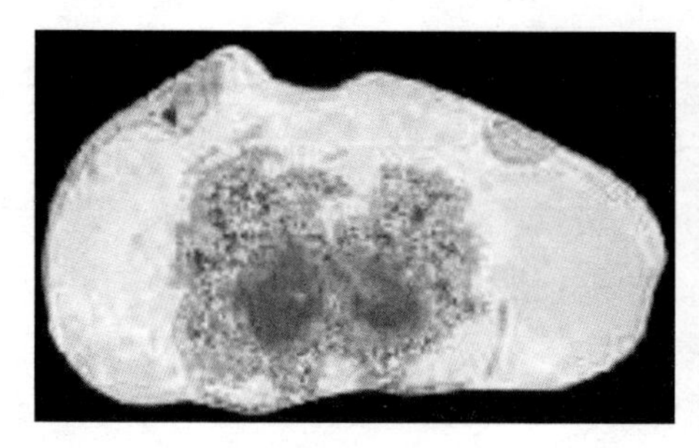

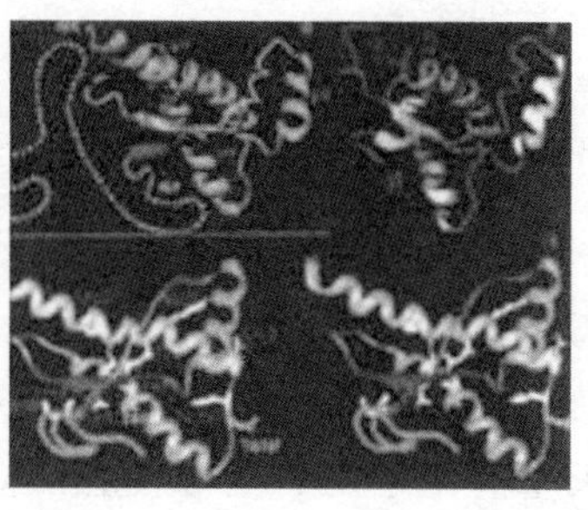

异常型蛋白质可传递性海绵状脑病。它潜伏期长，短至数月，长至数十年。临床表现为进行性神经运动失调，痴呆或知觉过敏，行为反常等中枢神经系统症状，死亡率为 100%。我国的病毒学家田波院士，根据国际上把其归为亚病毒而将其译为朊病毒。因为朊是过去用来表述蛋白质的一个单音词。

对朊病毒的作用，我国科学家以中国科技大学的王振纲教授为代表，解读为挑战了 DNA 遗传的中心法则。这个观点值得商榷。朊病毒是什么。这并没有定论。

（2）病毒起源 3 假说　第一种假说是进化说。这种假说认为，病毒是地球上生物进化过程中最为原始的生命物质之一，它产生于化学进化之后，因此既有化学大分子属性，又具有生命的部分特征。该假说预示病毒是从无生命到有生命的过渡型物质，其位置处于化学大分子和原始生命细胞之间。地球生命演化的过程表现为：无机物→有机物→化学大分子→病毒→原核生物→真核生物。这个假说是根据生命起源学说和分子进化理论提出来的，也仅是一种纯粹的假设，此处仅做一家之言介绍。

第二种假说是退化说。这种学说认为，病毒是高级微生物的退行性、不完全生命物质。即微生物在其生存过程中可能会丢失部分基因，这部分基因丧失了独立自我繁殖能力，只能在重新进入微生物细胞中找到相应的位置才具有活力，久而久之便退化为病毒。

第三种是“脱离”说。这种假说认为病毒来源于正常细胞的核酸，因偶然途径从细胞内脱离出来进而演变为病毒。该假说又称内源性假说。其间接的实验证据为：作为细胞一部分的质粒可随时脱离细胞，并在细胞间传递，病毒与质粒是相似的。

作者倾向于进化说。因为基因组“反转子”的发现，佐证了进化说。

1999 年科学家在古细菌中发现了所谓“反转子”的遗传单位，这为病毒在基因水平上的起源及进化提供了新的证据。“反转子”是仅含一个基因并且能自我复制的一段核酸分子，具有重要的基因捕获功能。经过考证，科学家初步估计“反转子”早在 4 亿年前就存在了。

在古细菌进化的过程中，“反转子”从细菌基因中捕获基因，扩大自身的遗传信息量并增加生物学功能，最原始的感染性病毒颗粒由此产生。原始病毒采取不同的复制策略，因此产生了不同病毒的进化。这实际上就是肯定了朊病毒所代表的生物进化的一个阶段。它应该被看做是 RNA，作为遗传物质的“RNA 世界”阶段以前的遗传形式。虽然朊病毒存在到今天，但它的历史在 RNA 主宰生命世界的前期，当然比 DNA 的出现早得更多。朊病毒致病的机制不能否定后来生物界占主导地位的 DNA 作为主要遗传物质的事实，尤如不能用石器时代的一些技术来改变量子时代的技术原理一样。以此个案，把蛋白质质粒看作是一个独立基因，并以此否定“中心法则”没有说服力。生命进化早期节点的存在方式，没有普遍意义。

2. 基因构成奥妙多

（1）垃圾基因非垃圾　自从第一个真核生物的基因组被破译以来，科学家一直想揭秘，为什么生物的大多数 DNA 并没有形成“有用”的基因，实际上问的是为什么许多重复基因没有编码功能。科学家一度把非编码的基因误认为是生物进化中已经无用而又没及时“清理”的“垃圾”。深入地研究表明，“垃圾”基因实非垃圾，而是担负着极其重要的生命调控功能，从突变保护到染色体的结构支撑。与简单的真核生物相比，复杂生物有更多的基因不参与编码、不发生突变。

为了对这一问题有更深的了解，由美国的计算生物学家，对人、小鼠、大鼠、鸡和河豚 5 种脊椎动物的非编码 DNA 序列与 4 种昆虫、两种蠕虫和 7 种酵母的非编码 DNA 序列进行了比较。从对比结果中得到了一个惊人的模式：生物越复杂，非编码 DNA 比例越高。

这其中所含的意义在于，不同种类的生物具有相同的 DNA，必定是用来解决一些共同的关键性问题。酵母菌与脊椎动物共享了一定数量的 DNA，只有 15% 的共有 DNA 不参与编码。酵母与多细胞生物蠕虫比较，有 40% 的共有 DNA 没有编码。高等的脊椎动物与昆虫进行对比，有超过 66% 的共有

DNA 没有参与编码。

这说明，非编码基因调节了生物的精细模式。生物越高级，非编码基因越多。

有的研究还发现，非编码基因与人的疾病健康息息相关。有的非编码基因的重复长度有严格的意义，如果过短或过长，都会引起疾病。这在本书第三篇有关基因病的部分中得到充分证明。

（2）非编码 RNA　RNA 是一类重要的生命物质。历史上作为遗传物质曾主宰生命世界 10 亿年。现在的 RNA 中，编码 RNA 的功能是作为接受 DNA 的转录“指令”信息，合成蛋白质的模板，而生物体内大量的 RNA 是不参与编码形成蛋白质的非编码 RNA。人类基因组（DNA）转录产物的 90% 以上为非编码 RNA。非编码 RNA 含有丰富的信息，被科学家认为是生命体中有待探索的“暗物质”。目前已发现很多非编码 RNA 具有重要的生物学功能。同时，越来越多的证据表明，一系列重大疾病的发生发展与非编码 RNA 调控失衡相关。

我国的一个实验室对非编码 RNA 进行了深入研究，首次发现细菌利用自身产生的非编码 RNA，以类似 RNA 干扰的方式来调控线虫的基因表达。而此前的研究都是利用人工设计的非编码 RNA 在线虫中进行 RNA 干扰实验。

大肠杆菌在不利条件下会利用自身产生的非编码 RNA 来“对抗”取食它的秀丽线虫。当大肠杆菌暴露于空气中时，受到氧化胁迫，便会表达某种非编码 RNA，线虫食用了含有这种非编码 RNA 的大肠杆菌后，其表达嗅觉的基因功能会下降，嗅觉变得迟钝，从而减少对大肠杆菌的取食。而当大肠杆菌处于低于 25℃ 条件下，其产生的另一非编码 RNA 将会对食用大肠杆菌的线虫的一个寿命基因进行调控，使线虫的寿命变短。研究结果表明，非编码 RNA 参与了物种间的基因调控，也从侧面证明了非编码 RNA 可能参与了物种间的共同进化。

按照碱基个数的多少，科学家将非编码 RNA 分为小、中、长 3 类。小非编码 RNA 上的碱基小于 50 个，中非编码 RNA 上的碱基为 50～500 个，而长非编码 RNA 上的碱基则超过 500 个。

目前，生命科学界已经对小非编码 RNA 开展了大量研究工作。但在模式生物中，相对多细胞生物含非编码 RNA 更多。非编码 RNA 代表了哺乳动物及几乎所有复杂生物基因组的主要产物。随着后基因组时代的来临，深度测序技术逐渐成熟，非编码RNA成为该领域的研究热点。与疾病紧密相关的非编码RNA研究已经数不胜数，在每一期生物领域国际顶尖的学术期刊上都能见到世界各地科学家针对非编码RNA的研究成果。例如，一类被称为“PCGEM1”的非编码RNA与前列腺癌相关，名为“MALAT-1”的非编码RNA则和非小细胞肺癌的发生相关。过去，对于肿瘤的研究大多集中在蛋白上，非编码RNA研究告诉我们，核酸的突变也能引起肿瘤。

具有生物空间结构的长非编码RNA和小分子RNA相比，两者的生物作用机制可能有较大差异。系统发现新的长非编码RNA，研究它们的空间结构与功能，可能会为我们带来更多的创新机会。长非编码RNA研究的困难之一是海量实验数据将带来较大的计算量和分析难度，人体内庞大数量的微生物将增加鉴别人类长非编码RNA的复杂程度。此外，如何从普通RNA中识别长非编码RNA以及如何发现长非编码RNA的功能，也是该领域研究面临的挑战。现在，随着计算机功能的迅速发展，大数据的应用为解码生命奥秘将带来极大的便利，解码非编码RNA的可能性越来越大。

（3）测序缺口藏信息　基因组的测序，累积了大量的数据。科学家对基因组的测序一般是分段进行的，然后组装。在测序一个基因组时，永远都不能一下子就构建出完整的基因组。因为通常在组装过程中会有一些“缺口”无法补上。研究人员进一步了解这些缺口并解开这些疑惑，已经积累了大量的基因组数据“矿藏”。新的研究发现，那些被忽略的数据则可能揭示出非比寻常的重要信息。这些缺口是在测序过程中抹杀了所使用的部分基因。

在自然界中，各种混杂的微生物很容易分享遗传信息，因此使得利用基因来推断它们在“生命树”上的位置变得非常困难。现在，美国能源部联合基因组研究所研究人员通过鉴定，发现杀死传递的受体细菌的基因而无需考量细菌捐体（bacterial donor）类型的方法解决了这些障碍。研究人员对80个不同的基因中的超过90亿个核苷酸进行筛选并估计缺口。不过，这些致死性基因有个用处，为构建生物体间进化关系提供了更好的参考点。这项新研究还给出了发现新抗生素的可能策略。

（4）转位基因时跃迁　基因的跃迁或称跳跃是又一个认识基因的难点。基因在整个基因组中的位置并不是一成不变、始终固定的。在一定条件下，进行复制时会变化位点，甚至隔染色体跃迁，从这一个染色体跑到另一个染色体上，即前文提到过的转位基因。跳到新位置后，会扰乱被介入的基因组或结构，被认为是导致生物基因发生渐变（有时候是突变），并最终促使生物进化的根本原因。像酵母这样的生物只有几十种跳跃基因，但哺乳动物体内一般却含有几十万个的跳跃基因，因此很难判断在哪里、什么时候、什么原因发生了跳跃。

人类的跳跃基因一般处于沉寂状态，但可以进行人为控制。哺乳动物的细胞很好地接受了这种人造跳跃基因，并吸收了它所携带的信息，从而帮助这种基因跳跃。在一个对跳跃基因活性进行的标准测试中，这种人造跳跃基因跳跃的次数，是自然跳跃基因的 200 倍。

基因的跳跃性能除了有意识的“引导”培育新品种，还可以用来运载靶向药物。用“跳跃基因”的新非病毒基因传递系统的出现，提供一种比病毒更安全、比质粒更有效的替代运载方法。即一段能够从一个位点跳到另外一个 DNA 分子位点的基因序列。抑制这种跳跃引起病变的可能，发挥它可以转移的本事，可以帮助医生运送靶向药物进行基因治疗。在美国大约进行着 140 项基因治疗试验，大多数项目是针对致死性疾病如癌症的。已经证实以转座子为载体的技术能够靶向癌基因组区域。而且，与其他载体比较，关键的优势就是能够更有效地使引入细胞的基因进行稳定表达。研究人员使用一种能够将目标 DNA 序列从一个 DNA 分子转移到细胞内的另外一个 DNA 分子的酶，关闭以终止无用基因的跳跃。

（5）DNA 中有硫在　基因有哪些元素构成？似乎已经有定论，不可更改。但是自然界的千奇百怪使人往往意外迭出，有时会有无可奈何和望洋兴叹之感。当然也会因新的发现使研究过程“柳暗花明”，捕捉新发现的机会。

普通的 DNA 作为生命的物质基础，由磷酸、戊糖做骨架，其构成的 4 种核苷酸称碱基。这些物质一共含有碳、氢、氧、氮和磷 5 种元素，组成的磷酸与核糖做双螺旋的两边骨架，4 个碱基两两结合生成双螺旋间的支撑横向连接，并承载密码生成了自然界千变万化的生物，储存着生物界无穷无尽的遗传信息，呈现千姿百态的生理功能。很长时间，人们都认为 DNA 中没有硫元素。中国科学院院士、上海交通大学教授邓子新领衔、与美国麻省理工学院合作，长期研究后却证明了自然界中存在被修饰的 DNA，这种 DNA 有硫元素存在。这是迄今为止在天然 DNA 骨架上发现的第一种生理修饰。发现构成了对 DNA 结构新的补充。DNA 磷硫酰化的发现将产生分子生物学领域新的“信息”流，并打开一个新的学科领域。这一发现，再次证明大自然蕴含无穷神奇，人类会做的事情，它早就会做了。

DNA磷硫酰化的发现，可能形成一系列新的跨越学科的研究生长点。如透过DNA磷硫酰化修饰找到全新功能的核酸酶，用细菌来合成磷硫酰化寡核苷酸，用于生物化学和基因治疗等，都将具有重大的生物学或生物工程学意义。在基因表达、基因沉默等方面的作用无疑对分子生物学的发展具有里程碑式的贡献。

3．基因功能多相关

生物基因的奥秘之一就是基因并不单独起作用，基因之间的相互联系相互制约非常复杂，这是对基因难以识别、难以了解的原因。

（1）一个基因多功能　一专多能是基因的神奇功能之一。例如人的基因组，有30亿个碱基对，原来科学家估计会形成10万多个基因。可是当人的基因组计划测序完成后，绘出的基因图谱显示，人的基因只有32 000个左右。这除了上一节说到的存在非编码基因这个因素，就是一个基因在不同的条件下会有不同的功能，它可以编码不同的蛋白质，可以发挥不同的生理作用，还有前文提到的重叠基因，起双重或多重作用。

基因能够编码一条肽链上氨基酸的顺序。在大多数真核生物基因中，基因组整体是断裂的。编码一条肽链的顺序被非编码顺序分成好多段。在少数情况下，一个基因能编码几个不同的蛋白质。所以一个细胞中的基因数目不等于这一细胞中蛋白质种类的数目。如有一些基因在转录RNA后不再翻译成蛋白质，其称为转录（rRNA）基因、信使（tRNA）基因；还有一些基因虽然也是DNA分子上的一个特定区段，但它并不作为蛋白质合成的模板，而是对其他基因的表达起调节或辨认的作用。

洛克菲勒大学的科学家发现，在单一果蝇基因内（基因座）所造成的蛋白质变异。他们认为，果蝇的单一基因与人类癌症相关的一个基因——“STAT”基因座相似，负责第2个蛋白质的编码，可抑制STAT蛋白质的活性。果蝇STAT基因，称为Stat92E，可编码第2个更短的蛋白质。之后，他们发现这段新而短的蛋白质失去了一段长蛋白质的重要区域，这段区域负责其活性。

当果蝇发育时，短的蛋白质与长的蛋白质的比例显著改变。由此可知，一个STAT基因可能控制许多不同的机制。

目前，研究人员正在测试人类是否也具有相同的机制，“这种基因调控的机制不太可能被演化过程所舍弃。"

（2）单基因病不简单　人类目前知道的单基因病并存入数据库的已有几千种。尿黑酸病、亨廷顿病（即舞蹈病）、杜馨氏肌肉萎缩症和纤维囊泡症这些病都是单基因病。单基因病的致病基因单一，但并不是说这种单基因病就简单。仅仅找到这个单一致病基因就十分不容易了。

亨廷顿病的致病基因，科学家花了3年时间才找到。而分离这个基因以便进行深入分析的工作，却耗费了150位顶级科学家组成的国际研究小组10年的时间。这个基因包含的一小段序列CAG（3种碱基组成的谷酰胺酸）在标定区一再重复，使他们识别出它的致病机理。正常人的CAG重复小于35次；CAG重复超过40次的人，在成年后会患亨廷顿氏症；CAG超过60个是罕见情况，这种人在20岁以前就罹患严重的亨廷顿氏症。CAG每重复一次就会让这个蛋白质多增加一个谷氨酸。由亨廷顿氏症基因编码的蛋白质含有额外的谷酰胺酸，这个差异可能对脑细胞里的蛋白质的行为造成影响，使脑细胞内聚合成黏性肿块，造成细胞死亡，表现为舞蹈病。

造成单基因病的奇特突变并不是拥有别人不具备的氨基酸，而是其一种氨基酸重复的次数不一样，超过一定的数量就会发病。发现同样奇特突变的现象即3个碱基对的序列发生重复，也与3种疾病有关，而且全都是神经方面的疾病。现已知道14种这类"三核苷酸重复系列型疾病"。但是，至今科学家并不清楚为什么脑细胞这么容易受这种突变的影响。

虽然这几种病看起来很"简单"——只有一种致病基因，其实却是并不简单。它们虽是由单一基因突变引起，跟环境没什么关系。如果一个人的两份纤维囊泡症基因都缺少两个碱基对，或者是一个亨廷顿氏症基因的CAG重复数超过40个，就必定会罹患这些疾病，跟这个人的居住地点、饮食习惯、食物品种都没有关系。这些单基因病大多数极为罕见，仅出现在少数的家族中。还有一点令人可怕的就是凡患上这种病的人，目前没有药物可医，而且都非常痛苦。

对这种单基因病目前最好的办法是对有这种病症的家族成员妇女在怀孕之后进行孕检。如果发现胎儿有致病基因，征得孕妇的意见终止妊娠。有的病症可以进行基因修复。但是这种技术并不成熟，而且掌握这种技术的专家不多，这里还有各种伦理问题。

（3）多基因病多相关　多基因病又称复合基因病。多基因病不但由多个基因和多种因素所致，而且非常常见，如哮喘、精神分裂、忧郁症、先天性心脏病、糖尿病、不育症和各种癌症等。这些疾病有数个或多个基因的相互作用所引起。但这些疾病的具体单个基因影响却很小，或许平时根本感觉不到影响。而多基因病的诊断、治疗更加困难。因为这些互相影响的基因会造成容易罹患某些疾病的体质，是否致病在很大程度上还取决于环境因素。假设一个人有容易酗酒的体质，如果你有酗酒或杜绝饮酒的条件，结果会大不一样。哮喘也一样，如果注意环境，远离过敏源，可能不会有任何症状。基因和环境的复杂相互作用在癌症上最为明显。癌症突变有两种，有些是遗传；有些是突变，也会因生活习惯引起。中酶在复制或修补的过程中有时出错、有时出现副作用，都可能造成DNA的破坏，使癌症发生。此外，还是由于人们自身的“愚蠢”：吸烟、吸毒，在放射性环境里不采取预防措施，精神压抑、缺乏休息、长期的紧张或处于其他的污染环境等因素都是致病的因素。

目前已经发现的多基因病中，找到的致病基因已经有许多，但是解决办法却不多。

这里存在的一个问题是对多基因病的识别并不是很准确，往往昨是今非。有时把抗病基因当成致病基因，有时又把致病基因错认做有益基因。在许多相关基因面前，找不到主要矛盾。有的人没有找到致病基因却会患病，环境的、精神的各种因素错综复杂，增加了诊断和治疗的难度。下面是几个例子。

①吸烟可致基因变。一项新的研究找到了有力证据，表明烟草的使用能够在化学上改变和影响那些已知可以增加罹患癌症风险的基因的活性。这项研究或许能够为研究人员提供新的工具，用以评估吸烟人群的癌症风险。这也说明了为什么同时吸烟为什么有人患癌，有人不患。

能够影响基因功能的化合物可以与我们的遗传物质结合，从而开启或关闭某些基因。这些所谓的后天修饰能够影响各种各样的特征，例如肥胖和性取向。科学家甚至已经确定了吸烟人群基因的特定表观遗传模式。然而，由于没有发现修改后的基因与癌症有任何直接联系，因此科学家并不清楚这些化学变化是否增加了罹患癌症的风险。

由英国伦敦帝国学院的人类遗传学家及研究团队在那些“烟民”的研究受试者中发现了一种独特的“后生足迹”。他们将后天修饰的范围缩小到之前被认为与癌症有微弱联系的4个基因的几个位点上。所有这些变化都会增加这几种基因的活性。尚不清楚为什么增加这些基因的活性能够导致癌症，但未曾患癌症的人通常不携带这些修饰。

这项研究第一次在一种癌症基因的后天修饰与罹患这种疾病的风险之间建立了一种密切的联系，可能为评估吸烟人群的癌症风险开辟了一条新的道路。

②多种基因曾蒙冤。2007 年发表在第 297 期《美国医学会杂志》（JAMA）上的一项最新调查显示，85 种从前被确定与心脏病有关的基因变异，实际上与心脏病并没有关系，而其中的一些已经用于临床检测。这项调查结果的意义超出了心脏病研究本身。近年来，遗传学家们一直致力于争夺对于复杂疾病遗传原因的新发现，如糖尿病、肥胖和心脏病，但这些疾病往往不是由单一基因突变或者遗传路径引起的，因此，从复杂的环境和遗传因素中确定出每个基因对于疾病的作用往往是很冒险的，甚至结果会是错误的。因此，常常出现的情况就是，一项相对小规模研究的结论最终证明是错误的，而且会被较大规模的研究所推翻。心脏病基因研究就是这样一种情况。个体化治疗（根据每个人的基因组成来设计相应的药物和治疗手段）的设想促使众多公司急于将研究初步结果用于临床测试，而产生的结果很可能是误导。美国华盛顿大学医学院的专家，从文献中找出了已发表的与急性心脏病相关的遗传因素。随后，他们对 1 461 名白人患者进行了测试，并将心脏病发生率进行比较研究。他们发现，这 85 种基因变异与急性冠脉综合征（acute coronary syndrome）并无显著的关系，无法清楚地证实任何一个基因会引起严重的问题。但是，这 85 种基因变异中至少有 7 种已经商业化并用于基因检测。这为热衷于基因检测的人敲起警钟，过度诊断与过度治疗对身体同样有害。

另外，一些可能影响帕金森氏症的遗传因素也被随后的研究所否定。

这些例证说明，随着人们对基因认识的深化，先前做出的一些研究结论会得到修正，一些出于商业目的的公司为了赚钱片面夸大致病基因的范围和风险，以图发不义之财。也说明人对基因的认识是初步的，要进入应用，应当非常谨慎。

（4）基因“好”、“坏”常调个儿　这方面的典型例子是代号 p53 的基因与一个 MMP－8 基因。

①翻案基因 p53。自从 p53 基因 1979 年被首次报道以来，对其有一个戏剧性的认识过程。p53 基因是迄今发现与人类肿瘤相关性最高的基因。目前发现的有肝癌、乳腺癌、膀胱癌、胃癌、结肠癌、前列腺癌、软组织肉瘤、卵巢癌、脑瘤、淋巴细胞肿瘤、食道癌、肺癌、成骨肉瘤等。在最初

短短的十几年里，人们对 p53 基因的认识经历了癌蛋白抗原，癌基因到抑癌基因的 3 个认识转变。

最早，p53 曾被认为是一个致癌基因。因为在人类 50% 以上的肿瘤组织中均发现了 p53 基因的突变，这是肿瘤中最常见的遗传学改变，所以被人们误认为该基因的改变很可能是人类肿瘤产生的主要发病因素。这是对 p53 的一种误读。

后来研究发现，正常 p53 的生物功能实为“基因组卫士”。p53 能检查 DNA 损伤点，监视基因组的完整性，如有损伤，p53 蛋白阻止 DNA 复制，以提供足够的时间使损伤 DNA 修复，维持基因组稳定。DNA 受损后，由于错配修复的累积，导致基因组不稳定，遗传信息发生改变。p53 可参与 DNA 的修复过程，其 DNA 结构域本身具有核酸内切酶的活性，可切除错配核苷酸，结合并调节核苷酸内切修复因子 XPB 和 XPD 的活性，影响其 DNA 重组和修复功能。p53 还可通过与 p21 和 GADD45 形成复合物，利用自身的 3’，5’-核酸外切酶活性，在 DNA 修复中发挥作用。如果修复失败，p53 蛋白则引发细胞凋亡。

但基因 p53 有二重性。如果 p53 基因的两个拷贝都发生了突变，对细胞的增殖失去控制，则导致细胞癌变。说明 p53 首先对健康 DNA 起保护功能，而且对于被感染破坏修复无望的细胞“壮士断腕”迫使凋亡。p53 这种功能是很高明的，当突变增加，自己修复力所不及时，细胞出现癌变。所以让人“制造”了“ p53 基因是致癌基因”的冤案。

p53 对肿瘤血管“先抑后促”的二重奇特性作用，是造成这一冤案形成的第二个因素。p53 在肿瘤的不同发展阶段作用相反。当肿瘤初期，肿瘤通过自分泌途径形成促血管生成因子，刺激营养血管在瘤体实质内增生。这时，p53 蛋白能针对性地刺激抑制血管生成基因 Smad4 等表达，抑制肿瘤血管形成。这是抑癌作用。但在肿瘤进展的后期阶段，p53 基因突变反而导致新生血管生成，此时反成“助纣为虐”有利于肿瘤的快速生长，这种情形常是肿瘤进入晚期的表现。

一些肿瘤蛋白质与 p53 相互作用导致其抑癌功能丧失。有的肿瘤癌蛋白能与 p53 结合，启动细胞内蛋白酶降解 p53，从而失去活力，降低 p53 正常功能的丧失，引起突变，突变体失去特异位点的结合能力。此外，突变体还可以改变 p53 的球形构象。例如，引起 213～217 肽段的暴露。另一些突变则引起酸性激活结构域的改变和构象的改变，使内源野生型 p53 的调控作用解除，从而引起细胞恶性病变。

重组人p53腺病毒是一种基因工程改造过的活病毒，在结构上由两部分组成：一是抑癌基因p53，二是载体。载体是改造过的无复制能力的腺病毒。就像携带卫星上太空的火箭，起着运载作用。它能有效地将治病的p53基因运送入肿瘤细胞内，而对正常细胞无害。

②MMP-8予平反。除了p53基因曾被人们误判、误读，还有一个基因遭到过类似命运，就是已被“平反”的MMP-8基因。

美国国家卫生研究所的研究人员为MMP-8基因平反的声明中说，MMP-8基因的实际作用是抑制黑素瘤等皮肤癌的发展，而不是致癌。研究人员找到的这种基因是基质金属蛋白酶（MMP）基因中的一种，以前人们曾误认为MMP-8是致癌基因，但新研究表明，基质金属蛋白酶可以帮助人体降解某些蛋白质，在修复皮肤晒伤和切伤等过程中发挥关键作用。不过长期以来，科学家一直认为所有基质金属蛋白酶基因都是致癌基因，会增加罹患乳腺癌、结肠癌和黑素瘤等癌症的概率。黑素瘤是一种危险性很大、很难治疗的皮肤癌，日晒过度是引发黑素瘤的主要原因之一。进一步的动物实验也证实，如果给实验鼠注射含正常MMP-8基因的细胞，它们没有出现罹患黑素瘤的症状。

此外，对长期宣传的女性摄入脂肪过多会致乳腺癌的说法，也缺乏证据。哈佛大学的研究人员对8万多名女性进行了长达20年的跟踪调查后发现，女性在更年期后患乳腺癌的几率基本上与中老年阶段摄入的脂肪无关。同时，也没有证据表明，任何种类的脂肪会影响女性患乳腺癌的几率。以前研究认为患乳腺癌的几率增加与大量摄入脂肪有关的说法有误。

欧洲比利时科学家们在食品研究刊物报告，在转基因大豆里发现有些意外的基因，在被插进异基因的附近。天然大豆本身已经有两种常有的病毒——SMV和BPMV。大豆经过转基因以后，外来的病毒，加上本就含有的两种病毒，再经过基因跳跃作用，突发的新病毒有可能更严重。所以，在转基因食品进入商业化生产之前的毒理实验，应给予高度注意。这类问题没有确切答案，盲目商业化是不慎重的。

4. 打开魔盒非等闲

对基因重组、转基因、生物克隆这些生物技术，在现实社会中并不都是支持的声音。支持者认为这是效仿上帝之手制造生物新种，造福人类；反对的人士各界都有，尤以西方发达国家为甚。欧盟的大多数国家反对转基因食品上桌，力量十分强大。英国王室以查尔斯王子为首，坚决反对转基因食品，并自办农场、自产有机食品。反对者还在世界范围内组成团体，活跃在世界的政治、经济、科学和社会的舞台上。加上宗教界的极力反对，他们把用基因工程研发新产品视为“打开的潘多拉盒子”，放出来的是魔鬼。实际上，两种极端的观点都有偏颇。下面侧重多介绍一些不同意见，说明这项技术的复杂性和风险性。

(1) 基因重组有风险　生物技术特别是基因重组技术、克隆技术飞速发展，改变了生物界自然选择的进程，使生物乃至人类自身能够按人的意志改变面貌、功能、品质，改造遗传物质，甚或能造出新的生命、新的种属，对社会的多方面影响极其深远。在医疗领域，给许多疾病特别是不育、癌症等病人却带来福音，同时也带来风险。因此不少人反对基因技术在人类医疗中应用。但如果走向极端，因噎废食，拒绝分子水平的疾病治疗也并非上策。正确的做法是无充分把握不要轻易地把基因疗法用于临床。

在诸多反对声中，有一个强有力的反对声音来自美国。美国总统生命伦理学咨询委员会的科学主任里查德·罗布林（Richard Roblin）多年前曾指出：人们都被一种巨大的动力驱使着，期望能够探求到疾病的本质，从分子水平——也就是疾病发生的源头，去根治疾病。自1990年以来，在上述类似观点的驱动下，出现了一批基因治疗相关的研究，开展相关的动物实验，最终在世界各地有多达1 000项针对各类疾病的基因治疗进入临床试验阶段。然而，在世纪之交的十几年间，人们逐渐开始意识到，基因治疗并非如理论上那样有效无害，并接二连三地发生了与治疗相关的医源性死亡以及接下来那些原本已经治愈的患者出现严重的并发症等事件。发生的并发症很有可能是由于插入的基因片段导致了遗传突变，这是基因转移治疗在理论上就存在的风险。首例基因治疗而导致严重并发症的病例是9名因患有X-连锁性重症联合免疫缺陷病的患者接受了基因治疗，并治愈了疾病。但在接受治疗3年后，其中有2名患者患上了T细胞急性淋巴细胞白血病。据调查结果来看，认为T细胞急性淋巴白血病的发生是由于基因治疗过程中，在LMO-2基因位点或附近发生了片段插入性基因突变，从而产生了异常的LMO-2蛋白质。事件最终结果是促使美国食品和药物管理局（FDA）在2003年1月对全美类似研究实行了“临床暂停”，停止联邦财政的资助。

目前，基因治疗研究正处于十字路口，为了避免走下坡路，或陷于因严重并发症等事件带来的负面泥沼之中，就需要以更宽广的视角，将与之密切相关的基因组学、蛋白质组学、细胞生物学等联系起来，以便更清楚判断未来前进的方向。同时，还应该提早为基因治疗研究将有可能面对的社会政策方面的考验做好准备。

基因治疗的研究和拥护者们认为患有疑难杂症的患者及其家属，应该拥有接受基因治疗并承担风险的权利。世界反兴奋剂协会（WADA）也开始关注基因治疗技术，因为此类技术有可能成为某些求胜心切的运动员作弊的新手段。此外，还有诸如美国科学进步协会等科学政策组织也强调，遗传修饰研究在控制不那么严格的不孕不育相关的医学领域，这势必带来相应的风险。患者及家属“死马当活马医”、孤注一掷的态度，民族自豪感、丰厚奖金驱使下的违规参赛，以及以专家之名违背科学家良心发出的武断或欺骗言论等，都将会使基因治疗在政治、伦理、道德层面失去方向。

人类基因组图谱使我们知道，人类实际拥有的基因数目远小于我们曾经预想的数目。这一发现从表面上看，也许会认为基因治疗学家们的任务减轻了不少，但事实上却截然相反。因为人类基因数目相对人体精细而繁杂的功能是如此之少，这就意味着我们的基因必须“身兼数职、一专多能”。直接导致了在基因转移研究中，诱导产生的治疗性基因一旦出现突变，就会从多层面上影响细胞的功能。更重要的是，我们必须要认识到，这种复杂的变化与影响并非局限于细胞核的基因组，而是涉及整个细胞内环境。从这种意义上说，基因转移更像是把一些活蹦乱跳的兔子引到偌大的澳大利亚，你无法知道它们会跑到哪里，做些什么，会不会闯祸。基因进入细胞，改变了细胞原本的生态系统，其影响往往是多层面的，而且很多是无法预知的。

在众多科学家的努力下，奥巴马总统上台后对有些限制政策适当解禁，部分恢复了对有些项目的联邦财政拨款。

（2）基因治疗双刃剑　欧洲发生了两个在不同基因转移试验中的严重不良事件：

一个是伦敦大学医学院儿童健康研究所（UCL Institute for Child Health）的专家进行的研究。该项研究中，受试者为 X1 型重症联合免疫缺陷（SCID－X1）患者。受试者接受了经逆转录病毒转导的自体造血干细胞治疗。该试验共有 10 名受试者，其中编号第 8 的受试者在接受上述治疗后，于近日被诊断出患上了 T 细胞性白血病。在法国开展的一项研究中，8 名受试者同样是 SCID－X1 患者。这八名患者已经证实从基因治疗中获益，但是，其中 4 名患者最终也被诊断患上了 T 细胞性白血病。相关分子水平研究结果表明，上述法国研究组内发生的 4 例白血病中，有 3 例是由于研究人员将病毒载体整合入 LMO－2 基因或该基因的邻近片段时意外激活原癌基因 LMO－2 而导致的。之前的一些研究显示，发生在英国研究组内的一例白血病具有与上述相似的分子致病机制。

英国的相关研究者在进行该项试验时，希望借助更换了的载体以及改变进行干细胞转导时的环境，从而避免白血病的发生，但是结果证明，这些举措并没有达到预期效果。

第二个例子是研究者将表达肿瘤坏死因子 α（TNFα）拮抗因子的Ⅱ型腺相关病毒（AAV）载体，注射到局部性关节炎的患者关节处。参与此项研究的一名患者在接受了第 2 次病毒载体的注射后，出现严重发热，并于 3 周后死亡。在 2007 年 12 月 3 日至 5 日召开的会议上，与会者得出结论，该案例中受试者死亡的原因是播散性组织胞浆菌病（disseminated histoplasmosis）及腹膜后出血。相关人员指出，该致病菌的感染很可能由患者自身免疫抑制引起。该患者在接受治疗过程中，不断摄入 TNF 拮抗蛋白，这种蛋白与经病毒载体进入体内的转基因产物非常相似。但研究人员不确定腹膜后出血的原因。事实上，在临床试验中诸如此例的一个单独的事件中，想要排除这种可能性是很困难的。另外，也没有细胞可供有关人员用以研究 T 细胞对载体的应答过程。

8 年多以前，曾有一名患有鸟氨酸转氨甲酰酶缺陷的受试者在试验中死亡，当时引起轩然大波。导致那个悲惨结局的很大一部分原因就是当时的美国在研究和试验中还缺少对于知情同意以及承诺书中争议性条款的重视。这么多年以来，尽管研究人员在这个方面已经取得了长足的进步，但是很显然所做出的努力还不够。

（3）转基因品种行路难　关于转基因作物在农业上的应用比医疗领域要早得多，规模大，产业化程度高。现有的转基因农作物可分为 4 个种类：一是 Bt 农作物，可抵御害虫的侵害，减少杀虫剂使用量；二是抗除草剂农作物；三是抗病毒农作物；四是营养增强型农作物，其特定营养组分和维生素含量更高。在农作物、养殖业中的细胞、分子层面育种，如细胞融合、基因标记、转基因、克隆等育种生产虽局面较好，却不是一帆风顺。据美国教授、英国院士陈慰中介绍，从 2002 年 5 月开始，美国中部农民以转基因玉米养猪，后来发现这些猪在生殖上有假怀孕的病状，停止喂转基因玉米就无病状。结果该省农业专家来调查，原来这些转基因玉米（Bt CORN）都有霉菌（FUSARIUM），这证明转基因的农作物产品都容易发病，无论是玉米还是大豆。并且这些病毒是常变种的病毒，人类吃这些农作物有危险，动物吃这些农作物会生病。印度棉农种植美国孟山都 Br 转基因棉花绝收，成本大增、债台高筑、生计绝望，造成几万人自杀，引起世界关注；欧洲报道的转基因玉米喂食小鼠致癌；转基因抗虫棉防治了蚜虫而使另一种害虫却大量增加；有的使用抗除草剂转基因作物，导致“超级抗药”细菌和病虫害出现，此类报道总是时有发生，反对之声从未消失。2012 年印度高级法院的专家组建议政府禁止转基因作物“至少 10 年”，以充分研究转基因作物的利弊，然后再决定是否发展这类作物。

（4）延长端粒或突变　俄罗斯科学家在 19 世纪 70 年代早期首次提出：染色体末端的逐步丢失导致细胞周期出现缺口。对端粒参与细胞衰老最有力的证据是由 Allsopp 等提出的，他们搜集了 0（胚胎组织）～93 岁供体的成纤维细胞并进行培养，并通过对每一培养模型端粒长度的测定和生存期的推断发现：供体年龄与其端粒的初长成正相关。并进一步证实早衰者含有比同一年龄组的正常供体短得多的端粒，且其培养中的成纤维细胞的增生能力是递减性发展，说明端粒可能限制细胞分裂次数。通常情况下，人类细胞分裂大约 50 次后，就寿终正寝了，因此无法采用人工方法使其大量增殖。

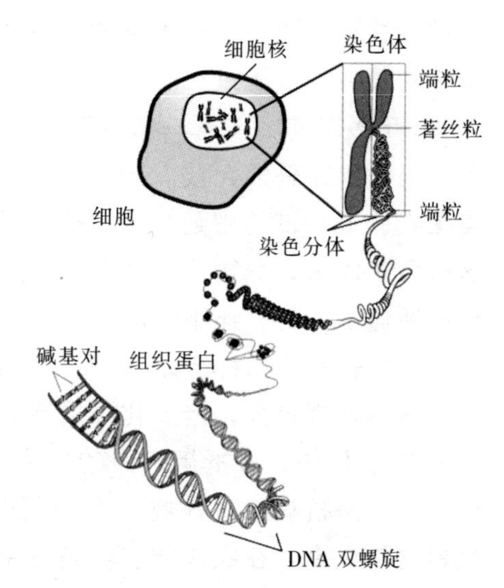

有些人把延长寿命、幻想长生不老的希望寄托在延长染色体的端粒上。近期有人研究出相关保健食品或药品，在报纸和其他媒体上发广告，鼓吹研发出端粒酶，能延长人的端粒，让人能活到 150 岁。这实际上是一种误导，是骗人的把戏。实验证明，人的寿命与端粒关系密切，延长端粒或许能延长细胞或人的寿命。因为测试表明，长寿者的端粒有些不同。但是，实验也表明，延长端粒也会增加患癌的风险。对端粒酶还谈不上可控制，服用端粒酶保护或延长端粒能否达到目的还没有把握。就算是做到了，同时也增加了得癌症的风险。因为癌细胞就是端粒“长生不老”、疯狂扩增，不可控造成的。

人类的正常细胞，一生的分裂次数有限，并不具备无限分裂的功能。体外培养证实，人类体细胞每分裂一次端粒缩短3～120碱基对，老年人端粒较年轻人端粒短，患早老症的细胞端粒平均长度与细胞急剧下降的分裂能力一致。端粒限制了细胞分裂次数，当端粒缩短到一定程度就不再保护染色体免受重组或降解，最终出现染色体的不稳定和细胞产生危机乃至衰老，最后导致细胞死亡。需阐明的是：由衰老至死亡或丧失繁殖能力应与凋亡相区别，后者是指程序性死亡。

端粒的合成主要依靠端粒酶来催化。随着细胞分裂，端粒逐渐变短，当端粒短至一个临界长度后，细胞周期调控蛋白将启动，细胞发生衰老死亡，或启动细胞凋亡通路。但在“永生”性细胞中如肿瘤细胞，由于调控蛋白发生突变，不能使带有短端粒的细胞死亡，这种细胞再进行分裂，在体外培养大约50代，细胞再次发生危机，大部分细胞死亡，只少许细胞因端粒酶的激活使之能够有稳定的染色体结构，这些细胞即使有突变，但仍然能生存，成为“永生”性细胞。

人的生殖细胞、造血干细胞及T、B淋巴细胞中端粒酶有不同程度的表达，而在正常的体细胞中，端粒酶处于失活状态或检测不出其活性，端粒随细胞分裂次数的增加逐渐缩短。

1995年，科学家克隆了人类端粒酶RNA基因，在长约450个碱基的人端粒酶RNA（hTR）序列中，有一段长11个核苷酸的区域与人端粒序列互补，发生在该模板区域的hTR突变将导致端粒酶功能的改变。在端粒DNA 3′末端，端粒酶反复的转位将其模板上的序列重复加在端粒末端延伸端粒。在端粒酶和端粒区域的上游位点之间也存在着相互作用，并且上游位点决定着酶的启动。大多数体细胞中无端粒酶活性或检测不出其活性，而活化的端粒酶在人的永生细胞系中广泛存在，使人们相信这种酶为获得细胞永生状态所必需。端粒酶在恶性肿瘤组织中的普遍存在则提示它的重新激活也是恶性肿瘤细胞永生所必需的。

端粒结构的改变影响着端粒酶的活性。随着端粒的缩短，TBF（端粒结合因子）减少，对端粒酶的抑制减弱，端粒得以延长。

人为调控端粒长度，一旦细胞把无限制复制遗传下去就会造成癌变的灾难。这并非危言耸听。一个典型的例子是 1952 年去世的癌症患者——美国妇女拉克斯的癌细胞至今还在无限地增殖，她的癌细胞已经增殖到惊人的数量。

1951 年 10 月 4 日，由于子宫颈癌的癌细胞扩散到了全身，拉克斯病逝于约翰·霍布金斯大学医院。她的主治医生采集了癌组织标本，并交给了乔治·盖伊博士。为了防止其他科学家利用拉克斯的癌细胞，盖伊决定，取拉克斯姓和名的前两个字母，将这组细胞命名为“海拉细胞”（HeLa-Cells）。

盖伊博士为了能够在玻璃试管中培养出人类细胞，从事过长达 20 多年的研究。据推算，迄今为止培养出的海拉细胞已经超过了 5 000 万吨，其体积相当于 100 多幢纽约帝国大厦。

现代科学研究表明，这些细胞不死的原因，正在于引发子宫颈癌的人类乳头瘤病毒（HPV）。人类乳头瘤病毒基因，能任意改变与正常细胞的寿命及分裂有关的“开关”，从而使得细胞能够“长生不死”，无限增殖。当时，盖伊凭直觉知道，这就是自己多年来寻找的“不死”细胞。

1956 年，海拉细胞先于人类，随一颗前苏联卫星进入太空，开始被用于太空生物学研究。美国宇航局后来还在首次载人航天飞机中携带了海拉细胞，并发现癌细胞在太空中繁殖更快。

1989 年，一位研究人员公布了一项科学研究发现，海拉癌细胞含有一种叫做端粒酶的物质，能使细胞不死。这让控制生物衰老的神秘物质——端拉酶走进了人们的视线。就是说，生长端粒可以让生命延续，但是如果让细胞无限的延续就有可能变成癌细胞，人就要生癌。这是目前人们还不能控制的一种生理进程。

（5）iPS 细胞非万能　iPS 细胞即人工诱导多功能干细胞。干细胞原来的意义就是胚胎还没有分化成肌体器官的祖细胞。因生命体所有器官都是这个原始细胞分化而来，其又称万能细胞。最早，干细胞只能从胚胎提取，这种做法受到各界严重地非议。因为胚胎就是生命，从胚胎中提取干细胞就是损害生命。后来发展到可以从脊髓中提取干细胞。但用这种方法获得干细胞也不容易，一要供体与使用者的配型须一致，二是配型合适但又有人顾忌提供干细胞有损健康，所以征得干细胞比较困难。日本和美国科学家研究发现，重新编辑基因组，逆转成体细胞，人工诱导使体细胞“返老还童”成为万能干细胞。用这种方法诱导的干细胞已经实验证明与胚胎干细胞的性能一样。这是一个意义重大的科学技术突破。

有的科研人员尝试用 iPS 细胞来治疗疾病，称为人工诱导多能干细胞疗法：把这种 iPS 细胞送入病人体内，令其代替癌变或坏死细胞，可以有效治好一些顽疾。欧美、日本、中国等国家的科学家实验中都出现成功的例子。受成功的病例鼓舞，人们似乎找到了治疗百病的“万应灵药”。但更多的实践并没有这么乐观，最多算是喜忧参半。有的用 iPS 干细胞治疗癌症和其他病症，却事与愿违。干细胞到了病人体内，并不全是按人的愿望代替坏死的或病变的细胞，或生成人体需要的细胞和器官，而是出现了癌变，加速了死亡。这说明，干细胞好似“不定向导弹”，如果它抑制了疾病细胞，生成好的组织，就成为良药；但如果抑制了正常细胞，反过来助长了癌细胞“疯长”，就会“败事有余”，成为致病因素。目前的技术水平，很难做到准确控制，让注入病人体内的干细胞只好不坏，按照人的意愿行事，这就带来巨大的应用风险。各国都有因此而引起的医疗纠纷。

从长远的眼光看，这个问题是可以解决的。只要真正搞清楚干细胞的功能，分清在什么条件下才能起好的作用，在什么情况下会向坏的方向异化，只要找到对应原因并找出应对措施就可以。但在无充分把握的前提下不应随便用于临床。

（6）侏儒无癌医可鉴　英国科学家称，生活在偏远南美厄瓜多尔地区的一支侏儒人群尽管身材矮小，其身高平均仅有 1.2 米，但是他们竟然对所有形式的病症保持免疫力，而且寿命更长。该人群因近亲结婚，造成体内缺少一种叫做“胰岛素生长因子-1”的激素。但是他们的身体内却拥有抵御癌症的免疫力，并且寿命更长。这种侏儒人群长高个子的基因受阻，同时对无限疯长的癌细胞可能就具有抑制能力。这对于人类治疗癌症也许提供了一个依据。

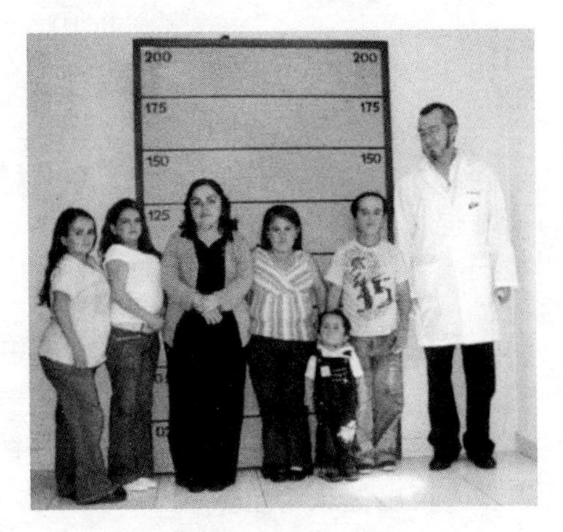

科学家认为通过研究这种激素可以研制一种非常有效的抗癌药物。英国癌症研究领域的资深专家认为这是对预防癌症的一个秘密武器。

目前，全球仅有 300 多位拉伦侏

儒患者，其中 1/3 的人群生活在厄瓜多尔南部的洛哈。

（7）基因伦理有底线　基因重组、转基因技术应用的一个重要问题是要遵循基因伦理。就是生物世界进化到人类社会以后，形成了许多伦理规范，这些规范大多是与时俱进的，在不同历史阶段有不同的内容，在不同民族、国家也有很大不同，但是又有一些是人类进化中形成的共同规范，大多是因为自然选择的结果，如禁止近亲结婚、不能克隆人等就是共同的伦理问题。目前有一些“打擦边球”的行为，如定制婴儿、胚胎修饰等。

如借腹生子。30 年前从参考消息上看到美国的案例觉得荒唐：一个被租用的妇女代人受孕产子后，违约不交出孩子，与孩子的“血缘父母”打官司。10 年前我国中央电视台的法制节目就播放了上海一个几乎同样的案例。一对夫妇 20 万元雇佣了一位大学毕业生代孕他们的“孩子”，孩子生下来满月后，女青年与婴儿产生感情，藏匿孩子，不愿“归还”，企图违约，引起一场纠纷风波。类似代孕的事在我国已不鲜见。最近我国卫生部门下发了禁止代孕的文件，说明有些“基因伦理”问题不能小视。

再如克隆人，现在各国政府基本上都禁止，但也有人主张实验或应用于不孕夫妇的无子医治。假如克隆人出生，生出的孩子父母是谁？在社会上的位置如何确定？遗产、继承之类法律问题如何定位？这都是很大问题。当下虽然有人声称要克隆人，但未见有真的克隆人问世，但是具有“三人基因”的婴儿、修饰过的、定制的婴儿却不断出生。这是需要认真对待的。

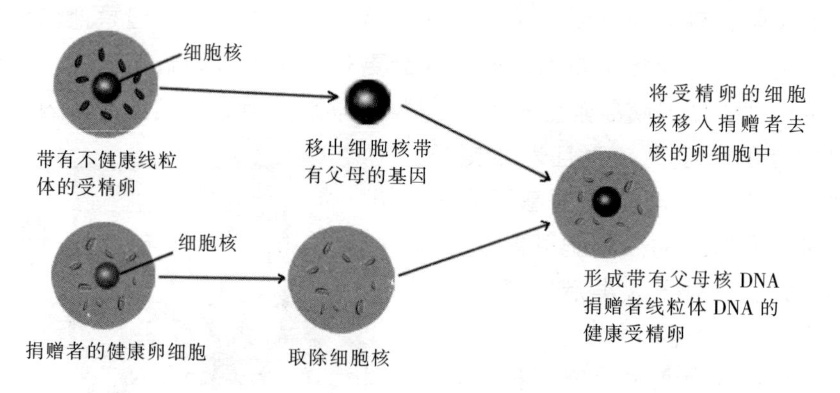

现在有的国家允许替换受精卵中带病的线粒体，即借用健康者卵细胞的生物技术——辅助生殖技术，把带有父母遗传信息的受精卵的细胞核，注入健康者捐赠的、已取除细胞核的卵子，再送入母亲子宫，孕育成人，这样可育出健康宝宝。

据法国媒体报道，从 2000 年开始，通过受精卵分选工作，6 名“无癌宝宝”在法国接连诞生，这 6 名宝宝的癌症发病概率接近为零。在 2000 年至 2007 年间，科学家共进行了 22 例去除可诱发癌症基因的胚胎细胞手术，其中，6 例获得成功。

2013 年初，30 个健康的婴儿在美国诞生，这 30 个孩子与常人并不相同，因为这些婴儿是经过一系列实验后降生的世界上首批转基因婴儿。人类自身终于也“试水”转基因技术，同时扮演着“掌控者”和“受试者”的角色。

据英国《每日邮报》报道，在这项由美国新泽西州再生医学研究所的研究中，其中有两个婴儿已经接受测验，结果显示，他们体内“收容”着来自一父两母 3 位“父母”的遗传基因。

实际上，在过去的 3 年中，有 15 个孩子在再生医学和科学研究所的一个实验项目中诞生。生下这些孩子的母亲都存在生育问题，因此她们接受了来自其他女性的基因捐赠。这些来自外部的基因被注入她们的卵子以帮助受精怀孕。

研究人员对两个 1 岁大的孩子进行了遗传指纹鉴定，明确了这些孩子从 3 个成年人——两女一男——那里获得了遗传基因。这意味着，由于在基因修改过程中，这些孩子继承了额外的基因，他们将来也能把这些基因传给自己的后代。

此外，英国一家研究所于 1 个月前成功让一名女婴在去除可诱发乳癌的基因后出生。这一女婴的曾祖母、祖母、姑姑等都因乳癌而死亡。

有评论指出，这种基因修改方法可能有一天会被用于培育拥有所需特性的婴儿，如力气大或智商高的人类。

许多专家曾公开反对培育转基因婴儿。未出生儿童保护协会主任约翰·斯密斯托说：“这是人类沿着一条错误道路又向前迈出的非常令人担忧的一步。”

英国伦敦汉姆史密斯医院的专家也认为，没有任何证据表明该技术是有价值的，并且他对这项实验能进行到这一步感到惊讶。

我国学者、北京协和医学院社会科学系副教授张新庆表示，所谓“转基因婴儿”的辅助生殖技术，是一种生殖细胞系基因治疗，因为把外缘的线粒体基因添加到了生殖细胞（如卵子）中。这项技术可以阻止一些妇女将线粒体基因突变传递给下一代，而线粒体疾病可能是致命的。“生殖细胞系基因治疗”，即科学家将外缘的功能基因转移到有基因突变的生殖细胞内（精子、卵子或早期胚胎），让这些外缘的功能基因表达特定的性状，达到预防、治疗疾病的目的。

综上所述，生殖细胞系基因治疗是一把双刃剑，它的最大优势之一是后代不再患同样的遗传疾病，但干预后代基因的做法也具有巨大的风险，一旦干预失败，这种“医源性的伤害”也会遗传下去。

为此，世界上多数国家均严格限定生殖细胞系基因治疗在临床上的应用。例如，英国的人类受精和胚胎管理局（HFEA）规定：操纵生殖细胞系基因的做法不得在临床开展。宗教人士也会用“科学家不恰当地扮演了上帝”这样的说法来反对生殖细胞系基因治疗。

但是，“排除宗教信仰、主观好恶等因素，而仅仅从医学进步的视角看，在严格监管和伦理审查的前提下，生殖细胞系基因治疗临床试验可以在实验动物上开展，当确实证明安全有效后，可以在临床上做试验。”张新庆持这样的观点。

另一些学者，特别是伦理学者，却是另一种主张，他们认为借腹生子一类的代孕、一父两母人工生殖、克隆人等不管技术上如何成熟，伦理上都不能提倡，而应该严格禁止。社会伦理不是单一社会问题，同时也是人在进化中的自然选择结果。人从“群婚”制，过渡到对偶制、一夫一妻制，不只是社会性的进步，而是自然选择、文明进化的结果，不只是人的认知和道德问题，也是一个人类的生命安全和生理健康问题。在这些大的问题上，不能含糊。基因伦理无论如何都应当守住底线。

（8）慎重推广顾天然　基因工程及其他生物技术发展到今天已渗透到经济、社会的许多领域。最主要的是在解决粮食生产、克服气候变化、解决环境污染、治疗疾病方面已经广泛应用。应对人类面临的人口、资源、环境、疾病等重大问题，基因工程和生物技术可以发挥自己的优势，助人类一臂之力。但用得不好或用之过度，超过某一临界线又会表现出消极一面，这就是生物技术应用的双刃剑效应。加快发展基因重组、转基因等生物技术研究是各国科学技术的战略重点，而某些反对者及其团体又用种种手段反对转基因在食品、医疗等方面的应用，视其为洪水猛兽、妖魔鬼怪，坚决反对。这些人中有宗教界，也有科技界、政治界和无党派的各界人士。

2010年，印度政府终止了商业化种植转基因茄子的计划。随后在当年8月，一个由印度国会任命的小组提出，以任何目的进行的转基因农作物田间试验都应该立即停止，并且所有的研究与开发都只能在非常严格地限制下进行。因此，印度国会目前正在酝酿设立一个国家生物技术管理机构，从而担负起转基因监督部门的职责。2014 年 4 月，美国中止了一种转基因玉米的生产。我国也对转基因作物种植加强了管理。

一些科学家担心，最新的报告将使反对转基因技术的势力变得更为强大。2013 年 5 月，印度最高法院任命了一个由科学家组成的 6 人小组，要求他们为一桩正在进行的案件——即反对转基因技术积极分子 Aruna Rodrigues 和其他人抗议将转基因作物引入印度——提供意见。该小组 10 月的建议包括进行更为严格的“代际”动物饲养研究，终止公共机构之外进行的各种试验，以及撤走与管理部门利益相冲突的顾问等。10 年内不能让转基因农作物产业化。而印度总理曼莫汉·辛格的一个科学顾问委员会发布的一份报告却相反，该报告称赞转基因作为一种转换技术，已经给农业和健康带来了回报。该委员会主席、班加罗尔市贾瓦哈拉尔·尼赫鲁、先进科学研究中心的化学家 C. N. R. Rao 认为：“不幸的是，目前的争论是令人沮丧的，并且隔离了我们的科学家。”

一直以来，基因转移研究领域的科学家都在努力搭建一个不能逾越的围栏，从而避免基因转移“副作用”的发生。应集中精力对基因转移正确靶向有关的细胞动力学进行更深入的研究，还应注意运用基因组学和蛋白质组学领域内的技术与知识。同时，应该更多地参与到社会政策的制定中来，为此领域的研究搭建一个平台。在宣传中使用更准确的字眼，持有更明确的道德信条，那么，转基因研究才能走得更远，并在已经开始形成的生物生产新世界中找到一席之地。

对于转基因作物，过于推崇和完全摈弃、排斥都可能行不通。中国的现实是倡导者把基因重组看成是农业的一场革命；反对者认为这是新世纪的人造瘟疫，他们反转基因的口号是“中华民族又到了最危急的时候”，号召群众抵制转基因作物和禽畜新品种的培育。作者认为转基因技术要发展，农业要应用，疾病要医疗，但不能以商业化赚钱为目的。首先应充分研究，在没有把握安全之前，不能大规模应用，更不能草率产业化，否则会带来极高的风险。就算是技术成熟了，也要以人为本、利于民生，更不可用行政命令强行推广。但也不能因噎废食，连转基因研究也要禁止。那样的话，可能会被淘汰，或造成落后的局面。这不是折中或“骑墙”，而是客观地分析、冷静地对待。

转基因作物与其他任何新生事物一样不完美，也许有严重缺陷，但它也有老品种老技术所不具备的优点。对于它的缺陷正确的做法是改进而非杜绝。传统的育种方法，如异种间的有性杂交，说到底也是一种“转基因”方法，农作物、禽畜的有性杂交也都是基因转移。只是它们之间的杂交物种跨度小一些而已。一般是在种属内进行，远缘杂交也出不了“科”的范畴。从分子水平上操作的转基因育种，是无性杂交，抛开了自然选择达到的雌雄正常交合受孕，而是在更微观的基因层面上的人工操作，把一段目的基因引入、插接到另一种目的生物的基因组中，完成“受孕”基因的转移过程，能够使不同种的基因融合、拼接、“杂交”变成新的品种成为可能。这种打破生物分类的种属界限，甚至打破了动植物之间的界限、生物与非生物间的界限，直接把遗传信息在基因水平上改造、融合、新生而产生新变种的方法。这种方法节约时间或培育费用，有优势，有不可替代的作用。

如果转进的基因是关乎品质、为了增加营养，如在玉米中加入生产某种有益氨基酸的基因，问题不那么大，但如果转进的是生产一种杀虫作用的基因，可能带来的风险要比传统的自然有性杂交育种风险大许多，有时会超出人们的预期，或产生意外。所以有些人认为，转基因的作物虫子都不能吃，人还能食用吗？加之出于商业目的，有些公司或当事者为了经济利益未经充分、必要的无毒化实验，缺乏责任心地冒险生产应用，带来不良结果后才引起人们的反感、恐慌，那是人们所不愿接受的。这一方面需要回到实验室或中试阶段，进一步修正、检测和观测证实确实无害，或运用更新的技术克服了弊端才能进入应用。实践证明这并不是不能解决的。如抗虫棉，出现新的害虫和杂草，中国的二代抗虫棉就有所克服，解决了一代转基因棉出现的问题。另一方面，对于引入抗病基因、物种之间跨度过于大的转基因，应持慎之又慎的态度。对于增加营养、作物脱毒之类的转基因作物没必要过于惊慌，不必害怕。用比较稳妥的办法应用，以解决人口爆炸、粮食匮乏等问题，转基因并不完全是毒蛇猛兽，最关键的应该是过程和最终表达都无害。但对于从商业利益谋取超额利润为出发点和落脚点，不顾人民死活、无确实安全把握、强行推广、不计后果的做法应坚决反对和制止！2013 年，中国科学院的主席团发出了应该谨慎开展转基因和干细胞开发应用的倡议，这些观点应引起全社会的高度重视。

对于有些比较盲目的排斥转基因作物、药品等的观点、做法，也应当通过宣传、普及科学知识，增加群众的知情权，加强无毒化实验来提高人们对转基因作物的信任。对于一些没有道理的简单否定，特别是一些盲目批判要提高警惕，不能自设藩篱，束缚自己的手脚，自甘人后，这样也不利于国家强盛。

有时候一些反对转基因的实验也有先入为主、结果偏颇的实验。2012年，法国生物技术最高委员会和国家卫生安全署于10月22日先后否定了关于美国孟山都公司NK603转基因玉米致癌的研究结论，同时建议对转基因作物的长期影响进行研究。这两家机构当天均表示，此前法国卡昂大学研究者质疑转基因玉米安全的研究存在诸多不足，其报告中陈述的实验结果和分析不足以支持喂食NK603转基因玉米会毒害实验对象的结论，也无法推翻“这种玉米无害”的早先评估结果。与此同时，这两家机构建议对转基因作物进行长期研究，以加深人们对转基因作物的认识。从另一些资料中得知，虽然政府干预导致刊物撤除了原实验者的论文，否定了喂食转基因饲料会生癌的结论，但实验者本人还是坚持自己的实验观点，这是令人深思的。

三、后基因组学兴未艾

通过前面的介绍和论述，谁是生命主宰的奥秘已经给出了答案：主宰生命的既不是上帝、神仙，也不是生命之外的什么魔法，而是生命内部的基因组。书中对基因组的认识也做了大致的揭示和介绍，虽然受科学发展水平的限制和研究进展阶段的局限，生物技术还不能随心所欲地为人类服务，还存在许多问题，受人们接受程度的制约，还不能说人们已经掌握了生命主宰的全部奥妙。生命科学、生物技术的普及应用在许多方面还仅仅是开始，只能是“坚冰已经打破，航线已经开通”，生命科学正在向着美好的未来扬帆前进，还有数不清的困难甚至是激流险滩，让生命科学达到自由王国的彼岸还需要全人类的共同努力。

1．谁是主宰争未休

人们因信仰不同，对问题的见解许多是针锋相对。辩证唯物主义者认为已经解决的问题，神学却觉得是异端邪说；神学定论的问题，唯物主义者却可能认为不对。不经意间在网上看到罗马教廷对基因组学的观点，宗教界对人工生育、基因改造非议也不少。虽然沃森等生命科学大家与我们一样不信仰宗教，继续公布基因科学日新月异的进步，科学界对基因组学也只有学术上的争论，而在社会上，这一学说争议更多、波澜更大。罗马教廷对生命奥秘的解释不再是笼统地反对，而是把最新成果纳入神学教义的范畴。比如教皇承认 DNA 是遗传物质，但不承认是其自身的进化、自然选择和组织自相完善使然，而 DNA 的功能完全是“上帝的旨意”，就如教会对宇宙的起源、对相对论和量子论的立场。当世界进入 20 世纪以后，教皇并不是如中世纪那样的专横和霸道，理直气壮地摒弃科学事实，如坚持地球中心说，而是站在更高的层次上。因为教廷已经没有了宗教裁判所政教合一的权威，不能把坚持无神论和日心说的科学家判处死刑，更不可能再轻易地把坚持违反教义的科学家活活烧死，或送上断头台。但是他们不会自动退出舆论阵地和社会舆论的舞台。他们已相应地对世界起源和最新科学的解释做出调整。他们承认 DNA 的存在，犹如后来承认日心说一样。但是他们却针对这些学说没有解决的新问题，再纳入神学的范畴。他们会对大爆炸宇宙生成说做出新的解释。回答大爆炸前的那个很小的质点是怎么来的，大爆炸怎么会有那么大的能量。科学家的解释，或说宇宙大爆炸不只一次，在此前还有多次；或说暗物质和暗能量的作用等。但教廷的说法却又回归上帝。教廷认为，除了上帝没有其他的物质、其他的能量有如此威力。大爆炸后 130 多亿年，宇宙还在飞速地扩展。对 DNA 亦是如此。能够使生命如此绚丽、如此多姿多彩，能够使人的大脑如此复杂，能够使生物圈如此纷繁有序，DNA 内涵如此丰富，功能如此强大，只能是上帝的神力操作。其他，没有任何一种力量和智慧做到如此完美和神奇境界。而相信这些说教的人，如我们的先人所崇拜图腾，还是大有市场，教徒之外也不乏信众。

所以科学在宣传自己，使人人都坚持科学精神、相信科学知识、尊重科学思想、按科学规律办事并不容易。有人不愿意做意识形态方面的工作，认为那是虚功夫，是空谈。有人不再坚持辩证唯物主义，认为马克思列宁主义已经过时。但实践告诉我们，意识形态还真是人类挥之不去的存在，是欧美发达国家及许多发展中国家统治者都十分重视的软实力的重要方面。这倒从另一个侧面提醒我们必须善于学习、坚持正确的思想路线，学习唯物辩证法，用科学思想武装头脑，才能心明眼亮、不迷失方向。道法自然、现代的唯物辩证仍是人间最高智慧。无论是从事研究的科学家还是从事种种实际工作的群众，都需要解决科学的世界观、认识论和辨证思想方法的问题。道德问题仍是众能之帅。各级执政者更应加强学习和端正世界观。谁是生命的主宰争论并没有完，也并不是对大众无所谓的问题，更不是一个国家、一个民族可以不闻不问的小事。树欲静而风不止，世界观不能不管，方法论不能不论。所以人如何认识世界、如何进行生产生活的问题还真是关乎发展的方向和未来。在这个世界上没有思想意识的真空。这种思想不去占领，就会有其他的思想来占领。在许多正常人看来近乎荒唐的邪教都能兴风作浪，骗得许多信众以身相许，不惜献出生命，这不值得深思和警惕吗？梦想，在正确的道路上去争取实现是理想！梦想，失去正确方向和实践或许变成幻想！

2．后起表观遗传学

后基因组学时代也可以说是百花齐放，异彩纷呈的时期。生命科学中的各种“组学”让人眼花缭乱，逆转录组学、代谢组学、蛋白质组学等让人目不暇接。有的科学家提出各种组学的乱象当止，不能乱设学科，这也不无道理。但却说明后基因组学时代的生命科学学科发展十分活跃，这其中值得注意且进展较大的新学科是表观遗传学。表观遗传学被认为是后基因组学时代的“领舞者”。

何谓表观遗传学？通俗些说是相同的基因组却表达得百花齐放，不一而足。研究基因的多样性表达就是表观遗传学。清华大学的教授孙方霖先生做了这样的严密概括：表观遗传学（Epigenetics）作为生命科学研究中一个比较新的研究领域，是与遗传学（Genetic）相对应的概念，是在研究与经典孟德尔遗传法则不相符的许多生命现象过程中逐步发展起来的。长期以来，一直有一种困惑困扰着研究遗传与进化论的学者们，他们发现除了基因序列外，似乎另外有一些因素影响着基因的表达。而这些因素所起的作用，又往往因环境、个体的差异而各不相同。这些因素就是表观遗传学所要研究的问题。表观遗传学一般被定义为“在基因组序列不变的情况下，可以决定基因表达与否并可稳定遗传下去的调控密码”。这些密码包括DNA的“后天性”修饰，如甲基化修饰、组蛋白的各种修饰等。与经典遗传学以研究基因序列决定生物学功能为核心相比，表观遗传学主要研究这些“表观遗传密码”的建立和维持的机制，及其如何决定细胞的表型和个体的发育。因此，表观遗传密码构成了基因（DNA序列）和表型（由基因表达谱式和环境因素所决定）间的关键信息界面。它使经典的遗传密码中所隐藏的信息产生了意义非凡的扩展。

表观遗传学的研究将有助于我们回答这样一些问题：什么机制导致同一个细胞内的等位基因（DNA序列完成相同）发生了功能上的差异？这种差异机制是如何建立又是如何在连续的细胞遗传中维持下去的？从一个单个受精卵发展成人体中200多种不同类型细胞过程中，DNA的序列也是不变的，这一过程被认为主要受“表观遗传密码”的调控，这一密码是什么？而对这些问题的回答，从根本上说，将推动人类对生命进化理论认识的深化和革新。

表观遗传学在20世纪80年代后期逐渐兴起。分子生物学技术的发展也将表观遗传学的研究推到了一个前所未有的高度。正如DNA双螺旋结构的解码者、诺贝尔奖获得者沃森所说：“你可以继承DNA序列之外的一些东西。这正是现在遗传学中让我们激动的地方。”

表观遗传学真正受到广泛重视并取得进展还是21世纪以来近10年的事。表观遗传学研究已成为当今生命科学研究的前沿和新显学。欧盟早在1998年就启动了解析人类DNA甲基化谱式的研究——“表观基因组学计划”，以及旨在阐明基因的表观遗传谱式建立和维持机制的“基因组的表观遗传可塑性”研究计划。美国拿出几千亿美元支持表观遗传学的研究。目前，美国癌症研究联合会和世界卫生组织里昂抗癌中心正在筹备两个与疾病相关的表观遗传组学研究计划。自2001年以来，世界知名的医药公司诺华公司，在分别位于瑞士的研究总部和位于美国波士顿的研究分部设立了表观遗传学研究中心。该公司最近发现一种影响表观遗传修饰的药物在临床实验中对肿瘤具有良好疗效。这是表观遗传学在生物技术上的应用例证。

我国科技部于2005年开始支持在表观遗传学方面的研究，启动了一个研究“肿瘤和神经系统疾病的表观遗传机制”的“973”项目，重点在于探讨肿瘤和神经系统疾病发病过程中的表观遗传学机制。但项目支持面相对狭窄、支持力度也比较小，许多表观遗传学的重大问题的研究并未包含在内。但在过去的几年中，我国的部分研究组在表观遗传学领域却不甘人后，取得了多项可喜的进展。

我国在表观遗传学方面的研究至少涵盖了DNA的甲基化修饰与功能研究、组蛋白的表观修饰与功能、癌症和神经疾病的表观遗传调控、染色质重塑、结构与功能等重要领域。国内从事表观遗传学研究的队伍也在不断壮大，随着研究的不断深入，相信一些从事大疾病研究、干细胞研究、体细胞重编程研究、衰老研究、神经科学研究等的科学家都将加入这个领域，因为这些科学问题的分子机制都离不开表观遗传调控。

在过去的几年中，我国的部分研究组在表观遗传学领域，多项研究成果在包括《细胞》、《自然》在内的国际权威学术刊物上发表。其中有代表性的工作如中国科学院院士、上海生命科学院裴钢率领的研究组开展了肾上腺激素受体 GPCR 与表观遗传调控的研究，其成果于 2005 年发表在生物学权威杂志《细胞》上；清华大学医学院表观遗传学与癌症研究所教授孙方霖领导的研究组发现了不同性别个体中表观遗传调控的差异；他们还研究了组蛋白和表观遗传蛋白对染色质高级结构的调控，研究结果发表在 2006 年的国际权威学术刊物上。中国农业大学教授巩志忠对 DNA 去甲基化调控基因沉默的机理研究；中国科学院植物所研究员种康与遗传发育所研究员鲍时来合作，发现组蛋白精氨酸甲基化调控拟南芥开花发育研究也站在了世界的前沿。

生物学家认为，在未来的 10 年中，表观遗传学的研究将主要围绕表观遗传的机制与功能，表观遗传信息的建立和维持，表观遗传修饰与表观遗传调控相关的非编码小 RNA 的研究仍将持续相当一段时间；将细胞信号网络与表观遗传修饰、染色质重组乃至基因表达等不同层面调控网络整合，深入认识从信号到表观遗传调控乃至个体生长、发育和对环境适应的分子机等方面，都是重要课题。

表观遗传学在重大医学问题上的研究，将着力弄清表观遗传在干细胞分化与组织再生过程中的作用机制；表观遗传调控与学习和记忆能力；表观遗传密码与寿命的关系；表观遗传与重大疾病的发生发展；表观遗传机制在 DNA 损伤与修复过程中的功能；表观遗传在不同性别中的作用差异，等等。

与表观遗传相关的农业育种问题的研究，将阐明环境变化如何影响个体性状、植物抗性等。我国虽幅员辽阔，但可耕种面积不足，如何利用表观遗传的相关原理培育出抗寒冷、抗干旱、抗盐碱等新作物品种以及经济性状优良的禽畜品种也是我们要面对的挑战。

我们面临的是一个生命科学即将出现重大突破的前沿学科，中国科学家也正当仁不让地站在世界发展的前列，抓住历史机遇，昂扬向前，促成我国生物技术与医学、农业、生物制造等方面的飞跃发展，并最终领先于世界，是中国生命科学界的奋斗目标，也是中国梦的生物科学梦。

3．转录组学成热点

基因转录特别是逆转录的问题我们前面已有所涉及。这里再简单说一说转录组学（transcriptomics），这是一门在整体水平上研究细胞中基因转录的情况及转录调控规律的学科。实际也是表观遗传学的大范畴之内。简而言之，转录组学是从RNA水平研究基因表达的情况。转录组即一个活细胞所能转录出来的所有RNA的总和，是研究细胞表型和功能的一个重要手段。

以DNA为模板合成RNA的转录过程是基因表达的第一步，也是基因表达调控的关键环节。基因表达，是基因携带的遗传信息转变为可辨别的表型的整个过程。与基因组不同的是，转录组的定义中包含了时间和空间的限定。同一细胞在不同的生长时期及生长环境下，其基因表达情况是不完全相同的。通过测序技术揭示造成差异的情况，已是目前最常用的手段。人类基因组包含有30亿个碱基对，其中大约只有5万个基因转录成信使核糖核酸mRNA分子，转录后的mRNA能被翻译生成蛋白质的也只占整个转录组的40%左右。通常，同一种组织表达几乎相同的一套基因以区别于其他组织，如脑组织或心肌组织等分别只表达全部基因中不同的30%而显示出组织的特异性。

转录组谱可以提供什么条件下什么基因表达的信息，并据此推断相应未知基因的功能，揭示特定调节基因的作用机制。通过这种基于基因表达谱的分子标签，不仅可以辨别细胞的表型归属，还可以用于疾病的诊断。例如，阿尔茨海默病中，出现神经原纤维缠结的大脑神经细胞基因表达谱就有别于正常神经元，当病理形态学尚未出现纤维缠结时，这种表达谱的差异即可以作为分子标志直接对该病进行诊断。同样对那些临床表现不明显或者缺乏诊断标准的疾病也具有诊断意义，如自闭症。目前对自闭症的诊断要十多个小时的临床评估才能做出判断。基础研究证实自闭症是由一组不稳定的多基因造成的病变。筛选出与疾病相关的具有诊断意义的特异性表达差异，建立差异表达谱，就可能更早地，甚至可以在出现临床表现之前就能进行诊断，并及早开始干预治疗。转录组的研究应用于临床的另一个例子是可以将表面上看似相同的病症分为多个亚型，尤其是对原发性恶性肿瘤，通过转录组差异表达谱的建立，可以详细描绘出患者的生存期以及对药物的反应等。

目前用于转录组数据获得和分析的方法主要有基于杂交技术的芯片技术包括cDNA芯片和寡聚核苷酸芯片，基于序列分析的基因表达系列分析SAGE（serial analysis of gene expression，SAGE）和大规模平行信号测序系统MPSS（massively parallel signature sequencing，MPSS）。

寡核苷酸基因芯片，使微阵列技术（基因芯片）得到迅速发展和广泛应用，已成为功能基因组研究中最主要的技术手段。但是芯片无法同时大量地分析组织或细胞内基因组表达的状况，而且由于芯片技术需要准备基因探针，所以可能漏掉那些未知的、表达丰度不高的、可能是很重要的调节基因。基于序列分析的基因表达系列分析方法，其显著特点是快速高效地、接近完整地获得基因组的表达信息。可以定量分析已知基因及未知基因表达情况，在疾病组织、癌细胞等差异表达谱的研究中，可以帮助获得完整转录组学图谱、发现新的基因及其功能、作用机制和通路等信息。大规模平行信号测序系统MPSS技术对于致病基因的识别、揭示基因在疾病中的作用、分析药物的药效等都非常有价值，该技术的发展将在基因组功能方面及其相关领域研究中发挥巨大的作用。

细看这些新的理论，其实并不与“中心法则”对立，与基因组学也不矛盾。表面的不一致，其实是基因组多种功能的深层次区别，与我们主张的基因组是生命主宰的命题是一致的，只是条件、时间、空间表现上的深化。

4. 沃森免职理太偏

沃森在与安德鲁合著的《DNA生命的秘密》一书中，对待人的先天和后天因素的重要性，做了许多论述，他们表达了这样的观点：决定人的智力及优缺点的，必定是一个人所处的大环境，而不是基因。“应归咎于教养，而不是基因导致的天性”。当面对欧美人一贯歧视爱尔兰人时，沃森认为“一股脑儿认定我们在个体或群体之间所看到的差异完全是由基因造成的，这个想法很是危险。我们可能会犯极严重的错误，除非我们能够确定，环境因素没有扮演更具决定性的角色。”在这里，沃森旗帜鲜明地反对“基因决定论”！

但在这本书中，他也严厉地批判带有种族歧视性质的“优生学”的倡导者高尔顿的观点。虽然他也肯定了高尔顿提出的“未完全忽略环境影响的‘天性/教养’二分法”。但在谈到生物技术的基因重组应用时，沃森又竭力主张应当改造人体内的“坏基因”，让基因技术不仅服务于人体疾病的诊断和治疗，而且对人的性格、智力、社会表现等具有社会性的一些特点给予影响。这方面他反对过于保守和“谨小慎微、裹足不前”的应用研究，主张尽快让生命科学和生物技术从社会学层面上改善并服务人类。也许在这方面沃森没有看到技术的负面作用和一些不法之徒缺乏道德、不负责任、唯利是图的行为将会给社会带来风险，给百姓的生命安全、伦理道德带来威胁。因此，沃森遭到来自各方面的反对之声，也给自己的研究带来困难。

客观地综合沃森的思想和实践，我觉得沃森是一个坚持科学思维并成就巨大的科学家，他对待人的基因与后天教育的关系所持的观点总体上是比较辩证而全面的，并无太大的偏颇。他认为“遗传是人行为的重要因素”，“行为对人类的生存同样重要，因此也受到自然选择的严格控制”，“教育对人的智力的影响极大”。这些论点是不错的。他在后来多次强调基因的重要性时，一方面反对“二战”时期及以后的希特勒式的“优生学”，另一方面又力主充分利用基因工程技术，尽量改善人类的基因品质，防止基因病或者一些残疾婴儿、有暴力倾向家族的缺陷婴儿出生。他的有些观点也许有过于强调基因对人的性格、行为和智商影响的重要性的执著，因此被扣上“种族歧视”的帽子。在很多时候，他还受到曲解，曾被德国、英国的同行大张旗鼓地批判。基于此，美国的有关当局于2011年把沃森这个大师级科学家担任的冷泉港基因实验室主任的职务给解除了。

一个很有意思的事实是沃森自己还有1/16的黑人基因、9%的亚裔基因，他自称是被一些英美人士歧视的爱尔兰人的后裔。这一事实雄辩地说明，对基因认识理解的多元性、重要性，即使是在社会科学领域、政治领域分歧也很大，不易统一。

从这件事情使我想到一个问题：有些认为“月亮也是外国圆”的“精英”，总是鼓吹西方学术界如何的与政治不搭界，学术是如何的自由、无拘无束！但如此民主、学术如此自由的国家，对沃森这样赫赫有名的学术权威，因发表了对基因作用不合“政治”的学术观点而摘掉了乌纱帽，不知对此严酷事实他们该做何解释？

5. 生物技术防负面

科学技术是推动社会前进的重要力量。科学技术是生产力已是家喻户晓，被冠以“第一生产力”后，科学技术的地位、科研人员的作用已经达到空前的高度，科教兴国已被定位于国家发展战略。我们应该尊重科学、重视创新，这是社会进步的需要，毋庸置疑。这方面的工作还应加强，不能削弱。但在许多人的心目中，科学技术能够解决一切问题。许多非科研人员，没有真正学习、从事过自然科学和技术的人，没有做过科学研究的行政人员正在用各种方法给自己带上博士、研究员和教授、高工的“帽子”，这些人实际上是害人害己。回顾科技发展史和人类文明史，对于科学技术的应用、对于科学技术的全面作用，应有一个冷静、理智的定位。与所有事物一样，科学技术也有两重性。科学技术的应用其影响有好的一面，也会产生负面影响。如果看不到消极方面，同样会对社会产生不良影响。这不是科学技术本身的问题，而是应用的社会影响问题。在许多时候，科学技术是一把双刃剑！

如原子弹、细菌武器，都是科学技术的应用，前者是原子能的开发应用，后者是生物技术的开发应用。这两者都是大规模的杀伤武器，其使用都会给人类带来灾难。掌握在维护和平的人手中是对坏人的威慑，掌握在战争狂人或恐怖分子手中是对爱好和平的人民的威胁。再如工业化社会、信息化社会，科学技术给人类带来了许多福利。工业化让人类大大地提高了生产力，人们享受了飞机汽车之便，得化肥农药丰产的实惠；信息化为人类带来电视电话，各种自动化的享受，生物技术带来的是高产作物等的福祉。但是，工业化的同时是环境污染、资源枯竭、食品医药安全隐患、两极分化等。西方并未幸免，只是他们先污染后治理，虽然现在好了一些，但没有根本解决问题。这充分说明，科学技术同样是一把双刃剑。也说明，科学技术并不能解决一切问题。原子弹、细菌武器的使用不是科学技术本身或科研人员自己能决定的问题。环境污染、资源破坏、食品安全等也不是科学自身所能解决的。目前的转基因技术应用，人工生殖等伦理问题，科学自身也不能完全解决，政治、经济、社会的各种干预必不可少。科学越是发达，对社会的影响越大，越要有强大的政治干预和政策规范、社会道德的约束、人文的调节，否则就会出乱子。

因此，生物技术的发展，要求科学家要有政策的底线、要有伦理道德的底线。科学无国界，但科学家有祖国！科学探索无禁区，但道德伦理有制约；科学技术能造福人类，但失去控制也会带来负面影响，甚至会带来社会问题、危及人类的发展和生存，形成灾难，如切尔诺贝利核泄漏、日本的核电站在海啸后出现核泄漏等。

目前，国内外都有一些学者反对“科学主义”，他们对负面影响非常敏感，对一些生物技术如转基因技术、克隆技术的负面影响忧心忡忡，但是，他们有些言行并不是杞人忧天，我们也应当给予高度的关注。在大自然面前，人类不应随心所欲。我们应当尊重自然、顺应自然，保护自然环境、生态环境，在生态友好的前提下发展生产，达到天人合一的和谐境界。

近期，中国科学院学部主席团对外发布《关于负责任的转基因技术研发行为的倡议》。倡议科学家应在转基因技术审批决策过程中坚持审慎负责的行为，不要受各种潜在利益的影响，谨慎对待以营利为目的的商业研究，规避利益冲突可能导致的负面影响。《倡议书》说，转基因技术是现代科学和技术迅速发展的必然结果，但如有不规范的研发和滥用也可能带来安全风险。转基因技术研究与开发应遵守伦理规范，保障安全，缓解资源约束，保护生物多样性，保护生态环境。

倡议要求科学家由于所处的特殊位置及角色，使其应具有两方面的责任担当，一方面体现在使转基因技术的发展最大限度地造福于人类发展与社会进步；另一方面表现为感知不公正和避免风险的自觉性。为此，负责任的转基因技术研发行为应秉持以下一般性原则：

负责任，可持续，服务于国家、社会。转基因技术研发和评价应服务于国家发展战略需求，推动国家经济发展和社会进步，为人类健康、粮食安全、营造可持续的生存与发展环境服务。

科学家个人要坚持这样的行动方针：

秉持科研诚信，遵守安全管理规定，积极督促同行，督促从事转基因研发的同事、学生遵守相关规定，开展安全检查，自觉接受相关行政主管部门的监督，接受社会监督。

中国科学院主席团的倡议非常及时，有针对性，科学界应当共同遵守。

此外，我们还要保护好中华民族的基因宝库。中华民族基因是多样性的，有些山区和少数民族的基因相对“单纯”，这是科学研究十分需要的，是我们中华民族的宝贝。外国有些人对我们这些宝藏觊觎已久，有些人用小恩小惠或打着各种旗号来取得基因，有的实验没有按国际惯例或科学道德来操作，越过了知情权进行非法实验，如黄金大米实验；有的基因治疗在没有把握的情况下用于临床，对转基因食品没有标示或明显标示就上货架等。特别是一些跨国公司正用自己的科学先进优势占领我们的市场，如转基因大豆的进口，每年已经达到 5 000 多万吨，13 亿人人均已近百斤。但这些大豆转入的是什么基因，进口后去向何方，大多数人并不清楚。有人说大豆中的转基因只编码蛋白质，不编码脂肪酸，就断然说“豆油中没有转基因”。但他们都有意无意地回避了大豆产油后豆粕的去向问题。豆粕一般作为饲料，如果禽畜吃了大量的转基因饲料，富集了一些基因表达的产物，人再食用禽畜的蛋奶和肉，会产生什么影响，毒理实验没有延伸到这一步，所以不能轻言是否对人体无害。

我们要加快自己的生物技术研究，为我所用。我们并不反对与世界的交流和合作，以发展我们的生物技术。但是，我们的研究应当遵循中国科学院主席团的倡议，遵守国家关于转基因技术不能应用于主粮生产的规定。以人为本，为复兴我们中华民族服务！

保护环境，就是保护自然，也就是保护人类自己！

真心地希望全世界所有有良知的生物学家，真正地以人为本，与人为善，与自然为善！对生物科学的研究，对生物技术的开发应用都是为了造福人类、有益环境、有益子孙万代、有益于世界可持续和谐发展，这才是弘扬科学精神、坚持科学道德！

主要参考文献

ZHUYAO CANKAO WENXIAN

陈浩明，薛京伦．2006. 医学分子遗传学［M］. 第3版．北京：人民卫生出版社．

长谷川政美，任文伟，杨莉琴．著．曹缨，钟扬，审订．2005. 听基因讲祖先的故事［M］. 上海：上海科技教育出版社．

冯若，翟文龙．2008. DNA密码［M］. 哈尔滨：黑龙江科学技术出版社．

金宜久．2006. 伊斯兰教史［M］. 南京：江苏人民出版社．

贺林．2000. 解码生命——人类基因组计划和后基因组计划［M］. 北京：科学出版社．

李振刚．2008. 分子生物学［M］. 第3版．北京：科学出版社．

刘祖洞．2012. 遗传学［M］. 第2版．北京：高等教育出版社．

凌治萍．2005. 细胞生物学［M］. 北京：人民卫生出版社．

吕以仙．2010. 有机化学［M］. 第7版. 北京：人民卫生出版社．

马永真，译．2005. 古兰经［M］. 北京：宗教文化出版社．

［美］菲利普·R. 赖利．钟扬，李作锋，赵佳媛，赵晓敏，译．2005. 林肯的DNA以及遗传学上的其他冒险［M］. 上海：上海世纪出版集团．

［美］詹姆斯·沃森，安德鲁·贝瑞，著．陈雅云，译．2010. DNA：生命的秘密［M］. 上海：上海世纪出版集团．

［美］C. A. 普赖斯，著．中国科学院上海植物生理研究所，译．1979. 植物生理学的分子探讨［M］. 北京：科学出版社．

［美］爱德华·威尔逊．陈家宽，李博，杨凤湃，等校译．2003. 生命的未来：艾米的命运，人类的命运［M］. 上海：上海人民出版社．

尚玉昌．1997. 生命的过去、现在和未来［M］. 长沙：湖南教育出版社．

杨焕明，深蓝，张秀清，汪建，刘斯奇，于军．2000. 生命大解密：人类基因组计划［M］. 北京：中国青年出版社．

［英］马特·里德利，著．刘菁，译．2004. 基因组：人种自传23章［M］. 北京：北京理工大学出版社．

查锡良．2012. 生物化学［M］. 第7版．北京：人民卫生出版社．

张文治．2005. 微生物学［M］. 北京：高等教育出版社．

中国基督教协会．新旧约全书．

中国生物产业发展报告．2008. 国家发展改革委员会高技术产业出版社生物·医药出版分社．

中国科学网 ScienceNet. cn

后记

HOUJI

这本书的缘起，是因我承接了编辑两套科普丛书的任务，因而与科普作家的联系增加。通过辽宁省科普作家协会的秘书长、编审王奉安结识了中国农业出版社的编辑，约我为该出版社一套科普丛书撰稿，内容就是讲生命科学。由于我没有按时交稿，丛书只好另请专家代劳。而我已写成的部分章节，经过充实后成为本书的基础。

“书到用时方恨少”。在书稿的修改过程中，我深刻体会到自己对基因组学、遗传学方面的知识掌握得不够系统、扎实。而我最初步入生命科学的科普讲坛，实际上是因为一次“救场”导致“误入江湖”。大概是2000年，抚顺科学技术协会委托我邀请一位遗传学会的教授讲解“基因组计划”的进展及意义。会议通知已下发，而学者一时没有请妥。他们知道我在大学修的是生物学，就建议改由我代之讲座。说实话，那是一次“赶鸭子上架”式的冒险。这场以新闻性介绍为主，辅以专业知识的讲座居然反响尚可。之后，举办科普讲座也就一发而不可收了，年年都要到学会、大学和社会上举办几场，而这个经历也为我写作此书提供了积累。

写作和修改书稿的过程让我体会到：写成一本既严肃又有可读性的科普书实非一件易事：好的科普书既要深入浅出，严密准确，通俗易懂，还要趣味盎然。这些写作技巧操作起来实在不易达到，而自己原来不过是眼高手低，只具备专业知识或一般的写作技巧，因而难以达到科普书的写作要求。好论文和好教材并不一定是好的科普书。科普书要用大众语言表达专业理论知识，要有驾驭语言的功夫和讲故事的技巧，再加上生命科学和生物技术领域的新知识出现得太快、太多，而未知领域不可胜数，一些知识的难度也较高。虽然付出很多努力，但效果并不尽如人意。尤其是拟人化的比喻、讲故事式的叙事，这方面很欠火候。

书稿远未达到自己的理想水平，还有一个制约条件，就是一个人撰写此类书稿。如今，除了小说一类文学作品，仅凭一个人的力量很难成功完成一部内涵丰富又有专业深度的科普著作。现在的科学研究已经不像18、19世纪那样，科学家可以单独进行。大科学必须大团队，像基因组计划、大型粒子对撞机等，都不是一个国家就可以完成的，需要世界上多个国家的共同协作，这是科学技术发展的规律使然。因此，写成一部好的科普作品，有时也不是一人之力所能胜任。

再就是书中所讲的生命科学和生物技术的内容，有个别的“过时”了。例如，基因检测技术，随着信息技术的飞速发展而发展，知识更新完全可以用日新月异来描述，所以书中所说的检测价格就不合当前情况了，有的内容也显得陈旧。对于自然科学的更新速度有一个说法，报刊上的论文至少落后半年。因为发布的成果已经是研究的结论，是过去时，一些专著就更加落后现实。面对面的学术交流才是最新信息的最好来源。因为这种交流是科学家的设想或是打算，是正在科学家的脑子里或是正在实验室里做实验时的信息，那才是最新的信息。所以，科普要宣传最新的科学和最新的技术，而实验室的成果转化需要一个过程，所以有些内容就没有完全用最新的报道。

关于删减的内容，有两处实属可惜。一个是关于生物技术在军事方面的应用；另一个是各种图腾和宗教对神创生命的有关介绍，是为了佐证DNA对生命的主宰。前者是因为我看到中国科学院微生物所的一位专家对基因武器的非议后，建议删掉；后者则碍于“敏感话题”而删减。关于宗教对生命来源的解释，有“一神论”，也有“多神论”。唯物主义者有自己的生命观、世界观。宣传科学的世界观、人生观、方法论，确实需要普及科学知识，传播科学方法、科学思想，弘扬科学精神，应当旗帜鲜明地宣传辩证唯物主义。而且，许多人并不知道宗教如何宣传生命神创论。我写这些观点的初衷是利用他们的教义，让青年人了解这方面的知识。宗教对世界的解释有许多是很深刻的，只是在认定物质、精神、存在和意识的因果上，生命的起源上与唯物主义观点相反。但从全书内容看，不少地方已涉及事物的物质性、互相联系、互相制约的关系，讲述了生命不断进化的科学依据，DNA 对遗传和发育的主导功能等。这从体系的脉络上清晰可见，所以，我的这一初衷在书中还是有所体现。

这本书的问世首先要感谢王奉安同志。同时还要感谢我的家人，在书稿整理过程中帮我输入、校对和整理，这弥补了我对电脑操作的不熟练，也减轻了我的许多劳作。

作　者

2014 年 6 月